深层高压气藏动态储量评价技术

Reserves Estimation for Geopressured Gas Reservoirs

江同文 孙贺东 王洪峰 肖香姣 编著

石油工业出版社

内 容 提 要

本书基于气藏物质平衡基本原理，以50年来国内外深层高压气田开发数据为例，系统阐述了该类气藏动态储量计算的基本原理和实用方法，主要包括动态储量相关概念、超高压气井压力动态监测、天然气和地层水高压物性、气藏物质平衡方程式和高压气藏动态储量计算方法等内容。

本书实用性强，可供从事油气藏工程、油气田开发工程、采油气工程、油气藏管理等方面的专业人员以及高等院校有关专业的师生参考，也可作为专业技术人员的培训教材。

图书在版编目(CIP)数据

深层高压气藏动态储量评价技术／江同文等编著.
—北京：石油工业出版社，2021.9
ISBN 978-7-5183-4878-7

Ⅰ.①深⋯ Ⅱ.①江⋯ Ⅲ.①气藏动态–储量–评估
Ⅳ.①TE33

中国版本图书馆 CIP 数据核字(2021)第 194973 号

出版发行：石油工业出版社
（北京市朝阳区安华里二区1号楼 100011）
网　　址：http://www.petropub.com
编辑部：(010)64523596　图书营销中心：(010)64523633
经　　销：全国新华书店
印　　刷：北京晨旭印刷厂

2021年10月第1版　2021年10月第1次印刷
787×1092毫米　开本：1/16　印张：13.5
字数：350千字

定价：98.00元
（如出现印装质量问题，我社图书营销中心负责调换）
版权所有，翻印必究

前　言

　　进入 21 世纪以来，我国在深层天然气领域取得了一系列重大突破，相继在塔里木盆地和四川盆地发现并成功开发了多个深层大气田。准确评价气藏动态储量是科学制定开发技术政策的关键。由于受资料条件的限制和开发规律认识程度的影响，不同方法计算的动态储量差异较大，因此如何科学准确地评价动态储量对气藏工程师来说极具挑战性。

　　本书向读者介绍深层高压气藏物质平衡法动态储量计算原理及其计算方法，涉及各种方法的优缺点和适用条件，旨在准确评价动态储量。本书立足于手工分析，以例题的方式，较好地呈现分析方法和计算步骤，有助于油气藏工程技术人员掌握基本原理和计算方法，有助于熟悉软件黑匣内容，进而有利于提高气田动态分析水平、提升气藏开发水平和效果，更好地服务生产。

　　全书共分五章。第一章绪论，主要介绍深层气藏分类及动态储量相关的一些基本概念；第二章超高压气井压力动态监测，主要介绍投捞式井下温压测试技术及平均地层压力确定方法；第三章天然气和地层水高压物性，主要介绍天然气偏差系数、天然气在地层水中的溶解度等物质平衡计算所需物性参数的计算方法；第四章气藏物质平衡方程式，主要介绍均质及分区物质平衡原理、压降指示曲线特征及物质平衡方程式中关键参数的敏感性分析；第五章高压气藏动态储量计算方法，主要介绍各种计算方法原理、适用条件及应用实例。全书由江同文、孙贺东、王洪峰、肖香姣等撰写，孙贺东统稿，曹雯、朱松柏参与校稿。本书的英文版 *Reserves Estimation for Geopressured Gas Reservoirs* 同时由爱思唯尔公司出版。

　　由于编者水平有限，书中难免会出现一些错误，恳请读者批评指正（读者QQ 群：315781528）。

2021 年 1 月

目　　录

第一章　绪论 (1)
 第一节　我国深层天然气资源及开发概况 (3)
  一、深层天然气资源概况 (3)
  二、深层天然气主要特征 (3)
  三、深层天然气开发概况 (4)
  四、深层天然气开发策略 (6)
 第二节　深层气藏分类 (7)
  一、按气藏埋藏深度分类 (7)
  二、按压力和压力系数分类 (8)
 第三节　储量术语 (8)
  一、中国储量相关术语 (8)
  二、SEC储量相关术语 (11)
 第四节　动态储量 (14)
  一、动态储量定义 (15)
  二、动态储量计算方法 (16)
  三、动态储量评价面临的挑战 (18)

第二章　超高压气井压力动态监测 (21)
 第一节　超深超高压气井井下温压监测 (23)
  一、动态监测的任务与作用 (23)
  二、动态监测的内容与手段 (24)
  三、超高压气井井下温压监测技术 (24)
 第二节　气井静压折算 (29)
  一、测点处气柱密度折算法 (29)
  二、测点处静压梯度折算法 (30)
  三、井口静压折算法 (30)
 第三节　气藏平均压力计算 (35)
  一、算术平均法 (35)
  二、加权平均法 (36)

第三章　天然气和地层水高压物性 (37)
 第一节　天然气的组成及性质 (39)
  一、天然气的组成 (39)
  二、理想气体状态方程 (40)
 第二节　真实气体性质 (42)
  一、天然气偏差系数 (42)

二、天然气压缩系数 ………………………………………………………… (51)
　　三、天然气体积系数 ………………………………………………………… (53)
　　四、天然气黏度 ……………………………………………………………… (54)
 第三节　超高压气体偏差系数 …………………………………………………… (57)
　　一、DPR 或 DAK 外推法 …………………………………………………… (57)
　　二、LXF-RMP 拟合法 ……………………………………………………… (60)
 第四节　地层水性质 ……………………………………………………………… (62)
　　一、地层水体积系数 ………………………………………………………… (62)
　　二、地层水黏度 ……………………………………………………………… (64)
　　三、天然气在水中的溶解度 ………………………………………………… (65)
　　四、地层水等温压缩系数 …………………………………………………… (67)

第四章　气藏物质平衡方程式 ………………………………………………………… (69)
 第一节　均质气藏物质平衡方程式 ……………………………………………… (71)
　　一、定容气藏 ………………………………………………………………… (71)
　　二、封闭气藏 ………………………………………………………………… (74)
　　三、水驱气藏 ………………………………………………………………… (78)
　　四、考虑水溶气的水驱气藏 ………………………………………………… (81)
　　五、指示曲线线性形式 ……………………………………………………… (83)
 第二节　分区气藏物质平衡方程式 ……………………………………………… (83)
　　一、Payne 方法 ……………………………………………………………… (84)
　　二、Hagoort-Hoogstra 方法 ………………………………………………… (86)
　　三、高承泰方法 ……………………………………………………………… (88)
　　四、孙贺东方法 ……………………………………………………………… (91)
 第三节　气藏驱动指数 …………………………………………………………… (95)
 第四节　气藏视地质储量 ………………………………………………………… (97)
 第五节　关键参数敏感性分析 …………………………………………………… (98)
　　一、岩石压缩系数 …………………………………………………………… (98)
　　二、水体大小 ………………………………………………………………… (104)
　　三、压降程度 ………………………………………………………………… (104)
　　四、视地层压力 ……………………………………………………………… (105)
　　五、水溶气影响 ……………………………………………………………… (106)

第五章　高压气藏动态储量计算方法 ………………………………………………… (107)
 第一节　经典两段式分析方法 …………………………………………………… (109)
　　一、Hammerlindl 方法 ……………………………………………………… (109)
　　二、陈元千方法 ……………………………………………………………… (111)
　　三、Gan-Blasingame 方法 …………………………………………………… (112)
　　四、关于拐点出现时间的讨论 ……………………………………………… (116)
 第二节　线性回归分析方法 ……………………………………………………… (117)
　　一、Ramagost-Farshad 压力校正法 ………………………………………… (117)
　　二、Roach 方法 ……………………………………………………………… (118)

三、Poston-Chen-Akhtar 改进的 Roach 方法 ……………………………………… (120)
　　四、Becerra-Arteaga 方法 …………………………………………………………… (127)
　　五、Havlena-Odeh 方法 ……………………………………………………………… (130)
　　六、单位累计压降产气量分析方法 ………………………………………………… (131)
　第三节　非线性回归分析方法 ………………………………………………………… (135)
　　一、二元回归法 ……………………………………………………………………… (135)
　　二、非线性回归法 …………………………………………………………………… (137)
　　三、关于非线性回归法起算点 ……………………………………………………… (140)
　第四节　典型曲线拟合分析方法 ……………………………………………………… (144)
　　一、Ambastha 图版及其改进分析法 ……………………………………………… (144)
　　二、Fetkovich 拟合分析方法 ……………………………………………………… (145)
　　三、Gonzales 拟合分析方法 ………………………………………………………… (147)
　　四、单对数拟合分析方法 …………………………………………………………… (150)
　　五、多井现代产量递减分析方法 …………………………………………………… (153)
　第五节　试凑分析方法 ………………………………………………………………… (158)
　　一、试凑分析方法原理 ……………………………………………………………… (158)
　　二、计算实例 ………………………………………………………………………… (159)
　第六节　高压气藏动态储量分析流程 ………………………………………………… (163)
　　一、计算方法汇总 …………………………………………………………………… (163)
　　二、分析方法推荐 …………………………………………………………………… (164)
　　三、分析流程建议 …………………………………………………………………… (164)
　　四、基础数据准备 …………………………………………………………………… (165)
　　五、结果对比分析 …………………………………………………………………… (166)

附录 ……………………………………………………………………………………… (169)
　附录 1　NS2B 气藏基础数据概况 …………………………………………………… (171)
　附录 2　Offshore 气藏基础数据概况 ………………………………………………… (171)
　附录 3　Anderson L 气藏基础数据概况 …………………………………………… (172)
　附录 4　Gulf Goast 等气藏基础数据概况 ………………………………………… (173)
　附录 5　GOM 气藏基础数据概况 …………………………………………………… (175)
　附录 6　Stafford 气藏基础数据概况 ………………………………………………… (175)
　附录 7　South Louisiana 气藏基础数据概况 ……………………………………… (176)
　附录 8　Example-4 气藏基础数据概况 …………………………………………… (176)
　附录 9　Field-38 气藏基础数据概况 ………………………………………………… (176)
　附录 10　Gulf of Mexico 气藏基础数据概况 ……………………………………… (177)
　附录 11　ROB43-1 气藏基础数据概况 …………………………………………… (177)
　附录 12　Louisiana 气藏基础数据概况 …………………………………………… (177)
　附录 13　SE Texas 气藏基础数据概况 …………………………………………… (177)
　附录 14　Cajun 气藏基础数据概况 ………………………………………………… (177)
　附录 15　国外 20 个已开发气藏 Gan-Blasingame 方法拐点统计表 …………… (178)
　附录 16　M1 气藏基础数据概况 …………………………………………………… (179)

附录 17	M2 气藏基础数据概况	(179)
附录 18	M3 气藏基础数据概况	(180)
附录 19	M4 气藏基础数据概况	(181)
附录 20	M5 气藏基础数据概况	(181)
附录 21	图版拟合分析方法基本原理	(182)
附录 22	Cajuna 气藏基础数据概况	(185)
附录 23	M6 气藏基础数据概况	(185)
附录 24	M7 气藏基础数据概况	(185)
附录 25	Ellenburger 气藏基础数据概况	(187)
附录 26	Duck Lake 气藏基础数据概况	(188)
附录 27	多(二)元回归分析原理	(189)
附录 28	符号意义及法定单位	(190)
附录 29	法定单位与其他单位的换算关系	(193)

参考文献 ………………………………………………………………… (196)

第一章 绪论

近年来，随着全球新发现气田向深层、深水发展，地质条件越来越复杂，开发难度不断增大，利用生产动态资料进行气藏动态储量评价是高效开发该类气藏的重点和难点。本章首先介绍我国深层天然气资源、开发概况，然后介绍深层高压气藏的划分及与储量相关的一些基本概念。

第一节 我国深层天然气资源及开发概况

开发深层油气是国家重要的战略方向,也是加大国内油气勘探开发力度的现实领域。由于具有相对较高的热演化程度,深层油气资源以天然气为主。本节主要介绍我国深层高压天然气资源概况、开发特征及开发策略。

一、深层天然气资源概况

根据中国石油第四次油气资源评价成果,我国陆上常规天然气资源量为 $41×10^{12}m^3$,其中深层储量占 70.3%,探明地质储量为 $4.02×10^{12}m^3$,主要集中在四川、塔里木、松辽、鄂尔多斯、柴达木、准噶尔及渤海湾等七大含油气盆地(图 1-1),其中尤以四川盆地和塔里木盆地深层天然气资源最为富集,是当前深层天然气开发的主力区域(于京都,2018)。

图 1-1 中国陆上主要含油气盆地深层天然气资源量柱状图(江同文,2020)

2008—2017 年,国内新增天然气探明地质储量中,深层储量占 34.8%;深层储量所占比例由 2008 年的 13%上升到 2017 年的 38%。截至 2018 年年底,国内投入开发的深层气田累计探明地质储量达 $3.32×10^{12}m^3$,2018 年深层天然气产量达 $428×10^8m^3$,占全国天然气总产量的 30.2%(李剑,2019)。

二、深层天然气主要特征

深层气藏通常具有"强地应力、强非均质、高温高压"等复杂特征,如塔里木盆地深层气藏经历多期构造运动,地表地貌复杂(高陡山体、刀片山、断崖等),地下构造复杂(高陡逆掩推覆、冲断等),埋藏深(最深 8271m、平均 6850m),具有"两低、三高、两强"的复杂特征。"两低"即基质低孔低渗(平均孔隙度 6%、渗透率 $0.05×10^{-3}μm^2$);"三高"即储层温度高达 190℃(平均 143℃)、压力高达 144MPa(平均 112MPa)、地应力高达 180MPa(平均 130MPa,应力值差达 60MPa);"两强"即裂缝非均质性强、水体活跃性强。

深层气藏的弹性能量比正常压力气藏大得多,其驱动能量构成也与正常压力气藏存在较大差异。深层高压气藏除了正常压力气藏具有的气体膨胀、净水侵量外,还有岩石颗粒和束缚水的膨胀、地层压实、与储层相连泥页岩的水侵以及束缚水和含水层中溶解气的析出。开发过程中,视地层压力与累计产量关系曲线一般呈现上凸现象(图 1-2)。

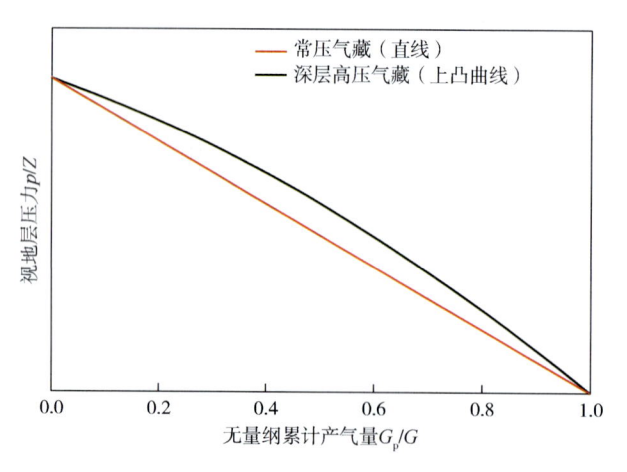

图 1-2 深层高压气藏压降曲线特征示意图

三、深层天然气开发概况

深层天然气在开发过程中面临着高效井位部署、合理开发技术政策制定、安全快速钻完井、有效改造提产、安全清洁生产等一系列影响开发效果和经济效益的关键问题。进入21世纪以来，中国在深层天然气领域取得了一系列重大突破，发现并成功开发了多个深层高压大气田，主要分布在塔里木盆地和四川盆地(表1-1)。气藏类型复杂多样，既有砂岩气藏、也有碳酸盐岩气藏；既有岩性气藏，也有构造气藏。

表 1-1 中国主要深层气田地质与气藏特征参数(江同文，2020)

盆地	气田	埋深 m	开发层系	岩性	储集层类型	平均孔隙度 %	渗透率 $10^{-3}\mu m^2$	地层压力 MPa	地层温度 ℃	探明地质储量 $10^8 m^3$
四川	川西	5500~6300	三叠系雷口坡组	白云岩、石灰岩	孔隙型、裂缝—孔隙型	5.30	1.27	63~68	141~152	1140
	新场须二	4500~5300	三叠系须家河组	砂岩	裂缝—孔隙型	3.75	0.07	72~81	127~132	1250
	元坝	6300~7200	二叠系长兴组	白云岩、石灰岩	孔隙型	5.67	0.47	118~120	147~153	2195
	普光	4800~5500	三叠系飞仙关组、二叠系长兴组	白云岩	孔隙型	7.3~8.1	0.01~3334	56	120~135	4121
	龙岗	5400~6200	三叠系飞仙关组、二叠系长兴组	石灰岩、白云岩	裂缝—孔隙型	6.50	1.00	61	130~150	720
	双鱼石	7000~8000	二叠系栖霞组	白云岩	孔隙型、溶洞型	4.00	2.26	95~100	155~160	811
	安岳	4500~6000	寒武系龙王庙组、震旦系灯影组	白云岩	裂缝—孔洞型	3.8~4.3	0.51~0.96	56~78	140~160	10570

续表

盆地	气田	埋深 m	开发层系	岩性	储集层类型	平均孔隙度 %	渗透率 $10^{-3}\mu m^2$	地层压力 MPa	地层温度 ℃	探明地质储量 $10^8 m^3$
塔里木	迪那2	4800~5600	古近系、库姆格列木群	砂岩	裂缝—孔隙型	8.80	0.99	106	136	1659
	克深	6000~7800	白垩系巴什基奇克组	砂岩	裂缝—孔隙型	6.20	0.06	103~136	150~184	6320
	大北	5500~7300	白垩系巴什基奇克组	砂岩	裂缝—孔隙型	7.30	0.08	89~119	130~165	1749
	塔中Ⅰ号	4500~7000	奥陶系良里塔格组、一间房组、鹰山组	石灰岩、白云岩	裂缝—孔洞型、洞穴型	2.30	0.01~452	45~72	125~145	4133

随着深层天然气开发对象向更深、更复杂气藏发展，开发任务由高效建产逐渐转向长期稳产，深层天然气开发技术也在不断地发展和完善，在实践中逐渐形成了一系列深层天然气开发技术，如深层地震成像和储层预测技术、深层复杂气藏开发优化技术、深层高温高压气井钻完井技术、深层复杂储层精准改造技术、深层特殊流体采气工艺技术等，有效支撑了深层天然气产量跨越式增长。

（一）四川盆地

四川盆地是中国深层天然气资源最丰富的盆地。2000年以来，四川盆地相继发现普光、龙岗、元坝、安岳、川西等大型深层气田，探明地质储量超过$20000\times10^8 m^3$，深层天然气年产能规模超过$300\times10^8 m^3$。其中，安岳气田是国内已发现最大的整装碳酸盐岩气藏，年产能规模达到$150\times10^8 m^3$。普光气田是国内规模最大、丰度最高的海相高含硫气田，年产能规模达$63\times10^8 m^3$。元坝气田是世界上罕见的超深高含硫生物礁气田，年产能规模达$40\times10^8 m^3$。目前四川盆地仍处于深层天然气发现的高峰期和储量快速增长期（李阳，2020）。除海相碳酸盐岩外，川西坳陷广泛分布的三叠系须家河组致密砂岩气藏三级储量接近$10000\times10^8 m^3$，由于埋藏深、储层致密、气水关系复杂，在现有经济技术条件下难以实现效益开发，但其仍将是未来四川盆地深层天然气开发的重要接替领域。此外，川西地区深层二叠系火山岩勘探近期取得重大突破，有望成为四川盆地深层天然气"增储提产"的新领域。

（二）塔里木盆地

塔里木盆地寒武系—中生界发育多套烃源岩和多套油气成藏组合，塔里木盆地深层天然气资源主要分布在库车坳陷白垩系—古近系碎屑岩和台盆区寒武系—奥陶系碳酸盐岩，产层埋深普遍大于6000m，深层天然气探明地质储量超过$10000\times10^8 m^3$，年产能规模接近$200\times10^8 m^3$，成功开发了迪那2、克深、大北等深层大气田。其中，迪那2气田是我国最大的深层高压凝析气田，年产能规模达$45\times10^8 m^3$。克深气田是目前国内最大的超深超高压气田，年产能规模达$105\times10^8 m^3$。大北气田是当前塔里木盆地深层天然气增储上产主要区块，已建成天然气年产能规模达$35\times10^8 m^3$。塔中隆起的塔中Ⅰ号气田是国内罕见的缝洞型碳酸盐岩凝析气田，目前建成年产能规模达$13\times10^8 m^3$。除此之外，库车坳陷秋里塔格构造带和台盆区寒武系盐下天然气勘探均已取得重大突破，这两个领域天然气资源潜力巨大，有望成为塔里木盆地深层天然气开发的主要接替领域。

四、深层天然气开发策略

深层复杂气藏的科学开发需要以实践论和矛盾论为指导，通过前期开发实践，总结对气藏的客观认识和开发规律，再用以指导后期的开发实践，从而实现气藏开发水平的螺旋式上升。在实践和认识的每一个阶段，都要注意抓住气藏开发的主要矛盾和矛盾的主要方面，需进行认真分析。

（一）坚持高精度地震先行

深层气藏地质条件复杂，开发投入高，不确定性和风险大，因此必须坚持高精度地震先行，以可靠的三维地震资料为依托，在较准确落实构造形态和储层展布的基础上部署开发井，减少或避免钻井失误。坚持地震先行，不仅要求在部署开发井之前要有三维地震资料作为依托，还要求地震资料能较准确地反映气藏的地质特征。在库车、川西北等前陆冲断带，由于地层高陡、结构复杂，地震资料往往存在较大的偏移误差，需要结合钻井资料，反复进行叠前深度偏移处理，必要的时候还要进行二次三维地震采集处理，以准确落实构造形态。

（二）坚持先导试验和试采

近些年来，勘探开发一体化模式逐渐兴起并被广泛应用，成为提高油气勘探开发效率、追求投资回报最大化的有效手段。但对于深层复杂气藏来说，掌握地质特征和开发规律需要较长的认识周期，单纯强调通过勘探开发一体化方式加快开发进程，可能会面临较高的风险。先导试验和试采两者结合可以较准确地认识气藏的基本特征，明确合适的开发技术对策，能减少开发不确定性和风险。因此，深层复杂气藏开发在前期评价阶段必须坚持先导试验和试采，而不能单纯强调通过勘探开发一体化方式加快开发进程。

（三）根据地质特征确定技术政策

合理的开发技术政策能在经济的条件下实现气藏的高效开发，取得经济效益最大化和资源利用最大化，即是否坚持实事求是，一切从气藏实际出发。深层气藏地质条件复杂，在开发实际中要认真总结分析气藏地质特征的异同点，根据地质特征确定技术政策。塔里木盆地克深气田储层基质致密，在开发早期，认为可以借鉴国外致密气水平井大规模加砂压裂改造为主要的开发方式。但实践表明，克深气田地质结构复杂，水平井试验以失败告终；大规模加砂压裂改造在初期大幅提高了单井产能，但改造的有效期较短，且带来了严重的井筒堵塞，工艺适用性较差。通过深入研究，发现克深气田具有断层裂缝发育、气藏整体连通性好、边底水活跃、天然裂缝控制产能的特征，据此制定了"沿轴线高部位集中布井、适度改造疏通天然裂缝"的技术对策，新井部署以获取最大自然产能为目的，工程上差异化施策，以缝网酸压改造为主体技术，钻井成功率由50%提高到100%，产能到位率由64%提高到100%，开发效果得到大幅改善。

（四）以地质力学为桥梁实现地质工程一体化

地质力学在油气勘探开发中的诸多领域扮演着重要角色，如在地层压力预测、钻井井身结构设计、定向井轨迹设计优化、井壁稳定性分析、储层可压裂性评价、裂缝有效性评价、压裂缝网预测、改造方案优化、射孔井段优选、出砂机理分析、套损预警、断裂活动性评价、产能预测、井位部署优化、裂缝地质建模、流—固耦合数值模拟等方面。近年来，随着裂缝性气藏的勘探开发，人们逐渐认识到地应力场（特别是现今地应力场）也是影响裂缝性储层渗透性和流体流动特性的关键属性。因此，地质力学是油气地质与油气工程之间的"桥梁"技术，能够将纷繁抽象的地质信息转化为工程方案设计可直接应用的数据，从地质研究源头为工程实施趋利避害提供依据，无缝连接石油地质与工程技术，对深层天然气地质工程一体化高效开发具有重要作用。

（五）持续技术创新和集成应用

深层气藏开发的技术难度大，需要强化技术创新和集成应用，解决关键技术瓶颈，从勘探开发的全过程进行技术研发，全面提升研发、装备、技术和服务水平；要改变目前惯用的、单纯的项目研究，形成以问题为导向的攻关体制；要改变目前单纯技术研究、生产制造分离的现状，逐渐形成技术研发—生产制造一体化体制；要改变目前多个单一学科相互独立开展研究的现状，逐渐实现多学科、多系统协同攻关，做到新技术、新方法能快速在生产中得到应用，实现科研生产紧密结合，在技术创新和集成应用过程中要特别注重技术的适用性和经济性。

第二节 深层气藏分类

油气储层从广义上可划分为油藏和气藏。气藏可按单因素和组合因素进一步细分（GB/T 26979—2011）。当单个因素不足以反映气藏的主要开发特征时，用两种以上的因素对气藏进行组合分类。

一、按气藏埋藏深度分类

气藏埋藏深度影响气田开采的工程难度与投资情况。目前，对于深层的定义，国际上没有统一的标准，相对认可的深层标准是埋深大于等于4500m（张光亚，2015）。中国钻井工程行业将垂深4500m和6000m分别划为深层和超深层的界线（GB/T 28911—2012）。

2011年，国家标准委员会发布的国家标准《天然气藏分类》（GB/T 26979—2011）将气藏按埋藏深度分为5类，将埋深3500~4500m的地层定为深层，大于4500m的地层作为超深层，如表1-2所示。2020年，自然资源部颁布的《石油天然气储量估算规范》（DZ/T 0217—2020）、《页岩气资源量和储量估算规范》（DZ/T 0254—2020）采纳此标准进行分类。

表1-2　气藏按埋藏深度分类（《天然气藏分类》GB/T 26979—2011）

分类	浅层气藏	中浅层气藏	中深层气藏	深层气藏	超深层气藏
气藏中深，m	<500	[500, 2000)	[2000, 3500)	[3500, 4500)	≥4500

在确定工业气流标准时，埋藏深度进一步细分，划分为6个区间，如表1-3所示。

表1-3　储量起算标准（DZ/T 0217—2020）

气藏埋藏深度，m	≤500	(500, 1000]	(1000, 2000]	(2000, 3000]	(3000, 4000]	>4000
单井产量下限，$10^4 m^3/d$	0.05	0.10	0.30	0.50	1.00	2.00

在我国油气勘探开发实践中，根据东西部地温场与油气成藏特点又做了进一步划分，将埋深3500~4500m和4500~6000m的地层分别定义为东部和西部地区的深层领域，将埋深大于等于4500m和大于等于6000m的地层分别定义为东部和西部地区的超深层领域（张光亚，2015；李阳，2020），并按此进行储量统计。

二、按压力和压力系数分类

地层压力的高低一般用压力系数来表示，压力系数定义为原始地层压力与同深度静水柱压力的比值，其表达式为

$$\alpha = \frac{p_i}{CD} \tag{1-1}$$

式中　α——地层压力系数；

　　　p_i——气藏中部深度原始压力，MPa；

　　　D——气藏中深，m；

　　　C——静水柱压力梯度，0.980665MPa/100m。

依据地层压力系数进行天然气藏分类如表1-4所示。

表1-4　气藏按地层压力系数分类（GB/T 26979—2011）

分类	低压气藏	正常压力气藏	高压气藏	超高压气藏
地层压力系数	<0.9	[0.9, 1.3)	[1.3, 1.8)	≥1.8

此外，采气工程和气藏集输设计中通常根据不同气藏压力采用不同的工程技术，选择不同的建设材料。目前普遍采用35MPa（中压）、70MPa（高压）、105MPa（超高压）界限。综合气藏压力和地层压力系数，高压气藏分类如表1-5所示。

表1-5　按气藏压力和地层压力系数分类

气藏压力，MPa		地层压力系数	
		高压	超高压
		[1.3, 1.8)	≥1.8
中压	(35, 70)	第一类	第二类
高压	[70, 105)	第三类	第四类
超高压	≥105	第五类	第六类

第三节　储量术语

油气储量是开发和经营决策的物质基础，是许多油公司的核心资产以及公司的市场价值和发展潜力的重要指标。中国石油天然气股份有限公司自2000年在美国上市以来，一直遵循SEC（Securities and Exchange Commission，美国证券和交易委员会）准则开展油气证实储量评估与披露。本节主要介绍中国和SEC储量相关的一些术语。

一、中国储量相关术语

中华人民共和国国家市场监督管理总局和国家标准化管理委员会于2020年批准发布实施国家标准《油气矿产资源储量分类》（GB/T 19492—2020），对资源/储量术语进行了定义。

（一）术语定义

油气矿产资源（Total Petroleum Initially-in-Place）或总油气原始地质储量：在地壳中由

地质作用形成的、可利用的油气自然聚集物。以数量、质量、空间分布来表征，其数量以换算到20℃、0.101325MPa的地面条件表达，可进一步分为资源量和地质储量两类。

资源量(Undiscovered Petroleum Initially-in-Place)：待发现的、未经钻井验证的，通过油气综合地质条件、地质规律研究和地质调查推算的油气数量。

地质储量(Discovered Petroleum Initially-in-Place)：在钻井发现油气后，根据地震、钻井、录井、测井和测试等资料估算的油气数量，包括预测地质储量、控制地质储量和探明地质储量，这三级地质储量按勘探开发程度和地质认识程度依次由低到高。

预测地质储量(Possible Petroleum Initially-in-Place)：钻井获得油气流或综合解释有油气层存在，对有进一步勘探价值的油气藏所估算的油气数量，其确定性低。

控制地质储量(Probable Petroleum Initially-in-Place)：钻井获得工业油气流，经进一步钻探初步评价，对可供开采的油气藏所估算的油气数量，其确定性中等。

探明地质储量(Proved Petroleum Initially-in-Place)：钻井获得工业油气流，并经钻探评价证实，对可供开采的油气藏所估算的油气数量，其确定性高。

技术可采储量(Technically Recoverable Reserves)：在地质储量中按开采技术条件估算的最终可采出的油气数量。该术语是我国独有的，目前在国际上尚看不到可供参考对比的标准(陈元千，2009)。

控制技术可采储量(Probable Technical Recoverable Reserves)：在控制地质储量中，依据预设开采技术条件估算的、最终可采出的油气数量。

探明技术可采储量(Proved Technical Recoverable Reserves)：在探明地质储量中，按当前已实施或计划实施的开采技术条件估算的、最终可采出的油气数量。

经济可采储量(Commercial Recoverable Reserves)：在技术可采储量中按经济条件估算的可商业采出的油气数量。

控制经济可采储量(Probable Commercial Recoverable Reserves)：在控制技术可采储量中，按合理预测的经济条件(如价格、配产、成本等)估算求得的、可商业采出的油气数量。

剩余控制经济可采储量(Remaining Probable Commercial Recoverable Reserves)：控制经济可采储量减去油气累计产量。

探明经济可采储量(Proved Commercial Recoverable Reserves)：在探明技术可采储量中，按合理预测的经济条件(如价格、配产、成本等)估算求得的、可商业采出的油气数量。

剩余探明经济可采储量(Remaining Proved Commercial Recoverable Reserves)：探明经济可采储量减去油气累计产量。

(二) 资源量与储量划分

依据油气藏的地质可靠程度和开采技术经济条件，对油气矿产的资源量和储量进行分类。储量类型如图1-3虚框所示。2004年中国油气储量分类标准如图1-4所示。

与2004年的标准相比，资源量不再分级。地质储量分为3级：预测地质储量、控制地质储量和探明地质储量。在使用与发布地质储量数据时，探明地质储量、控制地质储量和预测地质储量应单独列出，不得相加。

估算预测地质储量时，应初步查明构造形态、储层情况，已获得油气流或钻遇油气层或紧邻在探明地质储量或控制地质储量区并预测有油气层存在，经综合分析有进一步勘探的价值，地质可靠程度低。

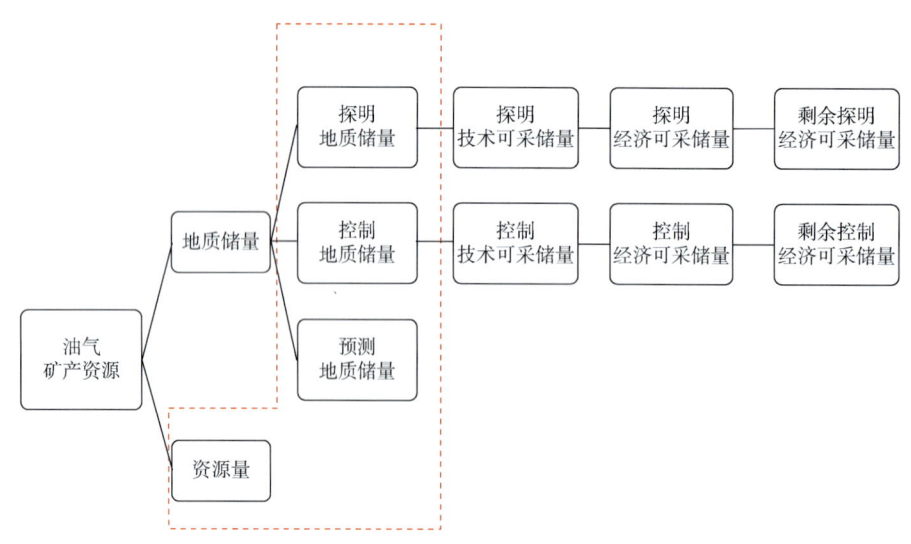

图 1-3　油气矿产资源量和地质储量类型及估算流程图
[《油气矿产资源储量分类》(GB/T 19492—2020)]

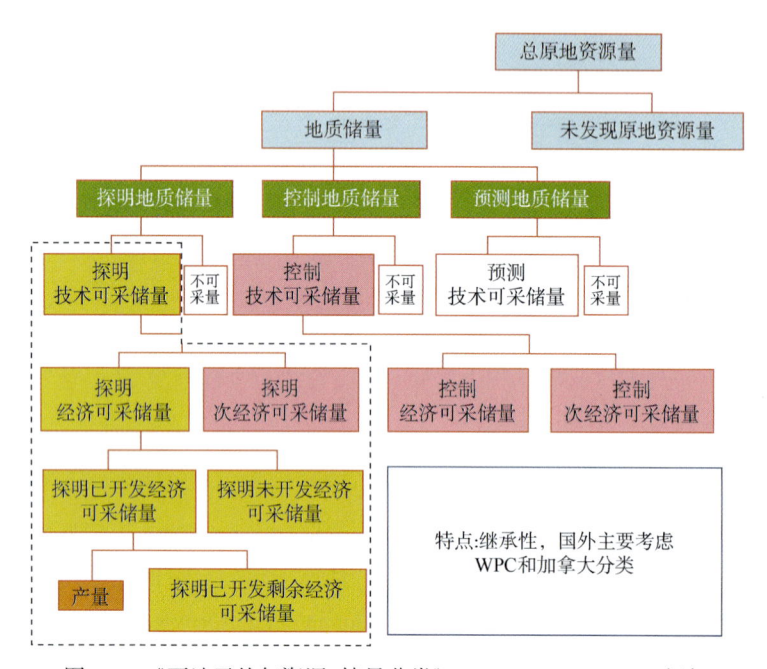

图 1-4　《石油天然气资源/储量分类》(GB/T 19492—2004)框架

估算控制地质储量时，应基本查明构造形态、储层变化、油气层分布、油气藏类型、流体性质及产能等，或紧邻在探明地质储量区，地质可靠程度中等，可作为油气藏评价和开发概念设计编制的依据。

估算探明地质储量时，应查明构造形态、油气层分布、储集空间类型、油气藏类型、驱动类型、流体性质及产能等；流体界面或最低油气层底界经钻井、测井、测试或压力资料证实；应有合理的钻井控制程度或一次开发井网部署方案，地质可靠程度高。

估算技术可采储量时，在控制地质储量中根据开采技术条件估算控制技术可采储量，在探明地质储量中根据开采技术条件估算探明技术可采储量。

估算经济可采储量时，在控制技术可采储量中根据经济可行性评价估算控制经济可采储量，在探明技术可采储量中根据经济可行性评价估算探明经济可采储量。

（三）开发状态

依据是否投入开发，将油气藏或区块界定为未开发和已开发两种状态。在油气藏或区块中，完成评价钻探，但开发生产井网尚未部署或开发方案中开发井网实施 70% 以下的状态界定为未开发。在油气藏或区块中，按照开发方案，完成配套设施建设，开发井网已实施 70% 及以上的状态界定为已开发。

二、SEC 储量相关术语

2011 年 11 月，国际石油工程师学会（SPE）、美国石油地质师协会（AAPG）、世界石油理事会（WPC）、石油评估师学会（SPEE）和勘探地球物理学家学会（SEG）联合更新并发布了《石油资源管理系统应用指南》（Guidelines for Application of the Petroleum Resources Management System，简称 PRMS）。该指南从石油资源管理系统工程的角度，介绍了指南编制的背景与依据，阐述了 PRMS 油气资源与储量的定义、分类与分级，通过典型案例诠释了油气资源与储量评估关键技术方法的原理与应用，并探讨了油气资源管理、资产评估与信息披露涉及的一系列重要理论与实践问题。指南内容丰富、实用性强，也被美国证券和交易委员会（SEC）采纳，作为其"油气披露最新规定"的重要支撑依据（刘合年，2019）。

SEC 将储量分为 3 级：证实储量（P_1）、概算储量（P_2）和可能储量（P_3）。按开发状态（已开发、未开发）的分类适用于储量各个级别，如证实已开发（P_1D）、证实未开发（P_1UD）、概算已开发（P_2D）、概算未开发（P_2UD）、可能已开发（P_3D）、可能未开发（P_3UD）。PRMS 按生产状态将已开发储量进一步分为正生产储量和未生产储量，适用于储量各个级别。SEC 油气储量分类体系如图 1-5 所示。

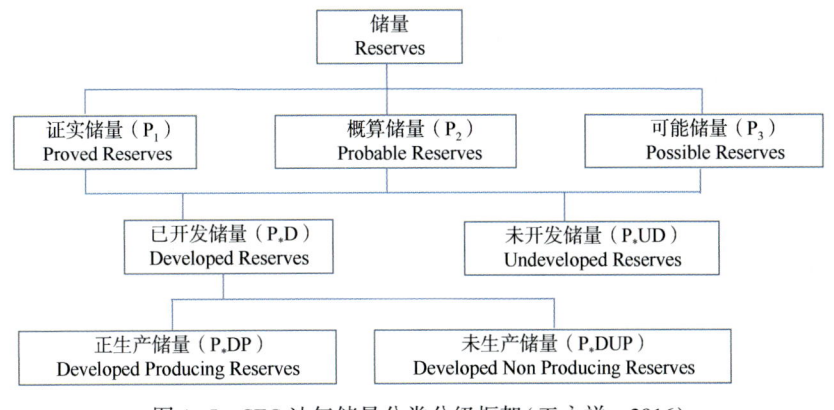

图 1-5　SEC 油气储量分类分级框架（王永祥，2016）
P_*—代表 P_1、P_2 或 P_3；若未注明，代表 P_1

（一）术语定义

总油气原始地质储量（Total Petroleum Initially-in-Place）：是指原始存在于自然形成的石油聚集中的油气估算量，通常包括地下含有的全部石油估算量以及已经采出的量；世界石油理事会从前将其定义为石油地质储量，也有其他人士称其为资源基础；此外，也称原始地质储量或油气禀赋（刘合年，2019）。与国内标准的油气矿产资源术语相当。

已发现石油原始地质储量（Discovered Petroleum Initially-in-Place）：在规定日期所估算

的已知油气聚集体在投产前所含的油气数量。可划分为商业的、次商业的和不可采量,其中商业的可采估算量归类为储量,次商业的可采估算量归类为条件资源量。

储量(Reserves):指对于已知的油气储集体,在规定的条件下,自指定日期起,可通过开发项目从已知油气聚集体商业开采的油气数量。根据实施的开发项目,储量须满足4个条件:已发现、可采的、商业的、剩余的(截至指定日期)。由上述定义可知,Reserves一词对应为国内的经济可采储量,对于已开发情形应为剩余经济可采储量,对于发现未开发的应为原始经济可采储量(陈元千,2009)。依据评估的确定性程度,储量可进一步分级。对于储量,一般常用术语是低、最佳和高估算量,分别表示为1P、2P和3P,对应的增量分别表示为P_1、P_2和P_3,分别称为证实储量、概算储量和可能储量。

证实储量(Proved Reserves):一种与规定的不确定性程度相关的可采估算量的增量级别,指通过地球科学和工程数据分析,从某基准日到合同规定的开采期末(除非有证据表明延期是具有合理确定性的),无论采用确定性方法或概率性方法,均被评估为可以从已知油气藏采出的、具有合理确定性的、经济可采的石油和天然气量。油气开发项目必须已经启动,或者作业者在合理的时间范围内启动项目具有合理的确定性(王永祥,2016)。如果采用确定法,则"合理确定性"这一术语旨在表明采出这些数量的置信度高;若采用概率法,则实际采出量等于或超过估算量的概率应至少是90%,常称1P,或"证实的"。

未证实储量(Unproved Reserves):未证实储量是根据类似于证实储量估算中所用的地球科学和工程数据得到的,但由于技术或其他方面存在不确定性,使其不能划分为证实储量。未证实储量可进一步分级为概算储量和可能储量。

概算储量(Probable Reserves):一种与规定的不确定性程度相关的可采估算量的增量级别,是通过地球科学和工程数据分析,表明其采出的可能性低于证实储量,但确定性高于可能储量的储量增量。实际剩余采出量大于或小于证实储量加概算储量(2P)的可能性相同,就是说,当采用概率法时,实际采出量等于或超过2P估值的概率应至少为50%。

可能储量(Possible Reserves):一种与规定的不确定性程度相关的可采估算量的增量级别,指通过地球科学和工程数据分析表明其开采可能性低于概算储量的储量增量。项目的最终可采量超过证实储量、概算储量与可能储量之和(3P)的概率较低,这相当于高估值的情景。当采用概率法时,实际采出量等于或超过3P估值的概率应至少为10%。

已开发储量(Developed Reserves):指预计可以从现有井中采出的石油数量,包括管外储量。提高采收率获得的储量只有在所需设施安装后或当其费用低于一口新钻井费用时,才可视为已开发储量;已开发储量可进一步细分为已开发正生产储量和已开发未生产储量。

未开发储量(Undeveloped Reserves):未开发储量是指预期可通过未来投资采出的石油数量,包括:(1)从已知油气聚集体未钻井区域所钻新井;(2)从加深现有井到另一不同的(已知)油气藏;(3)从可增加可采量的加密井;(4)需要较大成本(如钻一口新井的成本)用于一口现有井的重新完井或者为一次采油或提高采收率项目安装生产或运输设施。

已开发正生产储量(Developed Producing Reserves):指预计从评估时已打开并正在生产的完井层段中采出的储量。提高采收率获得的储量只有进入实施阶段才能划分为已开发正生产储量。

已开发未生产储量(Developed Non-Producing Reserves):包括关井和管外储量。关井储量是指预计从以下情况采出的量:(1)评估时已打开但尚未投产的完井层段;(2)由于市场条件和管线连接原因而关停的井;(3)由于机械原因不能生产的井。管外储量也包括预计从现有井层段中采出的储量,这些储量需要追加完井或者未来重新完井才能生产。无论何种情况下,投产或恢复生产的费用都比新钻一口井的成本低。

产量(Production):指在规定时间段已实际采出的累计石油数量。虽然所有可采资源估算量和产量都是以销售产品量报告的,但也需要计量井口原料产量(销售部分和非销售部分,包括非烃产量),以计算油气藏亏空、支持油气藏工程分析。

估算最终可采量(Estimated Ultimate Recovery, EUR):在给定日期估算的,从一个油气聚集体中将来可能采出的石油数量,加上已经采出的数量。

资源(Resources):这里所用术语"资源"是指地壳中自然形成的所有石油数量(可采的和不可采的),包括已发现和未发现的石油数量,以及已经产出的数量。此外,资源包括所有类型的石油资源,无论是目前的"常规"还是"非常规"。

远景资源量(Prospective Resources):在给定日期估算的、可能从未发现的油气聚集体中采出的石油数量。

条件资源量(Contingent Resources)或译为基本储量(王永祥,2017)、预期可采资源量(陈元千,2009):截至给定日期,通过实施开发项目在已知油气聚集体中潜在可采的石油量;但由于一个或多个限制,目前不具备商业开采条件。条件资源量是已发现可采资源量的类别之一。对于条件资源量,一般常用术语是低、最佳和高估算量,分别表示为1C、2C和3C。该术语的中文翻译至今仍有许多争议。

可采资源量(Recoverable Resources):从已发现或未发现油气聚集体中采出的油气估算量。

不可采资源量(Unrecoverable Resources):指在给定日期估算的已发现或未发现石油原始地质储量中不能被开采的那部分数量。将来,由于商业环境变化和技术发展或者获得更多资料后,不可采资源量中的一部分可能转化成为可采资源量。

管外储量(Behind-Pipe Reserves):指需要追加完井作业或未来重新完井之后才能从已钻生产井层段中采出的油气数量。无论何种情景(追加或重新完井),投产或复产的费用均比一口新井的费用低。

(二) 资源分类框架

PRMS资源分类体系如图1-6所示,该体系定义了主要的可采资源级别:产量(Production)、储量(Reserves)、资源(Resources)、条件资源量(Contingent Resources)和远景资源量(Prospective Resources)以及不可采资源量(Unrecoverable Resources)。

已明确定义的项目还可以进一步根据需要进行次级划分。随着项目的不断成熟,油气藏被商业开发的概率增加。项目按商业机会进行分类,并按每个项目涉及的可采估算量及其不确定性进行分级(图1-7)。需要注意的是,就量化而言,图1-6和图1-7中所示的商业几率在纵轴上并不代表线性比例。例如,一个条件资源量项目若被核定为开发不可行,这并不完全意味着其商业几率在次序上就低于风险低的目标区。总的来说,当一个项目从概念勘探阶段"上台阶"为实际生产的油气田,其商业几率的定量评估值会不断增加。

(三) 开发状态

基于油气藏开发方案内的资金到位程度及钻井和设施的操作状态,可细分为已开发储量和未开发储量,已开发储量包括已开发正生产储量和已开发未生产储量(含关井和管外储量)。

图 1-6　资源分类框架（PRMS，2019）

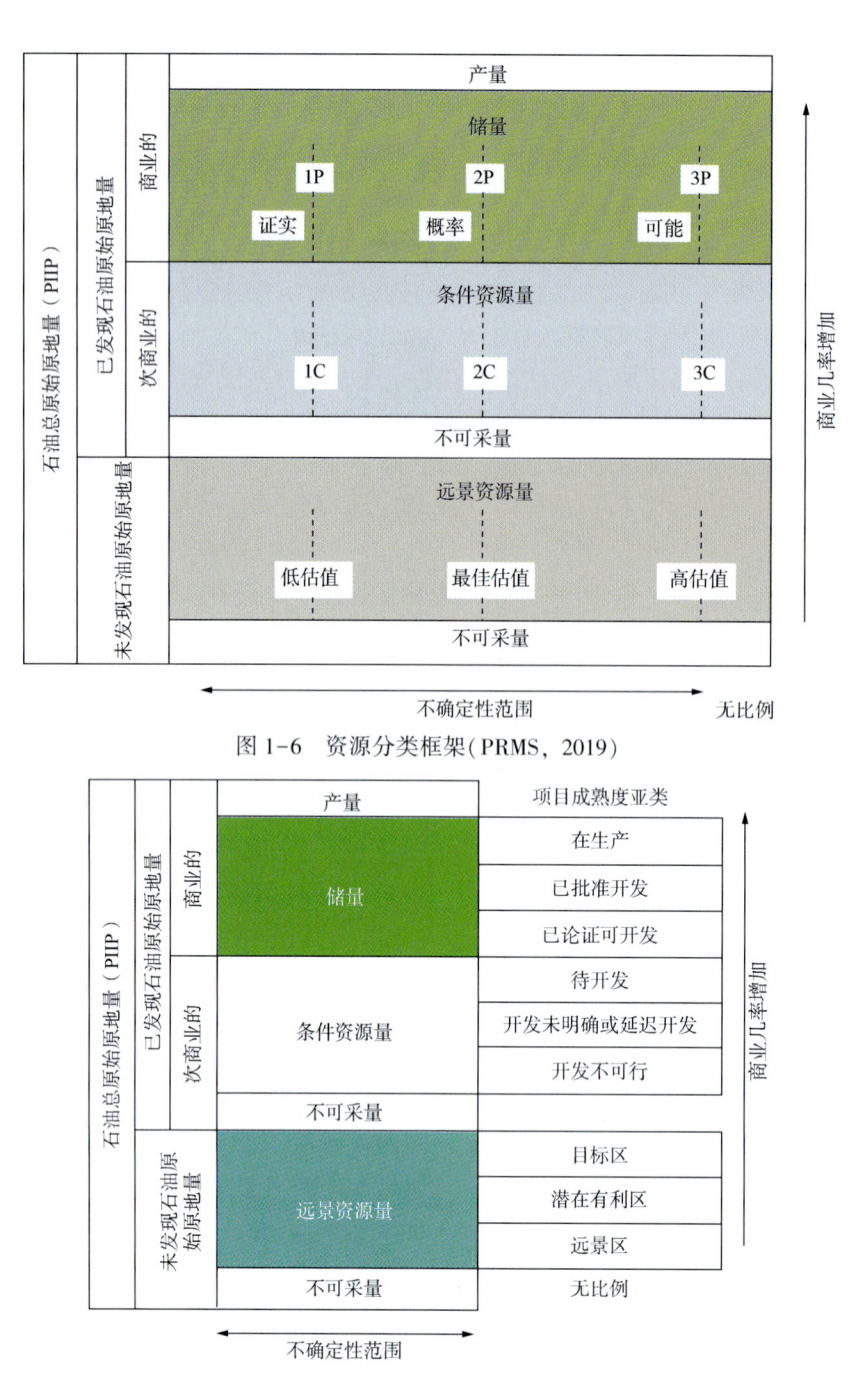

图 1-7　项目成熟度亚类（PRMS，2011）

第四节　动态储量

动态储量就是用动态方法计算的储量，它是正确评价气藏开发效果、准确预测气藏开发动态、做好气藏开发规划的重要前提。国内外气藏储量计算方法主要有类比法、容积法、物质平衡法、产量递减法、试井方法和统计模拟法等（杨通佑，1998）。本节主要介绍动态储量的定义并概述其计算方法。

14

一、动态储量定义

动态储量术语为我国独有，相关标准中并未涉及，亦称为动储量、可动储量、动态法储量，各种表述如表1-6所示。

表1-6 动态储量的定义

序号	年份	作者	出处		提法
1	1994	杨雅和	《天然气工业》	"压力恢复资料计算低渗透气藏动态储量探讨"	首次提出"动态储量"的说法，但未给出明确定义
2	1996	张伦友	《天然气勘探与开发》	"关于可动储量的概念及确定经济可采储量的方法"	已开发地质储量中在现有工艺技术和现有井网开采方式不变的条件下，所有井投入生产直至天然气产量和波及范围内的地层压力降为零时，可以从气藏中流出的天然气总量
3	1999	郝玉鸿	《试采技术》	"关于气田动态储量"	开发过程中能够参与渗流或流动的那部分天然气地质储量
4	2002	冯曦	《天然气工业》	"非均质气藏开发早期动态储量计算问题分析"	气藏连通孔隙体积内，在现有开采技术水平条件下最终能够有效流动的气体，折算到标准条件的体积量之和
5	2005	国土资源部	中华人民共和国地质矿产行业标准《石油天然气储量计算规范》（DZ/T 0217—2005）	"石油天然气储量计算规范"	难以用容积法计算地质储量时，应采用动态法（物质平衡法、弹性两相法等）计算，根据产量、压力数据的可靠程度，划分探明地质储量和控制地质储量
5	2008	李骞	《重庆科技学院学报》	"气井动态储量方法研究"	用动态方法计算出的储量，如物质平衡法、不稳定试井法、产量递减法、产量累计法等
5	2009	陈小刚	《特种油气藏》	"气藏动态储量预测方法综述"	
5	2010	申颖浩	《科学技术与工程》	"低渗透气藏动态储量计算新方法"	
6	2012	孙贺东	《复杂气藏现代试井分析及产能评价》	"第五章—动态储量评价技术"	在现有工艺技术和井网开采方式不变的条件下，以单井或气藏的产量和压力等生产动态数据为基础，用气藏工程方法计算得到的"当气井产量降为零、波及范围内的地层压力降为1个标准大气压时"的累计产气量
7	2018	李熙喆	《石油勘探与开发》	"中国大型气田井均动态储量与初始无阻流量定量关系的建立与应用"	在生产过程中压降波及范围内参与流动的天然气储量，是评价气藏地质储量动用程度的关键参数，也是进行开发方案设计、确定加密潜力和计算气藏采出程度的基础

综上所述，动态储量具有以下特征：(1)既可指气藏，也可指单井；(2)理论上是可动的，通常小于容积法静态储量；(3)依据动态数据得到；(4)既包含可采储量，又包含非可采储量；(5)该参数与目前工艺水平与井网相关；(6)具有时效性，尤其是对于缝洞型碳酸盐岩油气藏和低渗油气藏；(7)按《油气矿产资源储量分类》(GB/T 19492—2020)，该术语

15

级别是介于探明地质储量与技术可采储量中间的一个数值。技术可采储量定义不明确，属于我国独有，在实际应用过程中难以掌握，可以考虑改为已探明总可采储量或原始可采储量(陈元千，2009)。

结合上述特征，动态储量定义为在现有工艺技术和井网开采方式不变的条件下，以单井或气藏的产量和压力等生产动态数据为基础，用动态方法计算得到的波及范围内的地层压力降为1个标准大气压时的累计产气量，其大小为技术可采储量的极限值。

二、动态储量计算方法

(一) 动态储量计算方法

动态储量常规计算方法包括物质平衡法、现代产量递减分析法、试井方法等，具体方法和适用条件见表1-7。生产实践中应依据气藏开发实际采用合适的方法综合确定动态储量。

表1-7 动态储量计算方法与适用条件表(江同文，2018)

类型	适用条件	计算方法	应用范围
物质平衡法	1. 具有一定的采出程度； 2. 具有关井测压资料的气藏或气井	定容气藏物质平衡方程	定容气藏
		水驱气藏平衡方程	水驱指数>0.1
		高压气藏平衡方程	压力系数>1.3
		凝析气藏平衡方程	凝析油含量>50g/m^3
现代产量递减分析方法	1. 具有一定的生产数据资料，不需要关井测压； 2. 天然气渗流要达到拟稳定流状态的气井	Fetkovich方法	定压生产条件、产量处于递减阶段的各类气藏
		Blasingame方法	变产量变压力、处于边界控制流状态
		Agarwal-Gardner方法	
		NPI方法	
		流动物质平衡方法	
弹性二相法	1. 小型定容气藏； 2. 具有单井试井资料	弹性二相法	小型定容气藏，稳定生产条件下的压力降落测试资料
试井方法	1. 压力恢复试井； 2. 有一定的生产数据	容积法	压力传播到边界

物质平衡法是利用气藏不同时期的全气藏关井测压资料进行地质储量计算的一种方法，其理论基础是物质守恒原理。采用物质平衡法计算动态储量时要注意：一是要按气藏类型(定容气藏、封闭气藏、水驱气藏)选择合适的计算方法；二是气藏要有一定的采出程度，常规气藏天然气的采出程度一般要大于10%，对于复杂的岩性圈闭、多裂缝系统、低渗致密或非均质性较强的气藏，采出程度甚至要大于20%；三是要有一定数量的全气藏关井测压数据，至少3~5次。在此基础上才能保证计算结果可靠。

现代产量递减分析方法应用气井生产动态数据与典型曲线拟合，定量地分析单井(或连通井组)动态储量及相关的地层参数。气井生产动态数据必须包括从早期的不稳态到中、晚期的边界控制流(Boundary-Dominated Flow)。主要有传统的Fetkovich曲线拟合法及现代的Blasingame、Agarwal-Gardner及NPI曲线拟合法。Fetkovich方法只需提供定压生产条件下的产量数据，生产应达到边界控制流阶段；Blasingame方法、Agarwal-Gardner方法以及NPI方法采用生产期井底流动压力、产量等动态资料作分析，亦要求生产达到边界控制流阶段

(对于定产生产方式来说,要求达到拟稳定流状态)。以上方法是基于单相气体渗流理论推导而形成的,当地层中存在水侵或反凝析现象时,应用时需结合具体实际情况考察方法的适用性。由于大多数气井生产过程中并未连续监测井底流压,多根据井口压力折算井底压力,如果井筒内存在两相流动或者大产量条件下采用动气柱方法计算,可能会引起较大的折算误差,此时需用流压梯度测试数据进行约束(孙贺东,2013)。

对于小型定容封闭的弹性气驱气藏或单井裂缝系统、小断块气藏或单井供给区域相对较小,在这种情况下流动易达到拟稳态。取得稳定生产条件下的压力降落测试资料,可采用弹性二相法确定其地质储量[《天然气可采储量计算方法》(SY/T 6098—2010)]。

"全程历史拟合约束"的试井分析技术可大大提高资料的利用率,降低试井解释结果的多解性,还可估算单井动态储量。该方法本质是物质平衡,即短期试井与长期生产动态相结合,估算气井的控制范围,用容积法计算单井动态储量。确定单井控制范围,可采用以下3种方法:(1)对于双对数曲线有边界反映的,直接用容积法计算储量;(2)双对数曲线无边界反映的,可用无限逼近方法拟合长期生产史来确定边界范围,据此求得目前压力波所传播等效范围内的动态储量;(3)对于生产时间较长且进行压力恢复试井的,可根据反褶积方法确定边界(江同文,2018)。

(二) SEC准则动态计算法

SEC准则油气储量评估可采用确定法或概率法,国内广泛使用确定法。确定法中具体采用的评估方法要根据资料录取情况、开发生产阶段、油气藏复杂程度及驱动类型等情况综合选择。通常证实储量级别是在评价阶段完成后,在开发前或开发早期选择容积法进行评估,在开发后期选择动态法进行评估,在具体评估中要合理应用类比油气藏和可靠技术,确保评估结果满足证实储量合理确定性要求(王永祥,2016)。

容积法属于间接性评估方法,不能直接确定储量大小,适用于油气田或油气藏早期阶段。评估时先通过容积法估算油气原始地质储量(PIIP),通过类比等方法估算采收率,再通过油气原始地质储量及采收率乘积得到最终可采储量(EUR),在最终可采储量的基础上减去累计产量求得储量。

动态法评估主要是利用油气藏矿场实际资料的变化规律预测油气藏未来的发展趋势,结合集输条件和经济极限,求得证实储量。动态法是储量评估中相对准确的方法,主要包括递减曲线分析法(DCA)、物质平衡法、油气藏数值模拟法和辅助方法(原油包括含水率与累计产量法、含油率与累计产量法、水油比与累计产量法、水驱特征曲线法、注采关系法等其他产量动态趋势分析法;天然气包括弹性二相法)等。不同评估方法具有不同的应用条件,如表1-8所示。

表1-8 SEC准则油气证实储量动态评估方法汇总(王永祥,2016)

动态评估方法		应用条件
递减曲线分析方法	指数递减	具有明显的递减趋势,有足够的月度数据点
	双曲递减	
	调和递减	
物质平衡法		采出程度超过10%;地层压力有变化;有足够测压点
数值模拟方法		经过所有能得到的生产动态数据历史拟合
其他产量动态趋势分析法	弹性二相法	有稳定生产条件压力降落测试资料;有足够的数据点

(三) 页岩气 DCA 分析法

针对页岩气等非常规油气藏，储量评估可采用最新的递减曲线分析(DCA)方法，如针对已开发储量的多段 Arps 递减曲线分析、边界控制 b 分析方法、修正 Arps 分析方法、扩展指数递减(SEPD)曲线分析方法、LOGISTIC 增长模型(LGM)分析方法、Duong 递减曲线分析、幂律指数(PLE)分析方法、T 模型分析方法等(Tarek，2019；孙贺东，2021)。该系列方法的计算结果是可采储量。

在应用 DCA 方法预测单井产量和累计产量时，建议如下：

(1) 至少保留历史生产数据的 10%~20%，以验证所选 DCA 方法的可靠性。

(2) 拟合累计产量，而不是拟合产量。

(3) 用 DCA 方法拟合历史生产数据并预测未来产能，该井的产量必须进入递减阶段。

(4) 必须有足够的历史生产数据来验证和选择适当的方法。

(5) 采用所有 DCA 方法来估算一系列 EUR 值。不要期望得到唯一的产量预测趋势，每种方法预测趋势不同。

(6) 每种 DCA 方法都能匹配历史生产数据；但在预测产量和 EUR 时，不同方法之间可能会出现差异。将生产历史的 80% 用来参与拟合，剩余 20% 用于验证所选方法的可靠性。

(7) 由于 DCA 方法中未考虑储层压力，因此，没有一种 DCA 方法可考虑影响单井产能的所有因素。

(8) 应考虑各种流动形态对 DCA 方法准确性的影响，方法优选建议如下：对于线性流情形，可选用修正 Arps、PLE、LGM、Duong 和 T 模型法；对于双线性流—线性流情形，可选用 PLE、SEPD、Duong 和 T 模型法；对于线性流—边界控制流以及双线性流—线性流—边界控制流，以上方法都不适用。如果单井在废弃之前出现边界控制流，则 DCA 方法无法提供可靠的预测。为了可靠地估算最终采收率，必须事先知道边界控制流是否可能发生及发生时间。

三、动态储量评价面临的挑战

由于深层气藏一般具有高压超高压、基质致密、裂缝发育等特点，动态储量评价结果的不确定性较强，动态、静态储量差异大(动态、静态储量比介于 37%~94%)(图 1-8)。

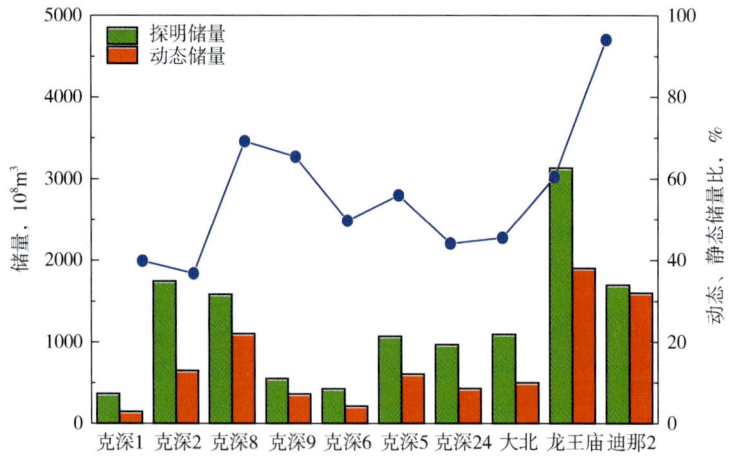

图 1-8 典型深层气藏动态、静态储量比(李熙喆，2020)

准确评价深层高压气藏的动态储量对气藏工程师来说是一项具有挑战性的工作，原因有：一是动态资料录取难，二是开发规律认识难，三是气藏工程参数确定难。

(一) 动态资料录取难

深层气藏通常高温高压且井况复杂。如塔里木盆地的克拉苏气田，埋藏深度超过8000m，地层压力超过144MPa，温度超过180℃，井口压力最高达100MPa，井控风险较大，井口高精压力计测试工艺、毛细管测压工艺、永久式温压监测工艺难以满足对储层动态描述的需求。

(二) 开发规律认识难

若按驱动类型分类，气藏可以分为定容气藏、封闭气藏和水驱气藏三大类。如第一节所述，深层高压气藏驱动能量构成与正常压力气藏存在较大差异。高压气藏除了正常压力气藏具有的气体膨胀、净水侵量外，还有岩石颗粒和束缚水的膨胀、地层压实、与储层相连泥页岩的水侵以及束缚水和含水层中溶解气的析出。在过去相当长的时间内，人们将高压超高压气藏另分为一类，并总结了完全不同于正常压力气藏的开发特征(李大昌，1985；邓远忠，2002)，即正常压力气藏的压降曲线为直线，而高压气藏的压降曲线为折线形式(Hammerlindl，1971；陈元千，1983)(图1-9)。深层高压气藏压降指示曲线是一条光滑的曲线(李大昌，1985)，折线形式只是其近似形式。开发过程中，视地层压力与累计产量关系曲线一般呈现上凸现象。对于裂缝性致密气藏，若存在边底水，生产指示曲线将更加复杂，难以根据指示曲线准确确定动态储量。

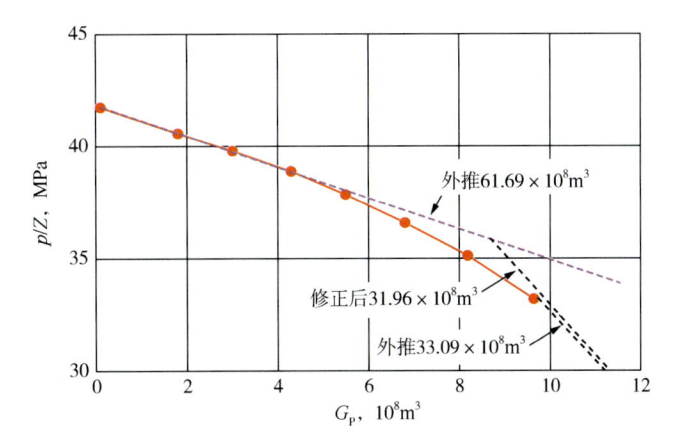

图1-9 NS2B气藏物质平衡压降曲线图(Hammerlindl, 1971)

(三) 气藏参数确定难

计算高压气藏动态储量的传统方法之一是物质平衡法，高压水驱气藏物质平衡方程式可简单表示(详见第四章)为

$$\frac{p}{Z}(1-C_e\Delta p-\omega)=\frac{p_i}{Z_i}\left(1-\frac{G_p}{G}\right) \tag{1-2}$$

式中　p——气藏平均压力，MPa；

Δp——气藏平均压力降，MPa；

C_e——有效压缩系数，定义为 $C_e=\dfrac{C_w S_{wi}+C_f}{1-S_{wi}}$，1/MPa；

C_w——地层水压缩系数，1/MPa；

C_f——岩石压缩系数，1/MPa；

S_{wi}——束缚水饱和度，%；

ω——气藏存水(水侵量与产水量的差)体积系数，$\omega = \dfrac{W_e - W_p B_w}{G B_{gi}}$；

B_w——地层水体积系数，1/MPa；

B_{gi}——原始条件下天然气体积系数，1/MPa；

W_e——气藏水侵量，$10^8 m^3$；

W_p——气藏累计产水量，$10^8 m^3$；

G_p——气藏累计产气量，$10^8 m^3$；

G——气藏原始地质储量，$10^8 m^3$；

Z——天然气偏差系数；

i——原始条件。

物质平衡法的准确运用取决于式(1-2)中各项关键参数的准确性，如气藏平均压力(p)、天然气偏差系数(Z)、岩石压缩系数(C_f)等，而且还与气藏采出程度(或视地层压力下降程度)、水体大小等因素息息相关。如对于处于开采早期的高压、超高压气藏，即使试采时间长达 1a、压降幅度达到原始地层压力的 3%~5%甚至更高，偏离早期直线段的起始点仍未出现，误用经典两段式分析法，将会导致对储量计算结果的过高估计。

本书接下来的章节将重点介绍这些关键参数的确定方法、动态储量评价方法及适用条件。

第二章 超高压气井压力动态监测

　　气藏平均压力是物质平衡法动态储量评价的关键参数之一，通常由单井井底压力数据加权平均计算。气井井底压力计算有两种方法，一是来自井下温压数据监测，二是通过井口静压进行折算。本章重点介绍超深超高压气井钢丝投捞井下温压监测技术及井底静压折算方法，旨在为物质平衡法计算动态储量提供可靠的压力数据。

第一节　超深超高压气井井下温压监测

一、动态监测的任务与作用

动态监测与动态分析贯穿气田开发全过程，是深入认识气藏和气井特征与动态变化规律、优化开发技术政策、确保生产系统正常运行、评价增产措施和开发方案实施效果以及为开发调整及挖潜提供依据的必不可少的技术手段，工作质量高低直接影响气田开发水平和效果。气藏开发不同阶段的工作目标及任务不同，对动态监测和动态分析的要求也不同，如表2-1所示。

表2-1　不同开发阶段动态监测、动态分析的目标和任务（李海平，2016）

阶段	阶段目标	主要任务		重点研究内容
开发前期评价	完成气藏开发概念设计，提交探明地质储量	提出静态、动态资料录取要求，部署开发评价井	不断深化认识气藏地质特征和开发规律	气藏原始地层压力；压力、温度及流体分布关系；储层渗流特征；气井无阻流量；气井污染或改善状况
	完成气藏开发方案编制	试采，优选开发方式，划分开发层系和开发单元，确定布井方式、气井配产、气藏采气速度	跟踪分析气井产能	地层压力、渗透率以及其他渗流特征参数；气井产能方程；井间、层间连通关系；储量的可采性；气井污染或改善状况
产能建设	达到开发方案设计的生产规模	提出补充录取资料要求；优化气井配产、待钻开发井井位和钻井次序	跟踪分析及评价气藏储量	实际产能与预测产能的差异；影响产能发挥的因素；气井合理产量
稳产	提高气藏稳产能力、延长稳产期	维护气藏正常生产，优化气井生产制度，对异常情况实施增产改造等针对性治理；水驱气藏治水，必要时补充开发井	建立和完善气藏描述模型	压力、产能、渗流特征、连通性、污染或改善状况、水侵动态、井控储量、剩余储量分布以及相应的变化规律
递减	减缓气藏产量递减	必要时部署开发调整井、加密井提高储量动用程度；水驱气藏治水，对异常情况实施增产改造等针对性治理		压力、产能、渗流特征、连通性、污染或改善状况、水侵动态、井控储量、剩余储量分布以及相应的变化规律、产量递减规律
低产	提高气藏最终采收率	尽可能降低气藏废弃压力，延长气井开采时间，挖掘气藏开发潜力		产能、剩余储量分布、采收率等

气藏工程动态监测与动态分析相辅相成，但各自的侧重点有所不同。动态监测工作重点是录取不同开采时期和专项测试阶段的单井压力、温度、产量、流体性质等基础数据，并进行简要分析，以便及时掌握气藏、气井基本动态特征，发现异常情况；动态分析工作

重点是采用动态监测数据深入分析和综合认识气藏、气井特征与开采动态规律，并根据气藏开发需求和气藏工程理论方法提出动态监测资料录取的技术要求。

二、动态监测的内容与手段

气田开发动态监测涵盖气藏工程、采气工程和地面集输工程等方面的监测内容，其中气藏工程动态监测的目的是掌握气藏特征和开发规律以及气井的生产能力，为制定相应开发对策提供依据；采气工程动态监测的目的是评价井身质量、相关工艺的适应性和安全性，或开展新工艺试验，为采气工艺的优选提供依据；地面集输工程动态监测的目的是掌握集输管线和设备的运行情况，为保障生产系统安全平稳运行、实时进行优化调整提供依据。气藏工程动态监测工作的具体目的及内容见表2-2。

表2-2 气藏工程动态监测目的及内容（李海平，2016）

监测目的	为生产管理和动态分析研究提供必要的基础资料	评价气井产能现状和稳产性
		复核和评价气藏储量
		掌握储集层渗流特征
		描述地层压力及流体分布
		判断井间、层间连通性
		识别水侵状况
		分析递减规律
		诊断气井污染或改善情况
		评价开发方案执行效果
		确定废弃条件、预测采收率
监测内容	常规监测	井口压力、温度监测
		井的产量或注入量监测
		产出流体组分监测
		产出水的矿化度和主要离子含量监测
	专项监测	井筒压力、温度梯度及井底压力、温度监测
		试井
		生产测井
		产出流体PVT分析取样

气井监测方式分为井下监测和井口监测两类。一般而言，井下监测不易受到异常因素影响，其监测结果的准确性较高，但是监测成本和实施难度也相应较高；井口监测简便易行，然而在一些复杂情况下准确性较差，适用范围受到限制，例如气水井产水量较大时，井口测压数据难以正确反映井底压力变化规律，不能用于精确定量分析气藏开发和气井生产特征。

三、超高压气井井下温压监测技术

单井地层静压是井控区域地层能量的直接体现，及时、准确地掌握单井地层压力变化，对于计算和评价动态储量、核实气井产能及预测开发效果都具有重要意义。为了掌握单井或井区地层压力变化规律，需要定点、定期开展生产井和观察井的测试工作。

新井投产前静压测试、生产井关井压力恢复以及观察井压力监测是确定气井地层压力的直接方法。生产管理、技术条件和经济因素会制约生产井关井测试时间，在关井压力难以稳定的情况下，需要采用试井分析方法推算地层压力。

(一) 井下温压监测面临的挑战

随着高压超高压气井不断增多，各种复杂的井况也随之产生，如高(超高)压、高含$H_2S(CO_2)$、高(超高)温、高产等；如塔里木盆地的克拉苏气田，埋藏深度超过8000m，地层压力超过144MPa，温度超过180℃，井口压力最高达100MPa，井控风险较大，井下温压监测面临严峻的挑战。

超深高压气井井下温压资料录取工艺主要有以下几种：(1)井口高精压力计测试工艺。该工艺具有操作简单、作业成本低、井口安全等优点，但井口压力折算到井底误差较大，无法真实有效地反映地层压力动态(不能用于试井分析)。在没有更安全、准确的资料录取工艺前，该工艺为超深高压气井资料录取的最常用手段。(2)毛细管测压工艺。利用毛细管将测压点压力变化情况通过惰性气体传递到地面，再折算得出测压点资料。该工艺具有井口安全的优点，但由于其作业成本高、维护复杂、压力资料精度不高等特点，故使用率较低，只在少数井进行过试验。(3)绳缆管内悬挂测试工艺。该工艺具有操作简单、作业费用低等优点，但中长期悬挂测试期间，井口一直承受高压，绳缆一直处于介质流通通道内，容易造成井控风险以及绳缆落井事故。(4)永久式温压监测工艺。在完井过程中下入光纤压力计或电子压力计，通过油管外固定的光纤或者钢管电缆将测试点资料传送到地面。该工艺具有井口安全、资料精度高等优点，但作业成本高，在超深高压井中使用不太成熟(庄惠农，2020)。

如何有效地避免井口渗漏、井下顶钻、钢丝、电缆设备腐蚀等事故的发生，保障作业人员安全及施工工程安全是亟待解决的难题。2014年8月起，中国石油塔里木油田公司逐渐摸索形成一套高压气井井下投捞测试技术(图2-1)，该技术的特点是成功率高、成本低。

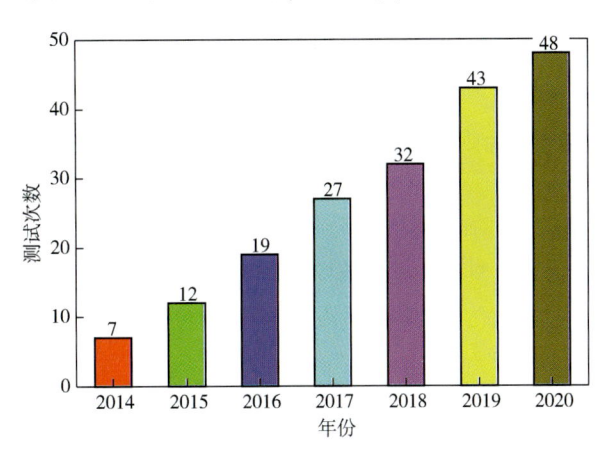

图2-1 克拉苏气田2014—2020年井下投捞测试次数

(二) 钢丝投捞井下温压监测工艺

通过钢丝机械投放方式将压力计悬挂或坐放在产层附近的生产管柱内，对井下压力、温度进行长期监测。投放完成后，起出投放工具和钢丝，拆除钢丝作业井口防喷设备，待资料录取完成后再通过钢丝作业工艺捞取压力计，并将存储的数据回放，取得地层与井下压力、温度随时间变化的动态监测数据，仪器下放如图2-2所示。

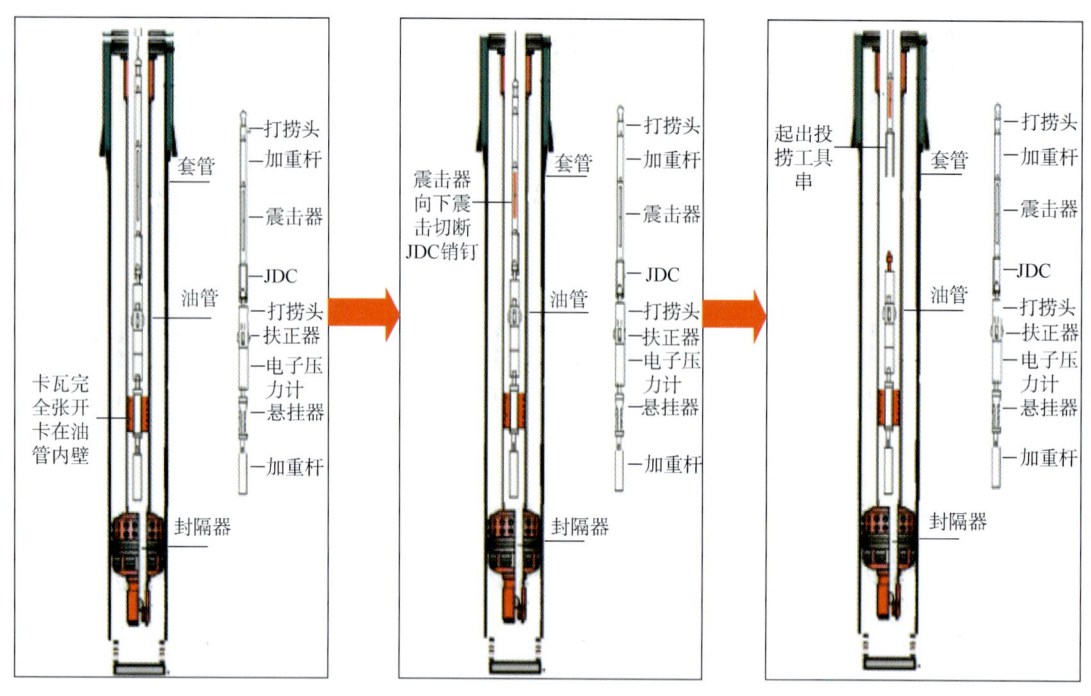

图 2-2 井下投捞测试工具串仪器下放全过程

投捞式有座落式和悬挂式两种。座落式是指在下入完井生产管柱前，预先随管柱下入专用的缩径短节，在需要监测酸化、压裂过程或长期监测井下压力和温度资料时，将压力计投放在缩径短节上，测试完成后捞出压力计，获取监测数据资料。悬挂式是针对井内未预先下入缩径接头、无法座落井下测试工具的井，录取井下压力、温度资料时，将压力计测压工具串连接在专用的油管悬挂器上，投放工具与测压工具一起下入预定深度后，通过绞车的变速操作，使油管悬挂器的卡瓦张开并卡在油管内壁上，投放工具与测压工具脱离后起出投放工具，测压工具留在井下录取数据资料，测试完成后捞出测压工具串获取监测数据。

与井下有缆测试技术相比，投捞式测试工艺具有抗震、安全、经济和防顶的优点。

（三）超高压气井测试安全控制技术

1. 井口三级防喷装置

超高压气井井下温度压力监测技术的最大难点在井口密封。钢丝投捞井下温压监测技术采用"盘根密封+阻流管密封+防喷器"的井口三级防喷组合方式，有效解决了井口密封问题（图2-3）。第一级防喷屏障为盘根密封，在主密封出现漏气时再通过地面打压进行密封；第二级防喷屏障为阻流管，通过注密封脂实现钢丝密封；第三级防喷屏障为防喷器，若防喷器以上发生渗漏，先关闭上级双闸板，若无法控制再关闭下级双闸板。

2. 井口注脂密封系统

井口防喷系统对整个测试过程中的安全起到至关重要的作用。施工过程中，不但要保证钢丝在静止时密封良好，还要保证钢丝在上提和下放过程中有良好的动密封。

注脂密封系统是钢丝投捞测试作业中润滑电缆和密封井口的常用设备。常规钢丝投捞作业井口的密封方式为盘根盒密封，不能对高压气井井口形成有效的密封。将电缆测试中的阻流管注脂密封系统（图2-4）与钢丝测试的盘根密封相结合，形成了一套钢丝投捞测试井口注脂密封系统（图2-5），解决了超深超高压井下温压监测过程中井口密封难的问题。

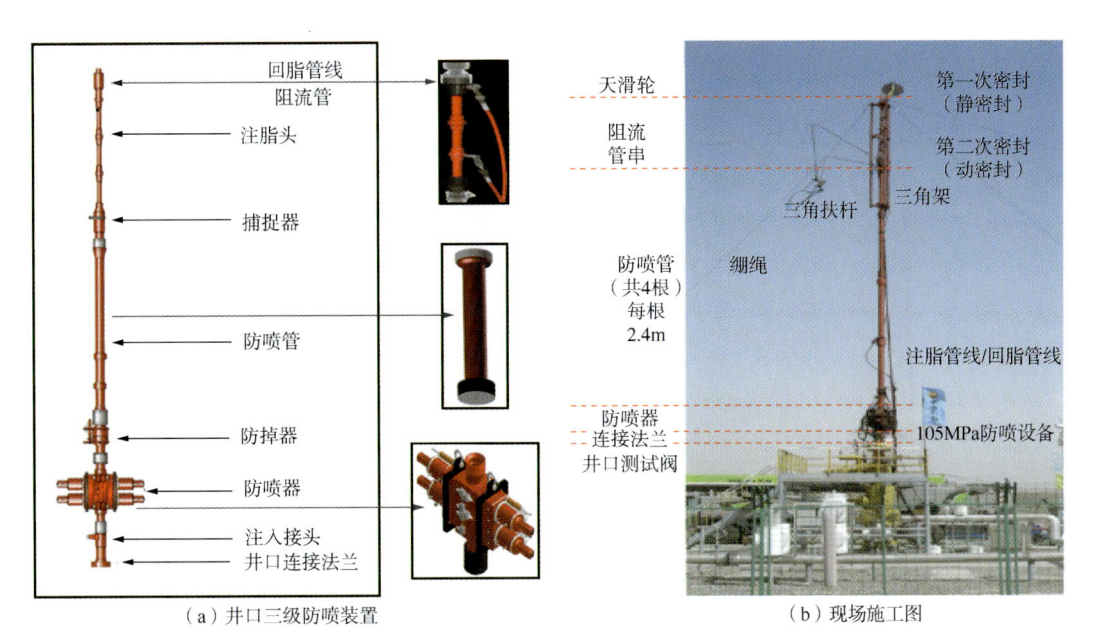

（a）井口三级防喷装置　　　　　　（b）现场施工图

图 2-3　井口三级防喷装置及现场施工情况

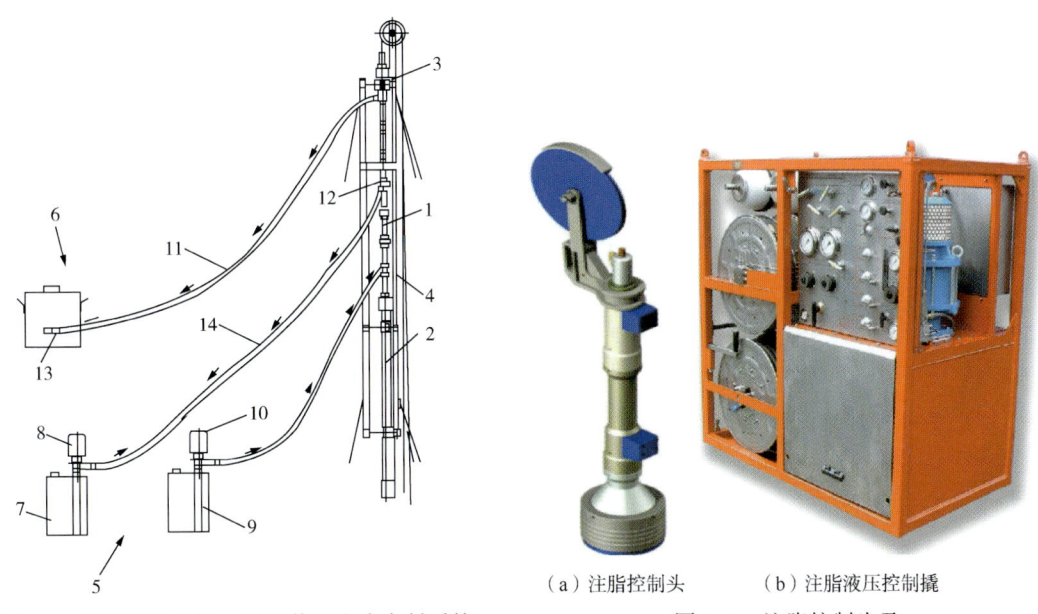

图 2-4　超高压气井钢丝测试井口注脂密封系统

1—阻流管；2—防喷管；3—防喷盒；4—固定架；
5—注脂组件；6—回收组件；7—储存罐；8—液压泵；
9—过滤桶；10—过滤网；11—回脂管线；12—注脂口；
13—回脂口；14—注脂管线

（a）注脂控制头　（b）注脂液压控制撬

图 2-5　注脂控制头及
现场施工作业注脂液压控制撬

密封脂在使用过程中必须有合适的黏度。黏度太高会造成油脂流动阻力增加，注脂泵难以工作；黏度太低，则井口密封性能不好。应根据季节的不同选择不同的阻流管密封脂。夏季温度较高时，选择黏度较大的密封脂（8~16mPa·s）；冬季温度较低时，选择黏度较小的密封脂（4~5mPa·s）。

3. 井下监测工具优化

针对超深超高压气井投捞式测试超深、井口需密封、压力计耐温耐压等问题，摸索出一套应对措施,并取得了较好的效果(表2-3)。

表2-3 超深超高压气井钢丝投捞测试工具优化表

测试难点	采取措施	措施效果	图 例	附加说明
CO_2含量高,钢丝易腐蚀断裂	制定一套井口设备防喷控制参数标准;测试钢丝采用防硫、防CO_2钢丝	累计完成90井次测试,未发生一起钢丝腐蚀断裂事故		测试过程中,全程检查钢丝腐蚀情况
井深超8000m,测试钢丝承受拉力大,易断裂	制定一套作业钢丝的检测和报废标准:3.8mm钢丝测试,每次入井前取样做拉断实验	累计完成90井次测试,未发生一起钢丝拉断事故		全程检查钢丝磨损情况,仅能入井20井次
井口压力高达100MPa以上	采用140MPa的防喷设备	最大限度降低了井口风险		第三方性能检测认证,包括探伤、测厚
地层温度高、压力高,压力计工作负荷大,监测时间短	制定不同型号压力计的选定标准:延长电池工作时间	最长监测时间超过60d		PPS2800压力计

(四) 技术应用效果

2014年起,塔里木油田应用超深超高压气井钢丝投捞井下温压监测技术首次在井口压力超过100MPa的超高压气井成功录取到井下压力与温度,截至目前测试成功率100%,资料全准率为100%,温压监测项目最深监测深度达8038m,最高井下压力为136MPa,最高施工压力为106MPa,最高井下温度为187℃,分别如图2-6、图2-7和图2-8所示,打破了国内气田安全测试井深记录、最大承压记录和最高耐温记录。

超深超高压气井钢丝投捞井下温压监测技术为克拉苏气田动态描述奠定了基础,也为动态储量评价提供了可靠的压力数据。

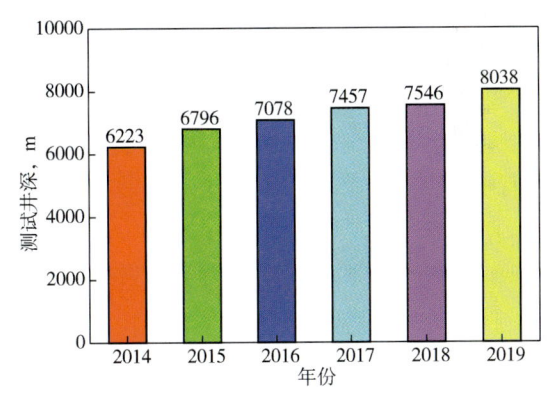

图 2-6　高压气井井下测试最大井深柱状图

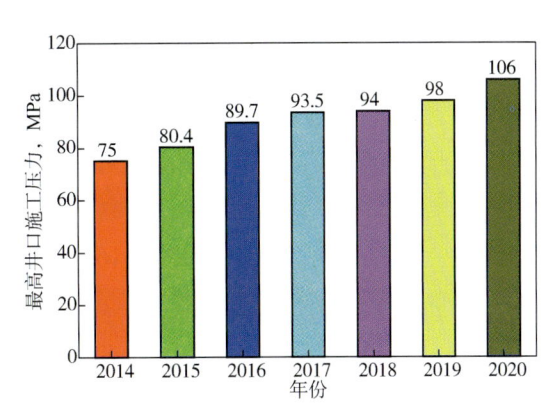

图 2-7　高压气井井下测试最高施工压力柱状图

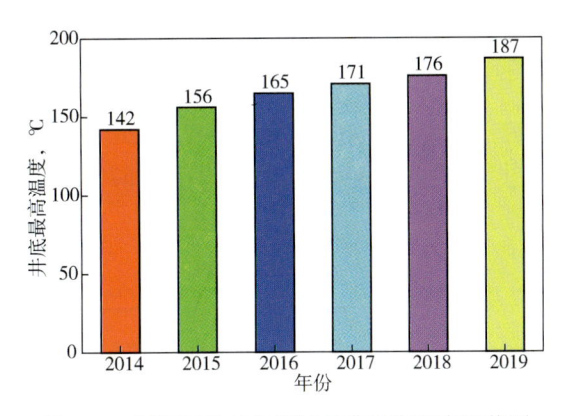

图 2-8　高压气井井下测试最高井底温度柱状图

第二节　气井静压折算

实测平均地层压力指在生产区内长期关井测得的井底静压。如果关井时间足够长，则在井所控制的有限定容区域内，压力趋于平衡，测得的静压可以代表区块的平均地层压力，该方法直接可靠，但对测试工作要求较高，对生产的影响也相对较大。在气井实际生产过程中，下压力计至井底实测地层压力的机会较为有限。当压力计难以下到储层中深时，可根据测点处的温度、压力资料，采用气柱密度折算法、静压梯度折算法、井口静压折算法等进行单井储层中深静压的计算。压力折算法对基础资料的要求相对较低，准确性不如直接法。建议根据每种方法的可靠性与适用范围，结合实际情况综合分析、优选适宜的方法。

一、测点处气柱密度折算法

首先根据测点处温压数据，由状态方程计算出气体密度，然后利用测点与中深之间的气柱压力折算出储层中深压力。

例 2-1：某气井储层中深 7500m，压力计下深 6800m，天然气相对密度为 0.6，测点处的压力、温度分别为 120MPa 和 423K，试计算储层中深处的压力。

解：

（1）根据测点处的温度和压力采用 DAK 外推法计算天然气偏差系数（方法详见第三

章），有 $Z=1.8751$。根据状态方程，有

$$\rho = \frac{pM_g}{ZRT} = \frac{120 \times 28.97 \times 0.60}{1.8751 \times 8.3143 \times 10^{-3} \times 423} = 316.3 \text{kg/m}^3$$

（2）计算测点与储层中深之间的气柱压力，有

$$\Delta p = \rho g \Delta H = 316.3 \times 9.8 \times (7500-6800) = 2.17 \text{MPa}$$

（3）计算中深压力，有

$$p = p_{测点} + \Delta p = 120 + 2.17 = 122.17 \text{MPa}$$

二、测点处静压梯度折算法

若有压力计下放或上提过程中的静压梯度实测数据，可根据梯度趋势折算出储层中深压力。

例 2-2：某气井井口静压为 69.28MPa，井口温度为 20.73°C，储层中深为 6100m，压力计下深为 5362m，测点处压力为 89.4MPa、温度为 112.57°C，静压梯度数据如图 2-9 所示，试计算储层中深处的压力。

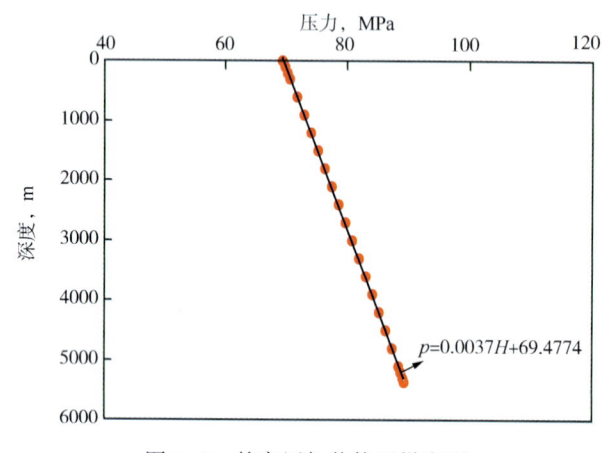

图 2-9 某高压气井静压梯度图

解：
（1）首先根据井筒静压梯度测试数据，计算梯度为 0.37MPa/100m。
（2）计算测点与储层中深之间的气柱压力，有

$$\Delta p = 梯度 \times \Delta H = \frac{0.37}{100} \times (6100-5362) = 2.73 \text{MPa}$$

（3）计算中深压力，有

$$p = p_{测点} + \Delta p = 89.4 + 2.73 = 92.13 \text{MPa}$$

三、井口静压折算法

若仅有井口静压数据，可采用平均温度和平均偏差系数法或 Cullender-Smith 方法进行井底静压折算（杨继盛，1992）。

(一) 平均温度和平均偏差系数法

气井井底流动压力等于井口流动压力、气柱质量对井底施加的压力、动能变化和摩擦造成能量损失的总和。若忽略稳定流动状态下动能变化量，单相气体在垂直管中流动时能量方程为

$$\mathrm{d}z + \frac{1000}{\rho_g g}\mathrm{d}p + \frac{fv^2}{2gD}\mathrm{d}L = 0 \tag{2-1}$$

式中　$\mathrm{d}z$——垂向距离变化，m；
　　　$\mathrm{d}L$——沿井筒轨迹方向的距离变化，m；
　　　$\mathrm{d}p$——压力变化，MPa；
　　　ρ_g——气体密度，g/cm³；
　　　f——摩阻系数；
　　　v——气体流速，m/s；
　　　D——油管内径(考虑油管内流动的情况)，m；
　　　g——重力加速度，m/s²。

将气体密度代入(2-1)式，积分后有

$$p_{\mathrm{wf}} = \sqrt{p_{\mathrm{wh}}^2 \mathrm{e}^{2S} + \frac{1.324 \times 10^{-10} f q^2 \overline{T}^2 \overline{Z}^2}{D^5}(\mathrm{e}^{2S}-1)} \tag{2-2}$$

式中　p_{wf}——井底流动压力，MPa；
　　　p_{wh}——井口流动压力，MPa；
　　　q——气井产量(标准状态下计量)，$10^4 \mathrm{m}^3/\mathrm{d}$；
　　　$\overline{T}$——井筒平均温度，K；
　　　$\overline{Z}$——井筒平均压力和平均温度条件下的天然气偏差系数；
　　　S——中间参数，$S = \dfrac{0.03416\gamma_g H}{\overline{T}\,\overline{Z}}$；
　　　H——产层中部垂深，m；
　　　γ_g——标准条件下天然气相对密度。

采用油、套管环形空间生产的气井，井底流压计算公式为

$$p_{\mathrm{wf}} = \sqrt{p_{\mathrm{wh}}^2 \mathrm{e}^{2S} + \frac{1.324 \times 10^{-10} f q^2 \overline{T}^2 \overline{Z}^2}{(D_c - D_t)^3 (D_c + D_t)^2}(\mathrm{e}^{2S}-1)} \tag{2-3}$$

式中　D_c——套管内径，m；
　　　D_t——油管外径，m。

若产量 $q=0$ 时，得到静气柱情形井底压力计算公式，有

$$p_{\mathrm{wf}} = p_{\mathrm{wh}} \mathrm{e}^{\frac{0.03416\gamma_g H}{\overline{T}\,\overline{Z}}} \tag{2-4}$$

计算步骤如下：

(1) 估计井底压力 p_{wf} 初值，该估算值会影响迭代次数，但不影响最终计算结果。可用

理想气体静气柱压力计算公式 $p_{wf}^0 = p_{wh} + 9.80665 \times 10^{-3} \rho_g H$ 估算井底压力初值。高压情形，气井井筒内气体密度多在 0.25~0.35g/cm³ 范围，根据气井实际情况可近似估算气体密度。

（2）根据井口、井底温度，利用算术平均法计算井筒平均温度。当井底温度未知时，可采用同一地区的地温梯度和气井产层中部深度数据推算井底温度。

（3）计算井筒平均压力 $\bar{p} = \dfrac{p_{wh} + p_{wf}}{2}$。

（4）计算井筒平均压力和温度条件下的天然气偏差系数 $\bar{Z}$ 值，并计算 S 值。

（5）根据式（2-4）计算井底压力值。

（6）对比步骤（5）与上一次计算（第一次为估算）的压力差值，如果相差较大，需根据步骤（5）的计算结果返回步骤（3）迭代计算。

（7）重复步骤（3）至步骤（6）直到计算结果误差满足要求为止。

例 2-3：某气井储层中深为 6100m，井口静压为 69.28MPa，井口温度为 20.73°C，天然气相对密度为 0.7436，试计算储层中深处的压力。

解：

（1）推算井筒平均温度为 350K。

（2）根据井口静压数据采用 DAK 外推法计算天然气偏差系数，有 $Z = 1.4266$，根据状态方程，有

$$\rho = \frac{pM_g}{ZRT} = \frac{69.4 \times 28.97 \times 0.7436}{1.4266 \times 8.3143 \times 10^{-3} \times 350} = 360.0 \text{kg/m}^3$$

$$p_{wf} = p_{wh} + 9.80665 \times 10^{-3} \rho_g H = 69.4 + 9.80665 \times 10^{-3} \times 360 \times 6100/10^3 = 90.9 \text{MPa}$$

（3）计算井筒平均压力，有

$$\bar{p} = \frac{p_{wh} + p_{wf}}{2} = \frac{69.4 + 90.9}{2} = 80.2 \text{MPa}$$

（4）井筒平均压力和温度条件下的天然气偏差系数值为 1.5581，计算 S 值，有

$$S = \frac{0.03416 \gamma_g H}{\bar{T} \bar{Z}} = \frac{0.03416 \times 0.7436 \times 6100}{350 \times 1.5581} = 0.2841$$

（5）根据式（2-4）计算井底压力值，有

$$p_{wf} = p_{wh} e^{\frac{0.03416 \gamma_g H}{\bar{T} \bar{Z}}} = 69.4 \times e^{0.2841} = 92.2 \text{MPa}$$

（6）步骤（5）计算结果与初值相差 92.2-90.9=1.3MPa；令 $p_{wf} = 92.2$MPa，重复步骤（3）至步骤（5），有

$$\bar{p} = \frac{p_{wh} + p_{wf}}{2} = \frac{69.4 + 92.2}{2} = 80.8 \text{MPa}$$

$$\bar{Z} = 1.5660 \quad S = \frac{0.03416 \gamma_g H}{\bar{T} \bar{Z}} = \frac{0.03416 \times 0.7436 \times 6100}{350 \times 1.5660} = 0.2827$$

$$p_{wf}=p_{wh}e^{\frac{0.03416\gamma_g H}{\overline{T}\overline{Z}}}=69.4\times e^{0.2827}=92.07\text{MPa}$$

(7) 步骤(6)计算结果与初值相差 92.07-92.2=-0.13MPa；令 p_{wf}=92.07MPa，重复步骤(3)至步骤(5)，有

$$\overline{p}=\frac{p_{wh}+p_{wf}}{2}=\frac{69.4+92.07}{2}=80.735\text{MPa}$$

$$\overline{Z}=1.5670 \quad S=\frac{0.03416\gamma_g H}{\overline{T}\overline{Z}}=\frac{0.03416\times 0.7436\times 6100}{350\times 1.5670}=0.2825$$

$$p_{wf}=p_{wh}e^{\frac{0.03416\gamma_g H}{\overline{T}\overline{Z}}}=69.4\times e^{0.2825}=92.06\text{MPa}$$

(8) 步骤(7)计算结果与初值相差 92.06-92.07=-0.01MPa，满足精度要求。因此，该方法井底静压计算结果为 92.06MPa。

(二) Cullender—Smith 方法

该方法采用数值积分法计算，考虑常见的油管生产情况，有(李海平，2016)

$$\int_{p_{wh}}^{p_{wf}}\frac{\frac{p}{TZ}}{\left(\frac{p}{TZ}\right)^2+\frac{1.324\times 10^{-10}fq^2}{D^5}}dp=0.03416\gamma_g H \tag{2-5}$$

根据式(2-5)，采用分段积分数值计算方法可计算井底压力，即从井口至井底设定多个计算位置点，根据井口压力自上而下依次计算各位置点的压力，最终计算出井底压力。对式(2-5)应用梯形法求积，得到压力计算公式为

$$p_{wfm}=p_{wf1}+\frac{0.03416\gamma_g H}{\left[\frac{\frac{p}{TZ}}{\left(\frac{p}{TZ}\right)^2+\frac{1.324\times 10^{-10}fq^2}{D^5}}\right]_1+\left[\frac{\frac{p}{TZ}}{\left(\frac{p}{TZ}\right)^2+\frac{1.324\times 10^{-10}fq^2}{D^5}}\right]_m} \tag{2-6}$$

$$p_{wf2}=p_{wfm}+\frac{0.03416\gamma_g H}{\left[\frac{\frac{p}{TZ}}{\left(\frac{p}{TZ}\right)^2+\frac{1.324\times 10^{-10}fq^2}{D^5}}\right]_m+\left[\frac{\frac{p}{TZ}}{\left(\frac{p}{TZ}\right)^2+\frac{1.324\times 10^{-10}fq^2}{D^5}}\right]_2} \tag{2-7}$$

式中下标 1 代表相邻计算位置点的上位置点，下标 2 代表下位置点，下标 m 代表两者的中间位置点。

若产量 $q=0$ 时，得到静气柱计算井底压力公式，有

$$p_{wfm}=p_{wf1}+\frac{0.03416\gamma_g H}{\left(\frac{TZ}{p}\right)_1+\left(\frac{TZ}{p}\right)_m} \tag{2-8}$$

$$p_{\mathrm{wf2}}=p_{\mathrm{wfm}}+\frac{0.03416\gamma_{\mathrm{g}}H}{\left(\frac{TZ}{p}\right)_{\mathrm{m}}+\left(\frac{TZ}{p}\right)_{2}} \qquad (2-9)$$

具体计算步骤如下：

（1）按井口压力、温度条件取值式(2-8)分母中的下标1数值项，并假设中点数值项与下标1数值项相等，由此计算井筒中部压力初值。

（2）根据井筒中部温度和上述计算压力值，计算式(2-8)分母中的下标m数值项，并再次根据式(2-8)计算井筒中部压力值。

（3）对比步骤(2)与上一次计算（第一次为估算）的压力差值，如果相差较大，则重复步骤(2)迭代计算，直到计算结果误差满足要求为止。

（4）确定井筒中部压力后，采用以上步骤，进一步迭代计算井底压力。

例 2-4：某气井储层中深为6100m，井口静压为69.28MPa，井口温度为20.73°C，中深温度为125.74°C，天然气相对密度为0.7436，试计算储层中深处的压力。

解：

假设井筒中间仅有一点，井筒分为两段，中间点温度为346.4K。

（1）根据井口压力、温度数据，有

$$\left(\frac{p}{TZ}\right)_{1}=\frac{69.4}{293.88\times1.5711}=0.1503$$

根据式(2-8)有

$$p_{\mathrm{wfm}}=p_{\mathrm{wf1}}+\frac{0.03416\gamma_{\mathrm{g}}H}{\left(\frac{TZ}{p}\right)_{1}+\left(\frac{TZ}{p}\right)_{\mathrm{m}}}=69.4+\frac{0.03416\times0.7436\times6100}{2/0.1503}=81.05\mathrm{MPa}$$

当 $p_{\mathrm{wfm}}=81.05\mathrm{MPa}$ 时，$T_{\mathrm{m}}=346.4\mathrm{K}$，$Z_{\mathrm{m}}=1.6482$，有

$$\left(\frac{p}{TZ}\right)_{\mathrm{m}}=\frac{81.05}{346.4\times1.6482}=0.1420$$

$$p_{\mathrm{wfm}}=p_{\mathrm{wf1}}+\frac{0.03416\gamma_{\mathrm{g}}H}{\left(\frac{TZ}{p}\right)_{1}+\left(\frac{TZ}{p}\right)_{\mathrm{m}}}=69.4+\frac{0.03416\times0.7436\times6100}{(1/0.1503)+(1/0.1420)}=80.712\mathrm{MPa}$$

当 $p_{\mathrm{wfm}}=80.712\mathrm{MPa}$ 时，$T_{\mathrm{m}}=346.4\mathrm{K}$，$Z_{\mathrm{m}}=1.6433$，有

$$\left(\frac{p}{TZ}\right)_{\mathrm{m}}=\frac{81.712}{346.4\times1.6433}=0.1418$$

$$p_{\mathrm{wfm}}=p_{\mathrm{wf1}}+\frac{0.03416\gamma_{\mathrm{g}}H}{\left(\frac{TZ}{p}\right)_{1}+\left(\frac{TZ}{p}\right)_{\mathrm{m}}}=69.4+\frac{0.03416\times0.7436\times6100}{(1/0.1503)+(1/0.1418)}=80.705\mathrm{MPa}$$

（2）$p_{\mathrm{wfm}}=80.705\mathrm{MPa}$ 即为井筒中部压力，下面计算井底压力，根据式(2-8)，有

$$p_{wf2}=p_{wfm}+\frac{0.03416\gamma_g H}{\left(\frac{TZ}{p}\right)_m+\left(\frac{TZ}{p}\right)_2}=80.705+\frac{0.03416\times0.7436\times6100}{2/0.1418}=91.69\text{MPa}$$

当 $p_2=91.69\text{MPa}$ 时,$T_2=398.89\text{K}$,$Z_2=1.7016$,有

$$\left(\frac{p}{TZ}\right)_2=\frac{91.69}{398.89\times1.7016}=0.1351$$

$$p_{wf2}=p_{wfm}+\frac{0.03416\gamma_g H}{\left(\frac{TZ}{p}\right)_m+\left(\frac{TZ}{p}\right)_2}=91.69+\frac{0.03416\times0.7436\times6100}{(1/0.1418)+(1/0.1351)}=91.43\text{MPa}$$

当 $p_2=91.43\text{MPa}$ 时,$T_2=398.89\text{K}$,$Z_2=1.6984$,有

$$\left(\frac{p}{TZ}\right)_2=\frac{91.43}{398.89\times1.6984}=0.1350$$

$$p_{wf2}=p_{wfm}+\frac{0.03416\gamma_g H}{\left(\frac{TZ}{p}\right)_m+\left(\frac{TZ}{p}\right)_2}=91.69+\frac{0.03416\times0.7436\times6100}{(1/0.1418)+(1/0.1350)}=91.42\text{MPa}$$

两次迭代后,中深压力为 91.42MPa。

假设井筒中间取两点,分为三段,两点温度分别为 328.88K、363.88K,按照上述步骤计算中深压力为 91.64MPa。

上述方法主要适用于干气藏纯气井。对于凝析气井或产水井,计算误差较大,此时应进行静压梯度测试,采用测点处气柱密度折算法或静压梯度折算法进行计算。

第三节 气藏平均压力计算

气藏平均地层压力是动态储量评价、水侵分析、产能预测等工作必需的关键参数。由于大多数气藏开发过程中不同井区难以保持压力完全一致,因此需要计算代表气藏整体能量的平均压力。在得到单井静压的基础上,可利用算术平均、加权平均等方法计算气藏平均地层压力。

一、算术平均法

单井地层压力的算术平均法,如式(2-10)所示,此方法适合开采相对均衡的气藏。

$$\bar{p}=\frac{\sum_{j=1}^{n}p_j}{n} \tag{2-10}$$

式中 n——井数;
p——地层压力,MPa;
$\bar{p}$——平均地层压力,MPa。

二、加权平均法

根据地质、生产情况，可分别采用厚度加权、面积加权、体积加权、产量加权、累计产量加权等方法计算平均压力，计算式依次为

$$\bar{p} = \left(\sum_{j=1}^{n} p_j h_j\right) \Big/ \sum_{j=1}^{n} h_j \tag{2-11}$$

$$\bar{p} = \left(\sum_{j=1}^{n} p_j A_j\right) \Big/ \left(\sum_{j=1}^{n} A_j\right) \tag{2-12}$$

$$\bar{p} = \left(\sum_{j=1}^{n} p_j A_j h_j\right) \Big/ \left(\sum_{j=1}^{n} A_j h_j\right) \tag{2-13}$$

$$\bar{p} = \left(\sum_{j=1}^{n} p_j A_j h_j \phi_j\right) \Big/ \left(\sum_{j=1}^{n} A_j h_j \phi_j\right) \tag{2-14}$$

当各井地层压力下降速度一致时，气井累计产量与单井有效控制的孔隙体积近似存在正比例关系，若这种情况下各井投产时间大体相同，则产量与单井有效控制的孔隙体积近似存在正比例关系，由此导出产量和累计产量加权平均法，分别为

$$\bar{p} = \left(\sum_{j=1}^{n} p_j q_j\right) \Big/ \left(\sum_{j=1}^{n} q_j\right) \tag{2-15}$$

$$\bar{p} = \left(\sum_{j=1}^{n} G_{pj} p_j\right) \Big/ \left(\sum_{j=1}^{n} G_{pj}\right) \tag{2-16}$$

式(2-11)至式(2-16)中　A——气井控制面积，m^2；
　　　　　　　　　　　h——储层有效厚度，m；
　　　　　　　　　　　ϕ——储层孔隙度；
　　　　　　　　　　　q——气井产量，$10^4 m^3/d$；
　　　　　　　　　　　G_p——单井累计产量，$10^4 m^3$；
　　　　　　　　　　　n——井数。

以上方法均是采用单个井点的地层压力数据进行计算。当井网对气藏的覆盖程度较高时，可采用趋势面插值方法，根据气井地层压力计算气藏任意位置的地层压力。在此基础上，可应用网格离散化方法，插值计算出所有网格点的地层压力，然后进行所有网格点的算术平均值计算气藏平均地层压力；或采用重积分数值计算方法计算气藏平均地层压力。

第三章 天然气和地层水高压物性

天然气和地层水的高压物性参数是物质平衡方程计算中的重要参数。本章介绍这些参数的物理性质、常用的经验关系式及适用条件。

第一节 天然气的组成及性质

一、天然气的组成

天然气是烃类和非烃气体的混合物，其中烃类气体主要由甲烷、乙烷、丙烷、丁烷、戊烷以及少量的己烷和重烃构成；非烃气体（即杂质）包括二氧化碳、硫化氢和氮气；有时含有微量稀有气体，如氦气和氩气。天然气中常见组分的主要物理化学性质如表 3-1 所示，可供一般计算查用。

表 3-1 天然气中烃类及非烃气体的物性常数表（Tarek，2019）

序号	化合物	分子式	相对分子质量	大气压下的沸点,℃	大气压下的冰点,℃	临界参数 压力,MPa	临界参数 温度,K	标准条件下的相对密度
1	甲烷	CH_4	16.043	−161.52	−182.47	4.5947	190.56	0.3000
2	乙烷	C_2H_6	30.070	−88.61	−182.80	4.8711	305.33	0.3562
3	丙烷	C_3H_8	44.097	−42.08	−187.63	4.2472	369.85	0.5070
4	异丁烷	C_4H_{10}	58.123	−11.79	−159.60	3.6397	407.85	0.5629
5	正丁烷	C_4H_{10}	58.123	−0.51	−138.36	3.7962	425.16	0.5840
6	异戊烷	C_5H_{12}	72.150	27.84	−159.90	3.3812	460.43	0.6247
7	正戊烷	C_5H_{12}	72.150	36.07	−129.73	3.3688	469.71	0.6311
8	正己烷	C_6H_{14}	86.177	68.73	−95.32	3.0123	507.37	0.6638
9	正庚烷	C_7H_{16}	100.204	98.42	−90.58	2.7358	540.21	0.6882
10	正辛烷	C_8H_{18}	114.231	125.67	−56.77	2.4869	568.83	0.7070
11	异辛烷	C_8H_{18}	114.231	99.24	−107.37	2.5676	543.96	0.6962
12	正壬烷	C_9H_{20}	128.258	150.82	−53.49	2.2877	594.64	0.7219
13	正癸烷	$C_{10}H_{22}$	142.285	174.16	−29.64	2.1043	617.59	0.7342
14	环戊烷	C_5H_{10}	70.134	49.25	−93.84	4.5078	511.59	0.7505
15	环己烷	C_6H_{12}	84.161	80.72	6.54	4.0734	553.48	0.7835
16	乙烯	C_2H_4	28.054	−103.74	−169.15	5.0401	282.34	—
17	丙烯	C_3H_6	42.081	−47.69	−185.25	4.6098	364.91	0.5209
18	异丁烯	C_4H_8	56.108	−6.89	−140.36	4.0003	417.90	0.6004
19	异戊二烯	C_5H_8	68.119	34.06	−145.96	3.8473	484.26	0.6862
20	乙炔	C_2H_2	26.038	−84.72	−81.39	6.1391	308.34	0.8990
21	苯	C_6H_6	78.114	80.10	5.53	4.8980	562.16	0.8845
22	甲苯	C_7H_8	92.141	110.63	−95.00	4.1058	591.80	0.8719
23	苯乙烷	C_8H_{10}	106.167	136.20	−94.98	3.6060	617.20	0.8717
24	苯乙烯	C_8H_8	104.152	145.14	−30.61	4.0527	645.93	0.9111
25	一氧化碳	CO	28.010	−191.49	−205.00	3.4991	132.91	0.7894
26	二氧化碳	CO_2	44.010	−78.48	−56.57	7.3843	304.21	0.8180
27	硫化氢	H_2S	34.080	−60.28	−85.49	8.9632	373.40	0.8014

续表

序号	化合物	分子式	相对分子质量	大气压下的沸点,℃	大气压下的冰点,℃	临界参数 压力,MPa	临界参数 温度,K	标准条件下的相对密度
28	二氧化硫	SO_2	64.060	-9.94	-75.48	7.8807	430.82	1.3974
29	氨气	NH_3	17.031	-195.81	-77.71	11.3487	405.48	0.6183
30	空气	N_2+O_2	28.963	-194.33	—	3.7707	132.42	0.8748
31	氢气	H_2	2.016	-252.75	-259.59	1.2969	33.21	0.0710
32	氧气	O_2	31.999	-182.96	-218.79	5.0428	154.58	1.1421
33	氮气	N_2	28.013	-195.81	-210.00	3.3998	126.20	0.8094
34	氯气	Cl_2	70.906	-33.96	-100.96	7.9772	416.90	1.4244
35	水	H_2O	18.015	100.00	0.00	22.0549	647.13	1.0000
36	氦气	He	4.003	-268.94	—	0.2275	5.20	0.1251
37	盐酸	HCl	36.461	2.48	-114.18	8.3082	324.69	0.8513

二、理想气体状态方程

根据气体分子运动论，理想气体的状态方程为

$$pV = nRT \tag{3-1}$$

式中　p——气体压力，MPa；
　　　V——气体体积，m^3；
　　　T——绝对温度，K；
　　　n——气体物质的量，kmol；
　　　R——通用气体常数，8.3143×10^{-3} MPa·m^3/(kmol·K)。

气体物质的量 n 定义为气体的质量与相对分子质量的比值，有

$$n = \frac{m}{M} \tag{3-2}$$

式中　m——气体质量，kg；
　　　M——气体相对分子质量，kg/kmol。

将式（3-1）和式（3-2）联立，有

$$pV = \frac{m}{M}RT \tag{3-3}$$

根据密度的定义，式（3-3）可以表示为

$$\rho_g = \frac{m}{V} = \frac{pM}{RT} \tag{3-4}$$

式中　ρ_g——气体密度，kg/m^3。

例 3-1：将 1.3608kg 正丁烷置于压力为 0.4137MPa、温度为 322.2K 的容器中，试计算其在理想气体状态下的体积和密度（本章第一节、第二节实例均取自《油气藏工程手册》，Tarek Ahmed 著；孙贺东等译，2021）。

解：

（1）从表3-1中查得正丁烷的相对分子质量为58.123。

（2）根据式(3-3)，有

$$V=\frac{m}{pM}RT=\frac{1.3608\times8.3143\times10^{-3}\times322.2}{0.4137\times58.123}=0.1516\text{m}^3$$

（3）根据式(3-4)，有

$$\rho_g=\frac{pM}{RT}=\frac{0.4137\times58.123}{8.3143\times10^{-3}\times322.2}=8.9760\text{kg/m}^3$$

（一）视相对分子质量

如果用 y_i 表示混合气体中第 i 个组分的摩尔分数，则视相对分子质量表示为

$$M_a=\sum y_iM_i \tag{3-5}$$

式中　M_a——天然气的视相对分子质量；

　　　M_i——天然气中第 i 个组分的相对分子质量；

　　　y_i——天然气中第 i 个组分的摩尔分数。

（二）标准体积

标准体积是指在标准条件下（本书标准条件为0.101325MPa和293.15K）1kmol气体所占据的气体体积，将标准条件带入式(3-1)，有

$$V_{sc}=\frac{RT_{sc}}{p_{sc}}=\frac{8.3143\times10^{-3}\times293.15}{0.101325}=24.05\text{m}^3 \tag{3-6}$$

式中　V_{sc}——标准体积，m³。

在0.101325MPa和273.15K条件下，1kmol气体所占据的气体体积为22.41m³。

（三）密度

若用气体混合物的视相对分子质量替换式(3-4)中纯组分的相对分子质量，可得理想气体混合物的密度，有

$$\rho_g=\frac{pM_a}{RT} \tag{3-7}$$

式中　ρ_g——理想气体混合物密度，kg/m³。

（四）相对密度

通常情况下，天然气的密度与标准条件下空气密度的比值称为天然气的相对密度，有

$$\gamma_g=\rho_g/\rho_{空气} \tag{3-8}$$

或

$$\gamma_g=\frac{M_a}{M_{空气}}=\frac{M_a}{28.96} \tag{3-9}$$

例3-2： 一口气井产出气体中 CO_2、C_1、C_2、C_3 组分占比分别为0.05、0.90、0.03和0.02。试计算视相对分子质量、相对密度及在压力13.79MPa、温度338.89K条件下的密度。

解：

根据表 3-1，CO_2、C_1、C_2、C_3 的相对分子质量分别为 44.01、16.04、30.07 和 44.10，根据式(3-5)，视相对分子质量为

$$M_a = \sum y_i M_i = 18.421$$

根据式(3-9)，相对密度为

$$\gamma_g = \frac{M_a}{28.96} = \frac{18.421}{28.96} = 0.636$$

根据式(3-7)，密度为

$$\rho_g = \frac{pM}{RT} = \frac{13.79 \times 18.421}{8.3143 \times 10^{-3} \times 338.89} = 90.156 \text{kg/m}^3$$

第二节 真实气体性质

天然气是多组分的真实气体，当考虑气体分子占有的体积和分子之间作用的影响时，相同条件下真实气体与理想气体的偏差随压力和温度的升高而增加，并随气体组分的变化而变化。

一、天然气偏差系数

对于真实气体，状态方程表示为

$$pV = ZnRT \tag{3-10}$$

式中 Z——气体偏差系数，是指在相同温度、压力下，真实气体所占体积与相同量理想气体所占体积的比值，$V_{实际}/V_{理想} = V_{实际}/(nRT/p)$。

天然气偏差系数是压力、温度和气体组分的函数，多采用 Standing-Katz(1942) 图版加以确定，如图 3-1 所示。该图版亦适用于含少量非烃气体的天然气。

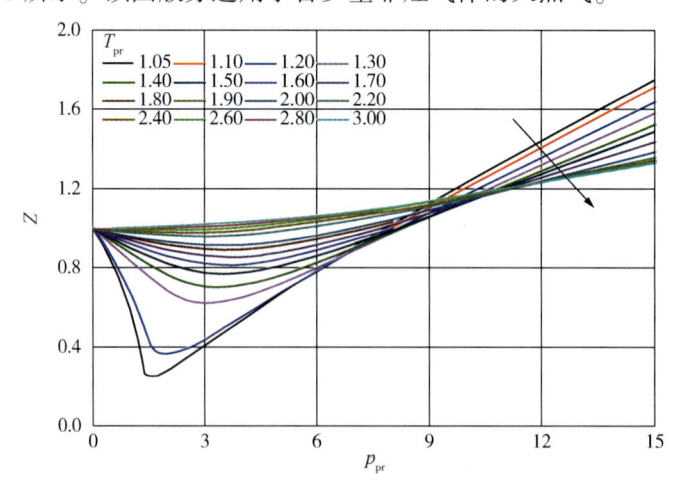

图 3-1 Standing 和 Katz 偏差系数图版(Standing, 1942)

图 3-1 中，T_{pr} 和 p_{pr} 分别为无量纲拟对比温度和拟对比压力，有

$$p_{pr} = p/p_{pc} \tag{3-11}$$

$$T_{pr} = T/T_{pc} \tag{3-12}$$

$$p_{pc} = \sum_{i=1} y_i p_{ci} \tag{3-13}$$

$$T_{pc} = \sum_{i=1} y_i T_{ci} \tag{3-14}$$

式中 p——系统压力，MPa；

p_{pc}——拟临界压力，MPa；

p_{pr}——拟对比压力；

T——系统温度，K；

T_{pc}——拟临界温度，K；

T_{pr}——拟对比温度。

例 3-3：某气藏原始地层压力为 20.68MPa、温度为 355.56K，天然气中 CO_2、N_2、C_1、C_2、C_3、i-C_4、n-C_4 组分占比分别为 0.02、0.01、0.85、0.04、0.03、0.03 和 0.02。试计算原始条件下的偏差系数。

解：

根据表 3-1，查得各组分 T_{ci} 和 p_{ci}，根据式(3-13)和式(3-14)，得到表 3-2。

表 3-2 例 3-3 计算数据表

组分	y_i	T_{ci}，K	$y_i T_{ci}$，K	p_{ci}，MPa	$y_i p_{ci}$，MPa
CO_2	0.02	304.39	6.09	7.384	0.148
N_2	0.01	126.38	1.26	3.400	0.034
C_1	0.85	190.74	162.13	4.595	3.905
C_2	0.04	305.51	12.22	4.871	0.195
C_3	0.03	370.03	11.10	4.250	0.127
i-C_4	0.03	408.03	12.24	3.640	0.109
n-C_4	0.02	425.34	8.51	3.796	0.076
求和			213.55		4.595

$$p_{pc} = \sum y_i p_{ci} = 4.595 \text{MPa} \qquad T_{pc} = \sum y_i T_{ci} = 213.55 \text{K}$$

根据式(3-11)、式(3-12)，有

$$p_{pr} = \frac{p}{p_{pc}} = \frac{20.68}{4.595} = 4.502$$

$$T_{pr} = \frac{T}{T_{pc}} = \frac{355.56}{213.55} = 1.665$$

根据图 3-1，偏差系数 $Z = 0.850$。

若未知天然气组分，可用天然气相对密度来预测拟临界压力和拟临界温度，如图 3-2 所示(Brown，1948)。Standing(1977)将其进行了公式化处理。

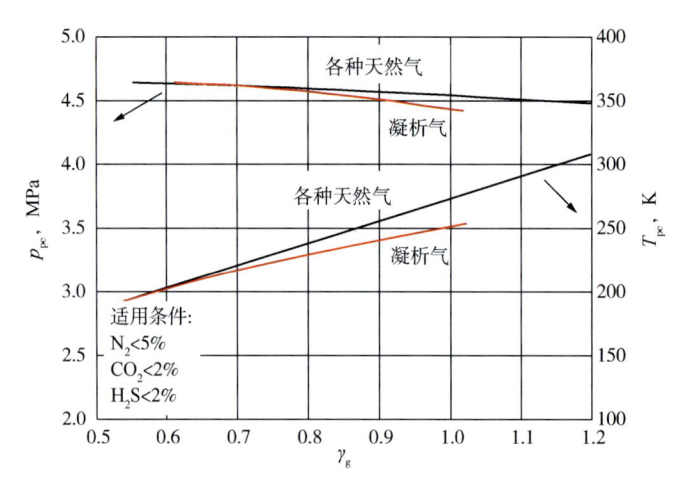

图 3-2 天然气拟临界性质(Brown, 1948)

对于干气情形, 有

$$T_{pc}=\frac{168+325\gamma_g-12.5\gamma_g^2}{1.8} \tag{3-15}$$

$$p_{pc}=\frac{677+15\gamma_g-37.5\gamma_g^2}{145.038} \tag{3-16}$$

对于凝析气情形, 有

$$T_{pc}=\frac{187+330\gamma_g-71.5\gamma_g^2}{1.8} \tag{3-17}$$

$$p_{pc}=\frac{706-51.7\gamma_g-11.1\gamma_g^2}{145.038} \tag{3-18}$$

例 3-4: 利用式(3-15)和式(3-16)及例 3-3 数据, 试计算气体拟临界性质。

解:

根据式(3-9), 有

$$\gamma_g=\frac{M_a}{28.96}=\frac{20.23}{28.96}=0.6986$$

根据式(3-15), 有

$$T_{pc}=\frac{168+325\times 0.6986-12.5\times 0.6986^2}{1.8}=216.08\text{K}$$

根据式(3-16), 有

$$p_{pc}=\frac{677+15\times 0.6986-37.5\times 0.6986^2}{145.038}=4.6138\text{MPa}$$

根据式(3-11), 有

$$p_{pr} = \frac{p}{p_{pc}} = \frac{20.68}{4.6138} = 4.4822$$

根据式(3-12),有

$$T_{pr} = \frac{T}{T_{pc}} = \frac{355.56}{216.08} = 1.646$$

查图3-1,$Z=0.845$。根据状态方程,气体密度为

$$\rho_g = \frac{pM_a}{ZRT} = \frac{20.68 \times 20.23}{0.845 \times 8.3143 \times 10^{-3} \times 355.56} = 167.48 \text{ kg/m}^3$$

(一) 非烃组分校正

根据 H_2S 的含量可将烃类气体分为甜气或酸气。甜气和酸气都可能包含 N_2 或 CO_2 或两者兼有。若 H_2S 含量高于 0.02311g/m^3,则称之为酸气。非烃成分含量低于 5% 不会影响计算精度。气体混合物中非烃成分的含量较高时,偏差系数的计算误差可能会高达 10%。

1. Wichert-Aziz 修正方法

当天然气中含有 H_2S 和/或 CO_2 时,Wichert 和 Aziz(1972)计算方法为

$$T'_{pc} = T_{pc} - \varepsilon \tag{3-19}$$

$$p'_{pc} = \frac{p_{pc} T'_{pc}}{T_{pc} + B(1-B)\varepsilon} \tag{3-20}$$

式中 p'_{pc}——修正的拟临界压力,MPa;

T'_{pc}——修正的拟临界温度,K;

B——天然气中 H_2S 的摩尔分数;

ε——拟临界温度修正系数,其表达式为

$$\varepsilon = \frac{120(A^{0.9} - A^{1.6}) + 15(B^{0.5} - B^{4.0})}{1.8} \tag{3-21}$$

$$A = y_{H_2S} + y_{CO_2}$$

例 3-5:酸气相对密度为 0.70,CO_2 和 H_2S 含量分别为 5% 和 10%。试分别计算压力为 24.13MPa、温度为 344.44K 条件下的气体密度。

解:

根据式(3-15),有

$$T_{pc} = \frac{168 + 325 \times 0.7 - 12.5 \times 0.7^2}{1.8} = 216.32 \text{K}$$

根据式(3-16),有

$$p_{pc} = \frac{677 + 15 \times 0.7 - 37.5 \times 0.7^2}{145.038} = 4.6134 \text{MPa}$$

根据式(3-21),有

$$\varepsilon = \frac{120\times(0.15^{0.9}-0.15^{1.6})+15\times(0.10^{0.5}-0.10^{4.0})}{1.8}=11.52\text{K}$$

根据式(3-19)，有

$$T'_{pc}=T_{pc}-\varepsilon=216.32-11.52=204.80\text{K}$$

根据式(3-20)，有

$$p'_{pc}=\frac{p_{pc}T'_{pc}}{T_{pc}+B(1-B)\varepsilon}=\frac{4.613\times204.80}{216.32+0.10\times(1-0.10)\times11.52}=4.347\text{MPa}$$

根据式(3-11)，有

$$p_{pr}=\frac{24.13}{4.347}=5.55$$

根据式(3-12)，有

$$T_{pr}=\frac{344.44}{204.80}=1.68$$

查图3-1，$Z=0.890$。根据式(3-9)，有

$$M_a=28.96\times0.70=20.27$$

气体密度为

$$\rho_g=\frac{pM_a}{ZRT}=\frac{24.13\times20.27}{0.890\times8.3143\times10^{-3}\times344.44}=191.92\text{ kg/m}^3$$

2. Carr-Kobayashi-Burrows 修正方法

Carr-Kobayashi-Burrows(1954)方法计算步骤如下：若已知天然气相对密度，用式(3-15)、式(3-16)分别计算拟临界温度、拟临界压力，然后用下列表达式进行修正，有

$$T'_{pc}=T_{pc}+\frac{130y_{H_2S}-80y_{CO_2}-250y_{N_2}}{1.8} \tag{3-22}$$

$$p'_{pc}=p_{pc}+\frac{600y_{H_2S}+440y_{CO_2}-170y_{N_2}}{145.038} \tag{3-23}$$

(二) 高相对分子质量气体校正

对于含庚烷以上组分较多的高相对分子质量气体($\gamma_g>0.75$)，采用Stewart(1959)方法进行修正，可以降低计算误差。步骤如下：

(1) 计算Stewart相关参数。

$$J=\frac{1}{3}\left[\sum_i 0.01241y_i\left(\frac{T_{ci}}{p_{ci}}\right)\right]+\frac{2}{3}\left[\sum_i 0.1114y_i\left(\frac{T_{ci}}{p_{ci}}\right)^{0.5}\right]^2 \tag{3-24}$$

$$K=\sum_i 0.14946y_i\left(\frac{T_{ci}}{\sqrt{p_{ci}}}\right) \tag{3-25}$$

式中 p_{ci}——i 组分临界压力，MPa；

T_{ci}——i 组分临界温度，K。

（2）计算修正参数。

$$F_J = \frac{1}{3}\left[0.01241 y \left(\frac{T_c}{p_c}\right)\right]_{C_{7+}} + \frac{2}{3}\left[0.1114 y \left(\frac{T_c}{p_c}\right)^{0.5}\right]^2_{C_{7+}} \qquad (3-26)$$

$$E_J = 0.6081 F_J + 1.1325 F_J^2 - 14.004 F_J y_{C_{7+}} + 64.434 F_J y_{C_{7+}}^2 \qquad (3-27)$$

$$E_k = 0.14946 \left(\frac{T_c}{\sqrt{p_c}}\right)_{C_{7+}} (0.3129 y_{C_{7+}} - 4.8156 y_{C_{7+}}^2 + 27.3751 y_{C_{7+}}^3) \qquad (3-28)$$

（3）对步骤（1）参数进行修正。

$$J' = J - E_J \qquad (3-29)$$

$$K' = K - E_K \qquad (3-30)$$

（4）计算拟临界参数。

$$T'_{pc} = \frac{(K')^2}{1.8 J'} \qquad (3-31)$$

$$p'_{pc} = 0.01241 \frac{T'_{pc}}{J'} \qquad (3-32)$$

（5）查图 3-1，读取偏差系数。

例 3-6：天然气中 C_1、C_2、C_3、$n\text{-}C_4$、$n\text{-}C_5$、C_6、C_{7+} 组分占比分别为 0.83、0.06、0.03、0.02、0.02、0.01 和 0.03。C_{7+} 相对分子质量为 161，相对密度为 0.81。试用 Stewart 方法计算压力为 13.79MPa、温度为 338.89K 条件下的气体密度。

解：

Riazi 和 Daubert（1987）建立了用于预测纯组分和未定义烃类混合物的物理性质的方程，该方程以未定义组分的相对分子质量 M 和相对密度 γ 为参数，数学表达式如下

$$\theta = a M^b \gamma^c \exp(dM + e\gamma)$$

式中 θ——任一物理性质；

a、b、c、d、e——下表所示的常量参数；

θ	a	b	c	d	e
T_c，K	302.4444	0.2998	1.0555	-1.3478×10^{-4}	-0.61641
p_c，MPa	311.6632	-0.8063	1.6015	-1.8078×10^{-3}	-0.3084

γ——组分的相对密度；

M——相对分子质量；

T_c——临界温度，K；

p_c——临界压力，MPa。

根据 Riazi 和 Daubert 公式，有

$$(T_c)_{C_{7+}} = 659.53K$$

$$(p_c)_{C_{7+}} = 2.152MPa$$

首先准备相关参数数据如表3-3所示。

表3-3 例3-6 计算数据表

组分	y_i	M_i	T_{ci}, K	p_{ci}, MPa	y_iM_i	$y_i(T_{ci}/p_{ci})$	$y_i(T_{ci}/p_{ci})^{0.5}$	$y_iT_{ci}/p_{ci}^{0.5}$
C_1	0.83	16.0	190.74	4.595	13.28	34.456	5.348	73.857
C_2	0.06	30.1	305.51	4.871	1.81	3.763	0.475	8.305
C_3	0.03	44.1	370.03	4.250	1.32	2.612	0.280	5.385
$n-C_4$	0.02	58.1	425.34	3.796	1.16	2.241	0.212	4.366
$n-C_5$	0.02	72.2	469.78	3.369	1.44	2.789	0.236	5.119
C_6	0.01	84.0	512.78	3.330	0.84	1.540	0.124	2.810
C_{7+}	0.03	161.0	659.53	2.152	4.83	9.194	0.525	13.487
合计					24.69	56.594	7.200	113.329

根据式(3-24)、式(3-25),有

$$J = \frac{1}{3} \times (0.01241 \times 56.594) + \frac{2}{3} \times (0.1114 \times 7.200) = 0.663$$

$$K = 0.14946 \times 113.329 = 16.938$$

根据式(3-26)、式(3-27)、式(3-28),有

$$F_J = \frac{1}{3} \times (0.01241 \times 9.194) + \frac{2}{3} \times (0.1114 \times 0.525)^2 = 0.0403$$

$$E_J = 0.6081 \times 0.0403 + 1.1325 \times 0.0403^2 - 14.004 \times 0.0403 \times 0.03 + 64.434 \times 0.0403 \times 0.02^2 = 0.012$$

$$E_k = 0.14946 \times \left(\frac{659.53}{\sqrt{2.152}}\right) \times (0.3129 \times 0.03 - 4.8156 \times 0.03^2 + 27.3751 \times 0.03^3) = 0.389$$

根据式(3-29)、式(3-30),有

$$J' = 0.663 - 0.012 = 0.651$$

$$K' = K - E_K = 16.938 - 0.389 = 16.549$$

根据式(3-31)、式(3-32),有

$$T'_{pc} = \frac{16.549^2}{1.8 \times 0.651} = 233.72K$$

$$p'_{pc} = 0.01241 \times \frac{233.72}{0.651} = 4.455MPa$$

根据式(3-11)、式(3-12),有

$$p_{pr} = \frac{13.79}{4.455} = 3.09$$

$$T_{pr} = \frac{338.89}{233.72} = 1.45$$

查图 3-1，读取偏差系数，$Z=0.745$。气体密度为

$$\rho_g = \frac{pM_a}{ZRT} = \frac{13.79 \times 24.69}{0.745 \times 8.3143 \times 10^{-3} \times 338.89} = 162.20 \text{ kg/m}^3$$

（三）偏差系数的直接算法

20世纪70年代，Hall 和 Yarborough(1973)、Dranchuk、Abu 和 Kassem(1974)、Dranchuk、Purvis 和 Robinson(1973)采用不同经验公式对 Standing-Katz 偏差系数图版(图3-1)进行了数学描述，并建立了相应的关系式。

1. Hall-Yarborough 方法

基于 Starling-Carnahan 状态方程，Hall 和 Yarborough(1973)将 Standing-Katz 偏差系数图版进行了数字化处理，其表达式为

$$Z = \left(\frac{0.06125 p_{pr} t}{Y}\right) e^{-1.2(1-t)^2} \tag{3-33}$$

式中 t——拟对比温度的倒数，$1/T_{pr}$；

Y——对比密度，通过式(3-34)得到

$$F(Y) = X_1 + \frac{Y+Y^2+Y^3-Y^4}{(1-Y)^3} - X_2 Y^2 + X_3 Y^{X_4} \tag{3-34}$$

其中，$X_1 = -0.06125 p_{pr} t e^{-1.2(1-t)^2}$；$X_2 = 14.76t - 9.76t^2 + 4.58t^3$；$X_3 = 90.7t - 242.2t^2 + 42.4t^3$；$X_4 = 2.18 + 2.82t$。

式(3-34)是个非线性方程，可用 Newton-Raphson 迭代法求解，计算步骤如下。

（1）通过下式给未知参数 Y^k 赋初值，其中 k 是迭代计数器

$$Y^k = 0.06125 p_{pr} t e^{-1.2(1-t)^2}$$

（2）将初值代入式(3-34)，计算 $F(Y)$。

（3）根据式(3-35)，计算 Y^{k+1}，有

$$Y^{k+1} = Y^k - \frac{F(Y^k)}{F'(Y^k)} \tag{3-35}$$

$$F'(Y) = \frac{1+4Y+4Y^2-4Y^3+Y^4}{(1-Y)^4} - 2X_2 Y + X_3 X_4 Y^{X_4-1} \tag{3-36}$$

（4）反复迭代，直到满足误差条件。

（5）将 Y 值代入式(3-33)计算偏差系数。此方法适用于 $T_{pr} > 1$。

2. Dranchuk-Abu-Kassem 方法

Dranchuk、Abu 和 Kassem(1975)引入气体对比密度用于计算气体偏差系数。对比密度定义为气体在特定压力和温度下的密度与其在临界压力和温度下密度的比值，有

$$\rho_r = \frac{\rho}{\rho_c} = \frac{p/ZT}{(p/ZT)_c}$$

临界气体偏差系数 Z_c 约为 0.27，对比密度表达式可以简化为

$$\rho_r = \frac{0.27 p_{pr}}{Z T_{pr}} \tag{3-37}$$

计算对比密度的方程为

$$f(\rho_r) = R_1 \rho_r - \frac{R_2}{\rho_r} + R_3 \rho_r^2 - R_4 \rho_r^5 + R_5(1 + A_{11}\rho_r^2)\rho_r^2 e^{-A_{11}\rho_r^2} + 1 = 0 \tag{3-38}$$

其中，

$$R_1 = A_1 + \frac{A_2}{T_{pr}} + \frac{A_3}{T_{pr}^3} + \frac{A_4}{T_{pr}^4} + \frac{A_5}{T_{pr}^5} \qquad R_2 = 0.27 \frac{p_{pr}}{T_{pr}}$$

$$R_3 = A_6 + \frac{A_7}{T_{pr}} + \frac{A_8}{T_{pr}^2} \qquad R_4 = A_9\left(\frac{A_7}{T_{pr}} + \frac{A_8}{T_{pr}^2}\right) \qquad R_5 = \frac{A_{10}}{T_{pr}^3}$$

对 Standing-Katz 图版中的 1500 个数据点进行非线性回归拟合，有 $A_1 = 0.3265$；$A_2 = -1.0700$；$A_3 = -0.5339$；$A_4 = 0.01569$；$A_5 = -0.05165$；$A_6 = 0.5475$；$A_7 = -0.7361$；$A_8 = 0.1844$；$A_9 = 0.1056$；$A_{10} = 0.6134$；$A_{11} = 0.7210$。

式(3-38)是个非线性方程，可用 Newton-Raphson 迭代法求解，计算步骤如下：

(1) 通过下式给未知参数 ρ_r^k 赋初值，其中 k 是迭代计数器

$$\rho_r = \frac{0.27 p_{pr}}{Z T_{pr}}$$

(2) 将初值代入式(3-38)，计算 $f(\rho_r)$。
(3) 计算 ρ_r^{k+1}，有

$$\rho_r^{k+1} = \rho_r^k - \frac{f(\rho_r^k)}{f'(\rho_r^k)} \tag{3-39}$$

$$f'(\rho_r) = R_1 + \frac{R_2}{\rho_r^2} + 2R_3 \rho_r - 5R_4 \rho_r^4 + 2R_5 \rho_r e^{-A_{11}\rho_r^2}[(1 + 2A_{11}\rho_r^3) - A_{11}\rho_r^2(1 + A_{11}\rho_r^2)]$$

(4) 反复迭代，直到满足误差条件。
(5) 将 ρ_r 值代入式(3-37)计算偏差系数。
此方法适用于 $1.0 < T_{pr} < 3.0$ 和 $0.2 < p_{pr} < 15$。

3. Dranchuk-Purvis-Robinson 方法

Dranchuk、Purvis 和 Robinson(1973)基于 Benedict-Webb-Rubin 类型状态方程，建立了如下对比密度方程，有

$$1 + T_1 \rho_r + T_2 \rho_r^2 + T_3 \rho_r^5 + [T_4 \rho_r^2 (1 + A_8 \rho_r^2)] e^{-A_8 \rho_r^2} - \frac{T_5}{\rho_r} = 0 \tag{3-40}$$

其中，

$$T_1 = A_1 + \frac{A_2}{T_{pr}} + \frac{A_3}{T_{pr}^3} \qquad T_2 = A_4 + \frac{A_5}{T_{pr}} \qquad T_3 = \frac{A_5 A_6}{T_{pr}} \qquad T_4 = \frac{A_7}{T_{pr}^3} \qquad T_5 = 0.27 \frac{p_{pr}}{T_{pr}}$$

$A_1 = 0.31506237$；$A_2 = -1.0467099$；$A_3 = -0.57832720$；$A_4 = 0.53530771$；
$A_5 = -0.61232032$；$A_6 = -0.10488813$；$A_7 = 0.68157001$；$A_8 = 0.68446549$

式(3-40)的求解过程与 Dranchuk-Abu-Kassem 方法类似，在此不再赘述。此方法适用于 $1.05<T_{pr}<3.0$ 和 $0.2<p_{pr}<3.0$。

(四) 各种方法计算结果的比较

尽管经历了近60年，Standing-Katz 天然气偏差系数曲线图仍被广泛应用。用于计算偏差系数的经验公式主要有两类，一是试图用解析曲线法直接拟合，二是运用状态方程计算。

Khaled(1995)对8种方法进行了比较，推荐适用范围如表3-4所示。显而易见，拟对比温度区间[1.05, 1.1]和拟对比压力区间(0.2, 5.0)范围内，Standing-Katz 实验数据点可能是有误差的。国内学者研究亦表明，当 $T_{pr} \leq 1.10$ 时，p_{pr} 在[1.24, 5.78]范围内计算精度较差；T_{pr} 越小，计算误差越大(阳建平，2017)。

表 3-4 天然气偏差系数推荐应用范围 (Khaled，1995)

方法	拟对比温度	拟对比压力
Dranchuk-Abu-Kassem(AK 方法，1975)	[1.05, 1.1]	[5.0, 15]
	[1.10, 3.0]	[0.20, 15]
Dranchuk-Purvis-Robinson(DPR 方法，1973)	[1.05, 1.10]	[5.0, 15]
	[1.10, 3.0]	[0.20, 15]
Dranchuk-Purvis-Robinson(D 方法，1973)	[1.05, 1.10]	[5.0, 15]
	[1.10, 3.0]	[0.55, 15]
Hall-Yarborough(1973)	[1.05, 1.10]	[5.0, 15]
	[1.10, 3.0]	[0.55, 15]
Brill-Beggs(1991)	[1.15, 1.10]	[0.20, 15]
Gopal(1977)	1.05	[1.0, 1.5]范围以外
Papay(1968)	[1.60, 3.0]	[0.20, 5.0]
Leung(1965)	[1.05, 1.5]	[3.0, 6.0]
	1.60	(0.20, 13)
	[1.70, 3.0]	[0.20, 15.0]

二、天然气压缩系数

天然气等温压缩系数是指压力每变化一个单位时体积的变化率，按其定义表示为

$$C_g = -\frac{1}{V}\left(\frac{\partial V}{\partial p}\right)_T \tag{3-41}$$

式中 C_g——等温压缩系数，1/MPa。

根据真实气体状态方程式(3-10)，有

$$V = \frac{ZnRT}{p}$$

将上式关于压力微分，有

$$\left(\frac{\partial V}{\partial p}\right)_T = nRT\left[\frac{1}{p}\left(\frac{\partial Z}{\partial p}\right) - \frac{Z}{p^2}\right]$$

将上式代入式(3-41)，有

$$C_g = \frac{1}{p} - \frac{1}{Z}\left(\frac{\partial Z}{\partial p}\right)_T \tag{3-42}$$

对于理想气体，$Z=1$，有

$$C_g = 1/p \tag{3-43}$$

式(3-43)可以方便地确定压缩系数的数量级。若用拟对比压力和温度形式表示，式(3-42)转化为

$$C_{pr} = \frac{1}{p_{pr}} - \frac{1}{Z}\left(\frac{\partial Z}{\partial p_{pr}}\right)_{T_{pr}} \tag{3-44}$$

$$C_{pr} = C_g p_{pc} \tag{3-45}$$

式中 C_{pr}——等温拟对比压缩系数；

$(\partial Z/\partial p_{pr})_{T_{pr}}$——可根据 Standing 图版上等 T_{pr} 曲线的斜率求得。

例 3-7：烃类气体混合物相对密度为 0.72。试计算压力 13.79MPa 和 333.33K 条件下，理想气体和真实气体的等温压缩系数。

解：

假设烃类混合物为理想气体，根据式(3-43)，有

$$C_g = \frac{1}{p} = \frac{1}{13.79} = 7.252 \times 10^{-2} \text{MPa}^{-1}$$

假设烃类混合物为真实气体，根据式(3-15)，有

$$T_{pc} = \frac{168 + 325 \times 0.72 - 12.5 \times 0.72^2}{1.8} = 219.73\text{K}$$

根据式(3-16)，有

$$p_{pc} = \frac{677 + 15 \times 0.72 - 37.5 \times 0.72^2}{145.038} = 4.608\text{MPa}$$

根据式(3-11)，有

$$p_{pr} = \frac{p}{p_{pc}} = \frac{13.79}{4.608} = 2.99$$

根据式(3-12)，有

$$T_{pr} = \frac{T}{T_{pc}} = \frac{333.33}{219.73} = 1.52$$

查图 3-1，$Z=0.78$，有

$$\left(\frac{\partial Z}{\partial p_{pr}}\right)_{T_{pr}=1.52}=-0.022$$

根据式(3-44)，有

$$C_{pr}=\frac{1}{2.99}-\frac{1}{0.78}(-0.022)=0.3627$$

根据式(3-45)，有

$$C_g=\frac{0.3627}{4.608}=7.870\times10^{-2}\text{MPa}^{-1}$$

Trube(1957)绘制了等温拟对比压缩系数与拟对比压力和拟对比温度的关系图版，由此求取天然气等温压缩系数，如图3-3和3-4所示。

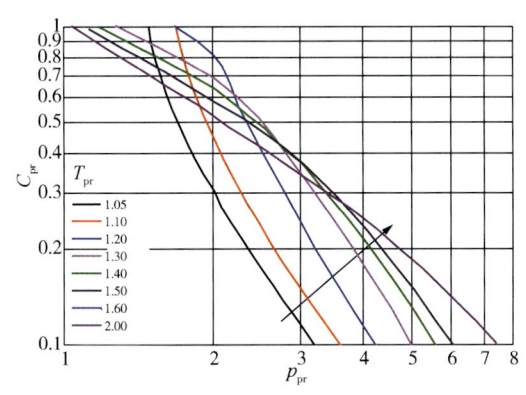

图3-3 Trube 拟对比天然气压缩系数图版-1
(Trube，1957)

图3-4 Trube 拟对比天然气压缩系数图版-2
(Trube，1957)

Mattar、Brar 和 Aziz(1975)提出了一种计算等温压缩系数的解析方法，将式(3-37)关于p_{pr}微分，有

$$\frac{\partial Z}{\partial p_{pr}}=\frac{0.27}{ZT_{pr}}\left[\frac{(\partial Z/\partial\rho_r)_{T_{pr}}}{1+\frac{\rho_r}{Z}(\partial Z/\partial\rho_r)_{T_{pr}}}\right] \tag{3-46}$$

将式(3-46)代入式(3-44)，有

$$C_{pr}=\frac{1}{p_{pr}}-\frac{0.27}{Z^2T_{pr}}\left[\frac{(\partial Z/\partial\rho_r)_{T_{pr}}}{1+\frac{\rho_r}{Z}(\partial Z/\partial\rho_r)_{T_{pr}}}\right] \tag{3-47}$$

将式(3-40)微分，有

$$\left(\frac{\partial Z}{\partial\rho_r}\right)_{T_{pr}}=T_1+2T_2\rho_r+5T_3\rho_r^4+2T_4\rho_r(1+A_8\rho_r^2-A_8^2\rho_r^4)e^{-A_8\rho_r^2} \tag{3-48}$$

其中，系数与式(3-37)定义相同。

三、天然气体积系数

天然气的体积是在地面标准条件下确定的，但气藏工程计算往往需要地层压力和温度

条件下的体积，地面与地下体积转换系数称为天然气体积系数。天然气体积系数定义为地层压力温度条件下的体积与地面标准条件下（0.101325MPa，293.15K）体积的比值。

$$B_g = V_r/V_{sc} \tag{3-49}$$

式中　B_g——天然气体积系数，m^3/m^3；
　　　V_r——地层条件下的气体体积，m^3；
　　　V_{sc}——标准条件下的气体体积，m^3。

根据真实气体状态方程式(3-10)，有

$$B_g = \frac{p_{sc}ZT}{T_{sc}p} = 3.4564 \times 10^{-4} \frac{ZT}{p} \tag{3-50}$$

式中　T_{sc}——标准条件下的温度，293.15K；
　　　p_{sc}——标准条件下的压力，0.101325MPa。

四、天然气黏度

天然气的黏度是油气藏工程中的重要参数之一，它是对流体流动时内摩擦阻力的度量，是压力、温度和组分的函数，不管是在低压还是高压条件下，天然气的黏度都随压力的升高而增加。由于气体黏度的估算值精度本身就比较高，因此一般不需要通过实验对其进行测定，根据经验公式估算即可。

（一）Carr-Kobayashi-Burrows 方法

Carr、Kobayashi 和 Burrows(1954)方法计算步骤如下：

（1）根据相对密度或天然气组分计算拟临界压力、拟临界温度和视相对分子质量。若非烃类气体(CO_2、N_2 和 H_2S)含量大于 5%，则应对这些拟临界参数进行校正。

（2）根据给定温度从图 3-5 读取大气压下天然气的黏度，并进行非烃校正。非烃组分倾向于增加气相的黏度。

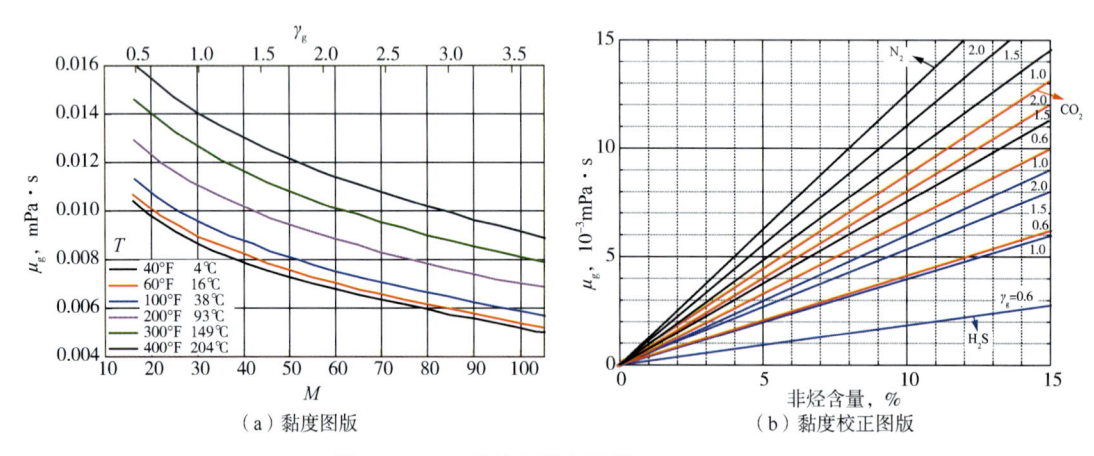

图 3-5　Carr 天然气黏度图版（Carr，1954）

非烃组分对天然气黏度的影响可以通过式(3-51)表示，有

$$\mu_1 = (\mu_1)_{未校正} + (\Delta\mu)_{N_2} + (\Delta\mu)_{CO_2} + (\Delta\mu)_{H_2S} \tag{3-51}$$

式中　μ_1——地层温度、大气压条件下校正后的气体黏度，mPa·s；

（Δμ）$_{N_2}$、（Δμ）$_{CO_2}$、（Δμ）$_{H_2S}$——分别为存在非烃类气体时的黏度校正量，mPa·s；

（μ$_1$）$_{未校正}$——未校正的气体黏度，mPa·s。

（3）计算拟对比压力和拟对比温度。

（4）根据拟对比压力和拟对比温度，从图3-6中读取μ_g/μ_1，μ_g为指定条件下的黏度。

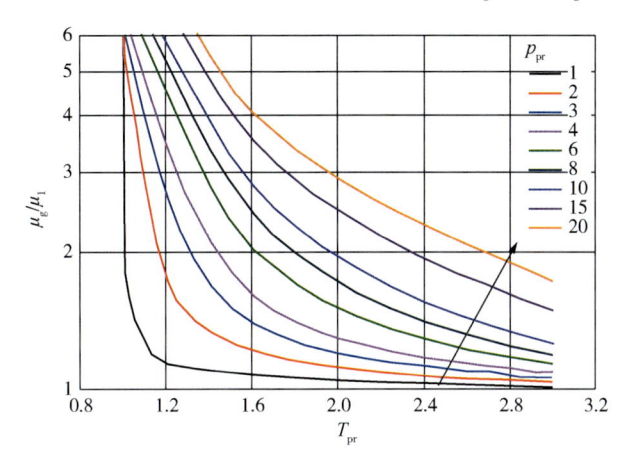

图3-6 Carr天然气黏度比图版（Carr，1954）

例3-8：某气藏地层压力为13.79MPa，温度为322.22K，相对密度为0.72。试计算气体黏度。

解：

根据式（3-9），有$M_a=28.96\times0.72=20.85$；查图3-5，读取$\mu_1=0.0113$mPa·s。

根据式（3-15），有

$$T_{pc}=\frac{168+325\times0.72-12.5\times0.72^2}{1.8}=219.73K$$

根据式（3-16），有

$$p_{pc}=\frac{677+15\times0.72-37.5\times0.72^2}{145.038}=4.608MPa$$

根据式（3-11），有

$$p_{pr}=\frac{p}{p_{pc}}=\frac{13.79}{4.608}=2.99$$

根据式（3-12），有

$$T_{pr}=\frac{T}{T_{pc}}=\frac{322.22}{219.73}=1.47$$

查图3-6，有$\mu_g/\mu_1=1.5$。地层压力为13.79MPa，温度为322.22K时的黏度为

$$\mu_g=1.5\times0.0113=0.01695mPa\cdot s$$

（二）Standing方法

Standing（1977）给出了一个计算μ_1的方法，有

$$\mu_1 = (\mu_1)_{未校正} + (\Delta\mu)_{N_2} + (\Delta\mu)_{CO_2} + (\Delta\mu)_{H_2S}$$

$$\mu_1 = (1.709\times10^{-5} - 2.062\times10^{-6}\gamma_g)(1.8T - 460) + 8.118\times10^{-3} - 6.15\times10^{-3}\lg\gamma_g \quad (3-52)$$

$$(\Delta\mu)_{CO_2} = y_{CO_2}(9.08\times10^{-3}\lg\gamma_g + 6.24\times10^{-3}) \quad (3-53)$$

$$(\Delta\mu)_{N_2} = y_{N_2}(8.48\times10^{-3}\lg\gamma_g + 9.59\times10^{-3}) \quad (3-54)$$

$$(\Delta\mu)_{H_2S} = y_{H_2S}(8.49\times10^{-3}\lg\gamma_g + 3.73\times10^{-3}) \quad (3-55)$$

式中　T——气藏温度，K。

(三) Dempsey 方法

Dempsey(1965)给出了一个计算 μ_g/μ_1 的方法，有

$$\ln\left[T_{pr}\left(\frac{\mu_g}{\mu_1}\right)\right] = a_0 + a_1 p_{pr} + a_2 p_{pr}^2 + a_3 p_{pr}^3 + T_{pr}(a_4 + a_5 p_{pr} + a_6 p_{pr}^2 + a_7 p_{pr}^3)$$
$$+ T_{pr}^2(a_8 + a_9 p_{pr} + a_{10} p_{pr}^2 + a_{11} p_{pr}^3) + T_{pr}^3(a_{12} + a_{13} p_{pr} + a_{14} p_{pr}^2 + a_{15} p_{pr}^3) \quad (3-56)$$

其中，

$a_0 = -2.46211820$　　　　$a_8 = -7.93385648\times10^{-1}$

$a_1 = 2.970547414$　　　　$a_9 = 1.39643306$

$a_2 = -2.86264054\times10^{-1}$　　$a_{10} = -1.49144925\times10^{-1}$

$a_3 = 8.05420522\times10^{-3}$　　$a_{11} = 4.41015512\times10^{-3}$

$a_4 = 2.80860949$　　　　$a_{12} = 8.39387178\times10^{-2}$

$a_5 = -3.49803305$　　　　$a_{13} = -1.86408848\times10^{-1}$

$a_6 = 3.60373020\times10^{-1}$　　$a_{14} = 2.03367881\times10^{-2}$

$a_7 = -1.044324\times10^{-2}$　　$a_{15} = -6.09579263\times10^{-4}$

(四) Lee-Gonzalez-Eakin 方法

Lee、Gonzalez 和 Eakin(1966)提出了一个计算天然气黏度的经验公式，有

$$\mu_g = 10^{-4} K' \exp\left[X\left(\frac{\rho_g}{1000}\right)^Y\right] \quad (3-57)$$

$$K' = \frac{(9.4 + 0.02M_a)(1.8T)^{1.5}}{209 + 19M_a + 1.8T} \quad (3-58)$$

$$X = 3.5 + \frac{986}{1.8T} + 0.01M_a \quad (3-59)$$

$$Y = 2.4 - 0.2X \quad (3-60)$$

此关系式计算误差为 2.7%~8.99%，相对密度较高时误差较大。此法不适用于酸气。

例 3-9：某气藏地层压力为 13.79MPa，温度为 322.22K，相对密度为 0.72。试用 Lee-Gonzalez-Eakin 方法计算气体黏度。

解：

根据式(3-9)，有 $M_a = 28.96\times0.72 = 20.85$；天然气密度为

$$\rho_g = \frac{13.79 \times 20.85}{8.3143 \times 10^{-3} \times 322.22 \times 0.78} = 137.60 \text{ kg/m}^3$$

分别根据式(3-58)、式(3-59)、式(3-60)，有

$$K' = \frac{(9.4+0.02\times20.85)\times(1.8\times322.22)^{1.5}}{209+19\times20.85+1.8\times322.22} = 115.70$$

$$X = 3.5 + \frac{986}{1.8\times322.22} + 0.01\times20.85 = 5.4085$$

$$Y = 2.4 - 0.2\times5.4085 = 1.318$$

根据式(3-57)，有

$$\mu_g = 10^{-4} K' \exp\left[X\left(\frac{\rho_g}{1000}\right)^Y\right] = 10^{-4}\times115.70\times\exp\left[5.408\times\left(\frac{137.61}{1000}\right)^{1.318}\right] = 0.0172 \text{ mPa·s}$$

第三节 超高压气体偏差系数

在气藏储量计算、产量计算、生产动态分析以及垂直管流计算中，所采用的状态方程一般都含有偏差系数。但目前广泛应用的 Standing-Katz 图版（图 3-1）应用范围为 $0.2 \leq p_{pr} \leq 15$ 和 $1.05 \leq T_{pr} \leq 3.0$，给超高压气体偏差系数的求取带来了不便。Katz(1959)在其著作中，给出了压力为 68.9~137.9MPa 情形的偏差系数图版，如图 3-7 所示。

一、DPR 或 DAK 外推法

图 3-1 和图 3-7 表明，当 $p_{pr} \geq 7$ 时，给定 T_{pr} 下的气体偏差系数曲线是拟对比压力的线性函数。将图 3-1 中直线部分按原规律外推至 $p_{pr}=30$，其数值与 DAK 或 DPR 结果具有很好的一致性（阳建平，2017）。将图 3-1 和图 3-7 结合在一起，偏差系数图版如图 3-8 所示。

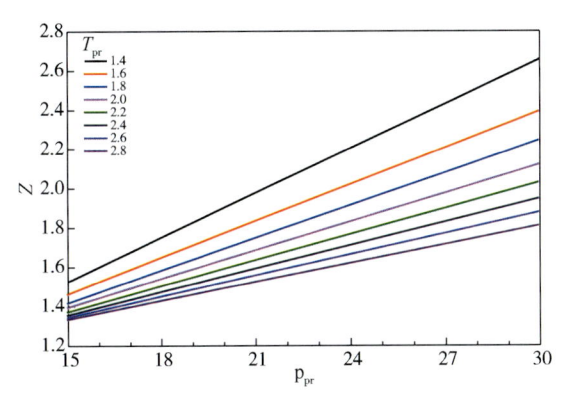

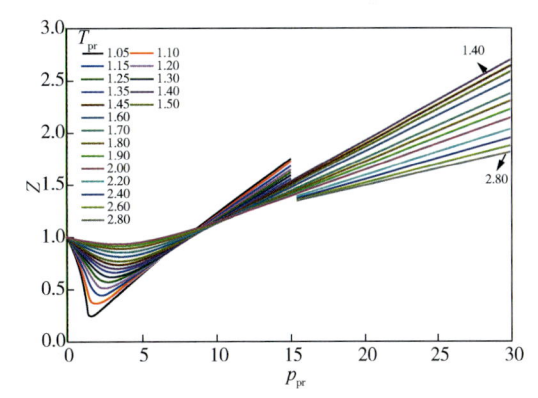

图 3-7 Standing 和 Katz 偏差系数图版(Katz, 1959)　　图 3-8 完整的 Standing-Katz 偏差系数图版

例 3-10：迪那 2 气田 DN201 井组分占比如表 3-5 所示。原始地层压力为 110MPa，PVT 实测偏差系数数据如表 3-6 所示（江同文，2006）。试用 DPR 外推法计算 404.55K、373.15K、343.15K、313.15K 时的天然气偏差系数并进行比较。

表 3-5 DN201 井气体组分

二氧化碳	氮气	甲烷	乙烷	丙烷	异丁烷	正丁烷	异戊烷	正戊烷	己烷	庚烷
0.38	0.91	87.14	7.29	2.82	0.58	0.58	0.1	0.06	0.11	0.03

表 3-6 DN201 井偏差系数实测数据

404.55K		373.15K		343.15K		313.15K	
压力,MPa	偏差系数	压力,MPa	偏差系数	压力,MPa	偏差系数	压力,MPa	偏差系数
110	1.8639	110	1.9451	110	2.0129	110	2.1036
108	1.8410	108	1.9195	108	1.9887	108	2.0776
105.92	1.8175	105.92	1.8924	105.92	1.9612	105.92	2.0480
104	1.7956	104	1.8689	103	1.9234	103	2.0050
102	1.7728	102	1.8458	100	1.8804	100	1.9609
100	1.7502	100	1.8206	97	1.8390	97	1.9179
98	1.7275	98	1.7958	94	1.7994	94	1.8726
96	1.7059	96	1.7710	91	1.7596	91	1.8282
94	1.6826	93	1.7314	88	1.7186	88	1.7841
92	1.6606	90	1.6917	85	1.6757	85	1.7386
90	1.6379	87	1.6549	82	1.6355	82	1.6936
88	1.6154	84	1.6167	79	1.5941	79	1.6482
86	1.5921	81	1.5796	76	1.5526	76	1.6027
84	1.5687	78	1.5430	73	1.5107	73	1.5569
82	1.5453	75	1.5061	70	1.4694	70	1.5108
80	1.5240	72	1.4682	67	1.4263	67	1.4646
78	1.5012	69	1.4299	64	1.3837	64	1.4180
76	1.4794	66	1.3915	61	1.3428	61	1.3716
74	1.4568	63	1.3523	58	1.2986	58	1.3256
72	1.4338	60	1.3138	55	1.2585	55	1.2814
70	1.4116	57	1.2718	52	1.2163	52	1.2359
67	1.3740	54	1.2322	49	1.1772	49	1.1922
64	1.3372	51	1.1964	46.55	1.1446	47.05	1.1611
60	1.2911	48	1.1596	43	1.0915	46	1.1413
57	1.2584	45.39	1.1288	42	1.0793	43	1.0949
53	1.2126	43	1.1007	40	1.0476	40	1.0455
50	1.1782	42	1.0877	38	1.0206	38	1.0135
47	1.1438	41	1.0744	35	0.9807	36	0.9824
44	1.1102	39	1.0515	32	0.9448	34	0.9496
43.46	1.1055	37	1.0305	29	0.9120	32	0.9227
43	1.1016	35	1.0095	26	0.8825	29	0.8793
42	1.0919	32	0.9833	23	0.8629	26	0.8412

续表

404.55K		373.15K		343.15K		313.15K	
压力，MPa	偏差系数	压力，MPa	偏差系数	压力，MPa	偏差系数	压力，MPa	偏差系数
41	1.0839	29	0.9605	20	0.8465	23	0.8057
40	1.0748	26	0.9369	17	0.8415	20	0.7783
39	1.0673	23	0.9175	14	0.8470	16	0.7574
38	1.0597	20	0.9064			12	0.7598
37	1.0522	17	0.9005				
36	1.0446	14	0.9043				
35	1.0363						
33	1.0202						
31	1.0055						
29	0.9919						
26	0.9754						
23	0.9597						
20	0.9471						
17	0.9401						

解：

首先根据气体组分计算拟临界物性参数，见表 3-7。

表 3-7 计算数据表

组分	摩尔分数	临界压力，MPa	临界温度，K	加权乘积	
	y_i	p_{ci}	T_{ci}	$y_i p_{ci}$	$y_i T_{ci}$
二氧化碳	0.38	7.3843	304.21	2.8060	115.60
氮气	0.91	3.3998	126.2	3.0938	114.84
甲烷	87.14	4.5947	190.56	400.3822	16605.40
乙烷	7.29	4.8711	305.33	35.5103	2225.86
丙烷	2.82	4.2472	369.85	11.9771	1042.98
异丁烷	0.58	3.6397	407.85	2.1110	236.55
正丁烷	0.58	3.7962	425.16	2.2018	246.59
异戊烷	0.1	3.3812	460.43	0.3381	46.04
正戊烷	0.06	3.3688	469.71	0.2021	28.18
己烷	0.11	3.0123	507.37	0.3314	55.81
庚烷	0.03	2.7358	540.21	0.0821	16.21
求和/100				4.5904	207.34

根据式(3-13)和式(3-14)，有

$$p_{pc} = \sum_{i=1} y_i p_{ci} = 4.5904$$

$$T_{pc} = \sum_{i=1} y_i T_{ci} = 207.34$$

采用DPR外推方法计算结果如图3-9所示,与实验数据完全吻合。本例4个温度值对应拟临界温度区间为$1.40 \leq T_{pr} \leq 2.0$,因此,可用DPR或DAK外推法计算$15 \leq p_{pr} \leq 30$和$1.40 \leq T_{pr} \leq 3.0$区间范围的偏差系数;但$1.05 \leq T_{pr} \leq 1.40$区间范围的可靠性还待实验数据的进一步验证。

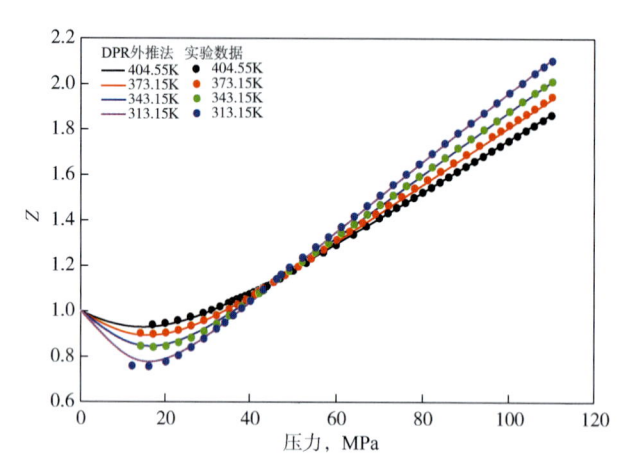

图3-9 DN201井实测偏差系数与DPR方法计算结果对比图(阳建平,2017)

二、LXF-RMP拟合法

李相方(2001)基于图3-1和图3-7建立了高压天然气偏差系数解析计算模型,该模型由中高压($8 \leq p_{pr} \leq 15$)和超高压($15 \leq p_{pr} \leq 30$)两部分组成。2010年,李相方等人又在原来工作基础上,重新优化了曲线拟合方法,在全温度与全压力范围内对天然气偏差系数进行分段拟合(6段),建立了一种高精度的天然气偏差系数解析计算模型。

在高压区($9 \leq p_{pr} \leq 15$,$1.05 \leq T_{pr} \leq 3.0$),偏差系数与拟对比压力为线性关系,与拟对比温度拟合为4次方关系,有

$$Z = x_1 p_{pr} + x_2 \tag{3-61}$$

式中

$$x_1 = -0.002225 T_{pr}^4 + 0.0108 T_{pr}^3 + 0.015225 T_{pr}^2 - 0.153225 T_{pr} + 0.241575 \tag{3-62}$$

$$x_2 = 0.1045 T_{pr}^4 - 0.8602 T_{pr}^3 + 2.3695 T_{pr}^2 - 2.1065 T_{pr} + 0.6299 \tag{3-63}$$

在超高压区($15 \leq p_{pr} \leq 30$,$1.05 \leq T_{pr} \leq 3.0$),偏差系数与拟对比压力为线性关系,与拟对比温度拟合为4次方关系,有

$$Z = x_1 p_{pr} + x_2 \tag{3-64}$$

式中

$$x_1 = 0.0155 T_{pr}^4 - 0.145836 T_{pr}^3 + 0.5153091 T_{pr}^2 - 0.8322091 T_{pr} + 0.5711 \tag{3-65}$$

$$x_2 =-0.1416T_{pr}^4+1.34712T_{pr}^3-4.77535T_{pr}^2+7.72285T_{pr}-4.2068 \quad (3-66)$$

LXF-RMP模型与DAK方法计算结果对比如表3-8所示,在超高压区($15 \leqslant p_{pr} \leqslant 30$,$1.05 \leqslant T_{pr} \leqslant 3.0$),LXF-RMP结果误差基本在0.5%以内;DAK方法误差随拟对比压力的升高而逐渐增大;当拟对比温度为1.4时,DAK方法误差较大。

表3-8 LXF-RMP方法与DAK方法结果对比

拟对比压力	不同拟对比温度偏差系数图版值			DAK模型偏差系数相对误差,%			LXF-RMP模型偏差系数相对误差,%		
	1.4	2.0	2.6	1.4	2.0	2.6	1.4	2.0	2.6
30	2.660	2.123	1.876	22.50	1.44	2.44	0.017	0.130	0.011
28	2.510	2.027	1.805	20.67	1.30	2.23	0.049	0.015	0.060
26	2.359	1.93	1.735	18.19	1.15	1.92	0.042	0.060	0.172
24	2.207	1.83	1.662	26.86	1.12	1.77	0.011	0.021	0.113
22	2.055	1.742	1.59	29.71	0.36	1.53	0.072	0.578	0.111
20	1.905	1.635	1.52	26.69	0.66	1.14	0.037	0.094	0.240
18	1.752	1.54	1.449	20.25	0.19	0.81	0.168	0.324	0.314
16	1.600	1.44	1.377	28.86	0.04	0.56	0.261	0.240	0.322
14	1.455	1.344	1.307	15.63	0.37	0.23	0.201	0.234	0.007
12	1.300	1.246	1.238	18.31	0.51	0.07	0.149	0.096	0.032

例3-11:试用LXF-RMP方法重新计算例3-8所示数据的天然气偏差系数。

解:

拟临界压力取值4.57,拟临界温度取值211.45K,根据式(3-64)、式(3-65)和式(3-66),计算结果如表3-9所示。与实际数据对比如图3-10所示。

表3-9 LXF-RMP方法结果

拟对比压力	压力 MPa	不同温度下偏差系数值			
		405.55K	373.15K	343.15K	313.15K
25	114.25	1.9116	1.9836	2.0725	2.1938
24	109.68	1.8602	1.9275	2.0106	2.1241
23	105.11	1.8088	1.8713	1.9487	2.0544
22	100.54	1.7574	1.8152	1.8868	1.9847
21	95.97	1.7061	1.7591	1.8249	1.9150
20	91.40	1.6547	1.7030	1.7630	1.8453
19	86.83	1.6033	1.6468	1.7011	1.7757
18	82.26	1.5519	1.5907	1.6392	1.7060
17	77.69	1.5006	1.5346	1.5773	1.6363
16	73.12	1.4492	1.4784	1.5154	1.5666
15	68.55	1.3978	1.4223	1.4535	1.4969

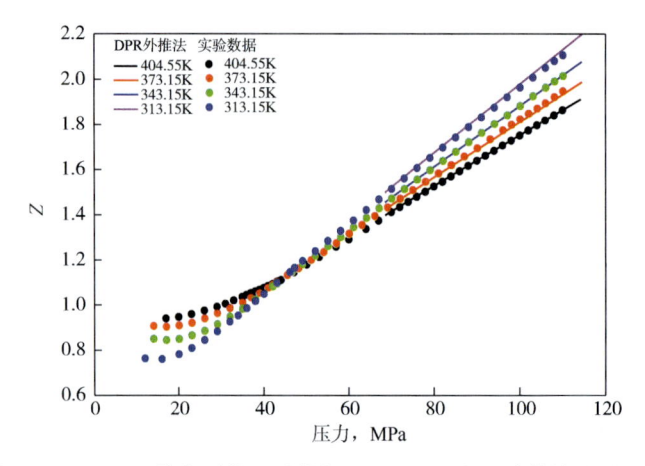

图 3-10　DN201 井实测偏差系数与 LXF-RMP 方法计算结果对比图

第四节　地层水性质

在超高压气藏物质平衡法储量计算中，有时要用到地层水高压物性参数，如地层水体积系数、天然气在水中的溶解度、地层水压缩系数等。在储层条件下，地层水以束缚水或边底水部分的自由水形式存在。它的物性参数大小主要取决于地层压力、地层温度、天然气在地层水中的溶解度和地层水的矿化度。通常认为，束缚水和自由水的性质相同。井下取样和 PVT 分析是准确获取这些参数的途径，但通常采用经验公式进行计算。

一、地层水体积系数

纯水和天然气饱和的水在不同温度和压力下的体积系数，如图 3-11 所示。当压力不变时，体积系数随温度的升高而增加；温度不变时，体积系数随压力的升高而降低。实验表明，天然气在地层水中的溶解度随地层水矿化度的增加而减小。

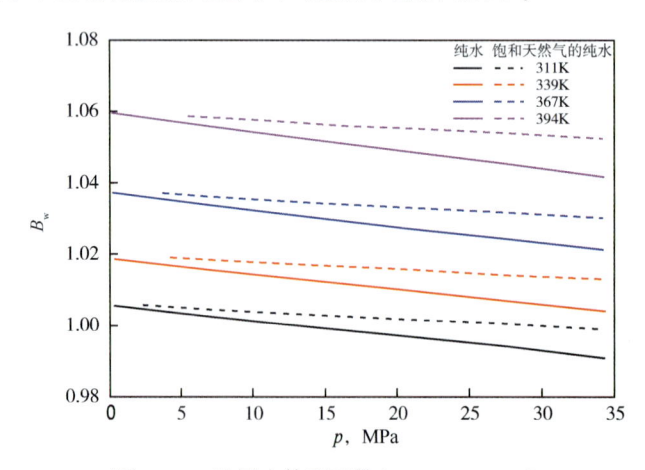

图 3-11　地层水体积系数（Dodson，1944）

地层水体积系数可由式（3-67）计算（Hewlett-Packard，1982），有

$$B_w = A_1 + A_2(145.038p) + A_3(145.038p)^2 \qquad (3-67)$$

式中 $A_i = a_1 + a_2(1.8T-460) + a_3(1.8T-460)^2$；

p——压力，MPa；

T——温度，K。

对于自由水，系数如表 3-10 所示。

表 3-10 系数数据表（自由水）

A_i	a_1	a_2	a_3
A_1	0.9947	5.80×10^{-6}	1.02×10^{-6}
A_2	-4.228×10^{-6}	1.8376×10^{-8}	-6.77×10^{-11}
A_3	1.30×10^{-10}	-1.3855×10^{-12}	4.29×10^{-15}

对于饱和气的水，系数如表 3-11 所示。

表 3-11 系数数据表（饱和水）

A_i	a_1	a_2	a_3
A_1	0.9911	6.35×10^{-5}	8.50×10^{-7}
A_2	-1.093×10^{-6}	-3.497×10^{-9}	4.57×10^{-12}
A_3	-5.0×10^{-11}	6.43×10^{-13}	-1.43×10^{-15}

盐水体积系数（杨继盛，1994）为

$$B_{wb} = B_w(SC) \tag{3-68}$$

式中

$$SC = \{b_1(145.038p) + [b_2 + b_3(145.038p)(1.8T-520)] + [b_4 + b_5(145.038p)(1.8T-520)^2]\}S + 1.0$$

$b_1 = 5.1 \times 10^{-8}$ $b_2 = 5.47 \times 10^{-8}$ $b_3 = -1.95 \times 10^{-10}$

$b_4 = -3.23 \times 10^{-8}$ $b_5 = 8.5 \times 10^{-13}$

S——水的矿化度，用 NaCl 的质量百分数表示，%。

地层水体积系数也可由下式计算（McCain，1988），有

$$B_w = (1 + \Delta V_{wt})(1 + \Delta V_{wp}) \tag{3-69}$$

式中

$$\Delta V_{wt} = -0.01 + 1.33391 \times 10^{-4}(1.8T-460) + 5.50654 \times 10^{-7}(1.8T-460)^2$$

$$\Delta V_{wp} = -[2.25341 \times 10^{-10} + 1.72834 \times 10^{-13}(1.8T-460)]p^2$$
$$\quad - [3.58922 \times 10^{-7} + 1.95301 \times 10^{-9}(1.8T-460)]p$$

式（3-69）与实际数据的误差在 2% 以内。该式未考虑矿化度的影响，但是 McCain 指出，当矿化度改变时，ΔV_{wt}（略微增加）、ΔV_{wp}（略微减小）之间存在补偿，这个补偿性的误差使该式在工程精度范围以内，因此无需再考虑矿化度的影响。

例 3-12：已知压力为 20.685MPa，温度为 93.33℃，水的矿化度为 10%。试计算水的体积系数。

解：

若采用 Hewlett-Packard 方法，有

$$A_1 = a_1 + a_2(1.8T-460) + a_3(1.8T-460)^2 = 1.3067$$

$$A_2 = a_1 + a_2(1.8T-460) + a_3(1.8T-460)^2 = -3.2579 \times 10^{-6}$$

$$A_3 = a_1 + a_2(1.8T-460) + a_3(1.8T-460)^2 = 2.4190 \times 10^{-11}$$

$$B_w = A_1 + A_2(145.038p) + A_3(145.038p)^2 = 1.0267$$

若考虑矿化度的影响，有

$$SC = \{b_1(145.038p) + [b_2 + b_3(145.038p)](1.8T-520)] + [b_4 + b_5(145.038p)(1.8T-520)^2]\}S + 1.0$$
$$= 1.00213$$

$$B_{wb} = B_w(SC) = 1.0267 \times 1.0021 = 1.0289$$

若采用 McCain 方法，有

$$\Delta V_{wt} = -0.01 + 1.33391 \times 10^{-4}(1.8T-460) + 5.50654 \times 10^{-7}(1.8T-460)^2 = 0.03859$$

$$\Delta V_{wp} = -[2.25341 \times 10^{-10} + 1.72834 \times 10^{-13}(1.8T-460)]p^2$$
$$- [3.58922 \times 10^{-7} + 1.95301 \times 10^{-9}(1.8T-460)]p = -1.5379 \times 10^{-5}$$

$$B_w = (1 + \Delta V_{wt})(1 + \Delta V_{wp}) = 1.03857$$

二、地层水黏度

地层水的黏度主要受地层温度、地层水矿化度和天然气溶解度的影响，受地层压力的影响很小，如图 3-12 所示。

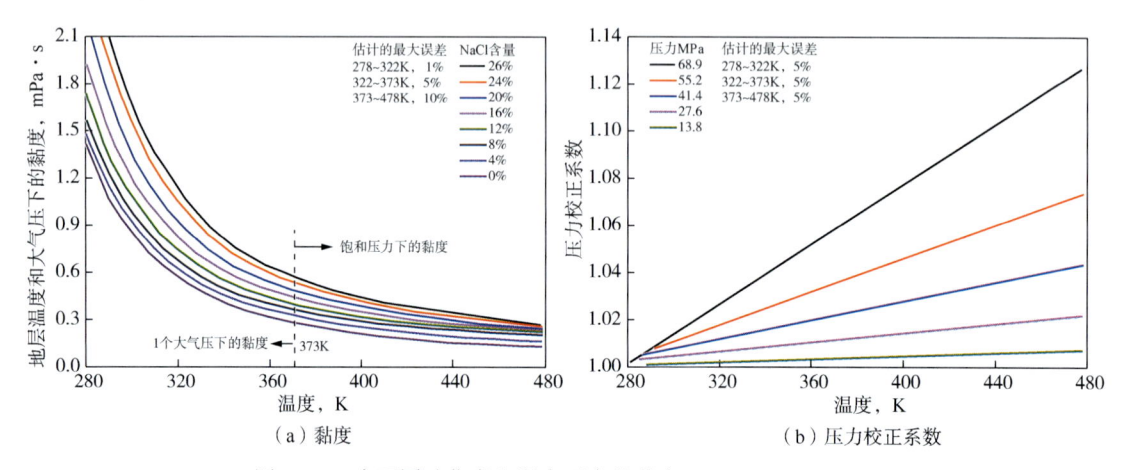

（a）黏度　　　　　　　　　　　　　　（b）压力校正系数

图 3-12　在不同矿化度和温度下水的黏度（Earlougher, 1977）

Meehan（1980）考虑压力和矿化度的影响，提出了一个计算地层水黏度的经验公式，有

$$\mu_{wT} = (109.574 - 8.40564 w_s + 0.313314 w_s^2 + 8.72213 \times 10^{-3} w_s^3)(1.8T-460)^{-D} \quad (3-70)$$

其中，

$$D = 1.12166 - 0.0263951w_s + 6.79461 \times 10^{-4}w_s^2 + 5.47119 \times 10^{-5}w_s^3 - 1.55586 \times 10^{-6}w_s^4$$

式中 μ_{wT}——在1个大气压、地层温度 T 条件下的盐水黏度，mPa·s；

T——地层温度，K；

w_s——盐水矿化度(质量分数)，%。

其适用范围为 311K<T<477.8K，矿化度小于26%。

若考虑压力对地层水黏度的影响，有

$$\mu_w = \mu_{wT}[0.9994 + 4.0295 \times 10^{-5}(145.038p) + 3.1062 \times 10^{-9}(145.038p)^2]$$

其适用范围为 303K<T<348K，当 p<68.9MPa 时，误差在4%以内；当 68.9MPa<p<96.5MPa 时，误差在7%以内。

若仅考虑地层温度的影响，地层水黏度经验公式(Brill，1991)可以表示为

$$\mu_w = e^{1.003 - 1.479 \times 10^{-2}(1.8T - 460) + 1.982 \times 10^{-5}(1.8T - 460)^2} \quad (3-71)$$

三、天然气在水中的溶解度

天然气在水中的溶解度定义为地层条件下单位体积地层水中溶解的天然气量，如图 3-13 所示。

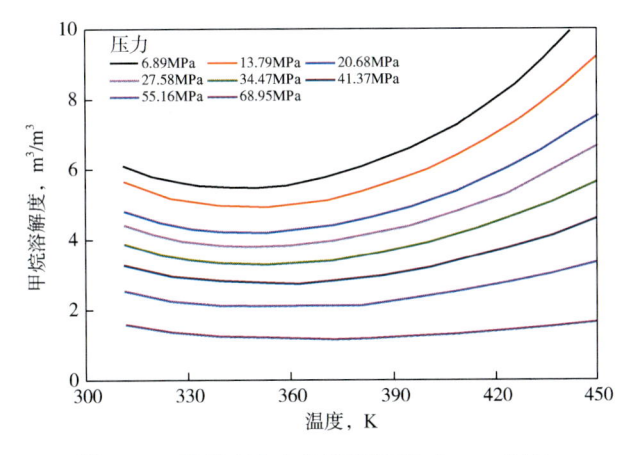

图 3-13 甲烷在水中的溶解度(Dodson，1944)

天然气在水中的溶解度可由式(3-75)计算(McCain，1990)，有

$$R_{sw} = \frac{A_1 + A_2(145.038p) + A_3(145.038p)^2}{5.615} \quad (3-72)$$

其中，

$$A_1 = 2.12 + 3.45 \times 10^{-3}(1.8T - 460) - 3.59 \times 10^{-5}(1.8T - 460)^2$$

$$A_2 = 0.0107 - 5.26 \times 10^{-5}(1.8T - 460) + 1.48 \times 10^{-7}(1.8T - 460)^2$$

$$A_3 = -8.75 \times 10^{-7} + 3.90 \times 10^{-9}(1.8T - 460) - 1.02 \times 10^{-11}(1.8T - 460)^2$$

在矿化水中(杨继盛，1994)，有

$$R_{sb} = R_{sw}(SC)' \quad (3-73)$$

$$(SC)' = 1 - [0.0753 - 0.000173(1.8T - 460)]S$$

式中　S——水的矿化度，用 NaCl 的质量分数表示，%；
　　　T——地层温度，K；
　　　R_{sw}——天然气在水中的溶解度，m^3/m^3。

上述方法适合于305K<T<394.4K，3.44MPa<p<34.47MPa，矿化度小于3%。

Blount(1982)给出了如下高压条件下的经验公式，其适用条件为344.4K<T<513.3K，24.13MPa<p<155.13MPa。根据式(3-74)计算的溶解度如图3-14所示。

$$\ln R_{sw} = -3.3544 - 0.002277(1.8T - 460) + 6.278 \times 10^{-6}(1.8T - 460)^2 - 0.004042S$$
$$+ 0.9904\ln(145.038p) - 0.0311[\ln(145.038p)]^2 \quad (3-74)$$
$$+ 3.204 \times 10^{-4}(1.8T - 460)\ln(145.038p)$$

$$\ln R_{sw} = -1.4053 - 0.002332(1.8T - 460) + 6.30 \times 10^{-6}(1.8T - 460)^2 - 0.004038S$$
$$- 7.579 \times 10^{-6}(145.038p) + 0.5013\ln(145.038p) \quad (3-75)$$
$$+ 3.235 \times 10^{-4}(1.8T - 460)\ln(145.038p)$$

式中　S——水的矿化度，g/L；
　　　T——地层温度，K；
　　　p——地层压力，MPa；
　　　R_{sw}——天然气在水中的溶解度，m^3/m^3。

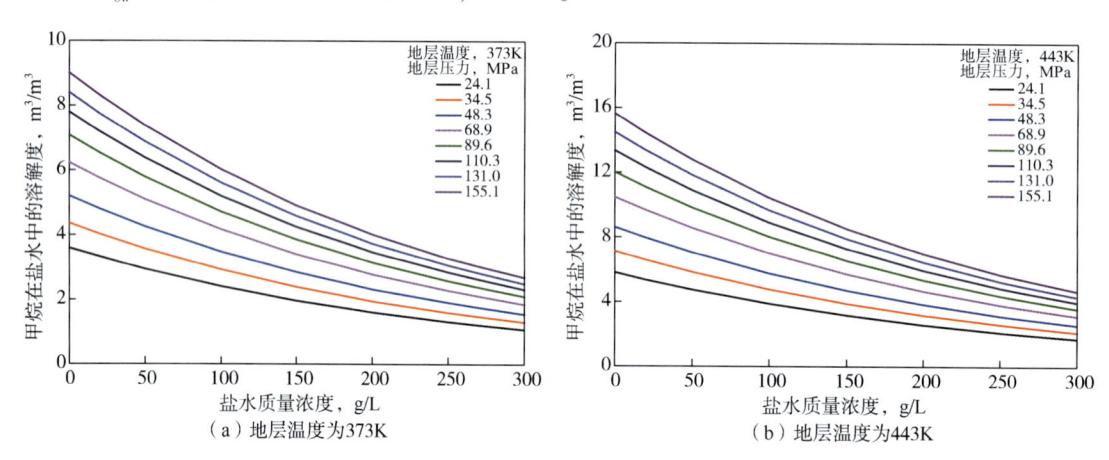

图3-14　根据式(3-74)计算的甲烷在盐水中的溶解度(Blount，1982)

例3-13：已知压力为20.685MPa，温度为93.33℃，水的矿化度为10%。试计算天然气在水中的溶解度。

解：

$$A_1 = 2.12 + 3.45 \times 10^{-3}(1.8T - 460) - 3.59 \times 10^{-5}(1.8T - 460)^2 = 1.3776$$

$$A_2 = 0.0107 - 5.26 \times 10^{-5}(1.8T - 460) + 1.48 \times 10^{-7}(1.8T - 460)^2 = 0.0061$$

$$A_3 = -8.75 \times 10^{-7} + 3.90 \times 10^{-9}(1.8T - 460) - 1.02 \times 10^{-11}(1.8T - 460)^2 = -5.0294 \times 10^{-7}$$

$$R_{sw} = \frac{A_1 + A_2(145.038p) + A_3(145.038p)^2}{5.615} = 2.6962 \text{m}^3/\text{m}^3$$

若考虑矿化度的影响

$$(SC)' = 1 - [0.0753 - 0.000173(1.8T - 460)]S = 0.5924$$

$$R_{sb} = R_{sw}(SC)' = 2.6972 \times 0.5924 = 1.5979 \text{m}^3/\text{m}^3$$

四、地层水等温压缩系数

地层水压缩系数取决于温度、压力、天然气在水中的溶解度以及地层水的矿化度，如图 3-15 所示。

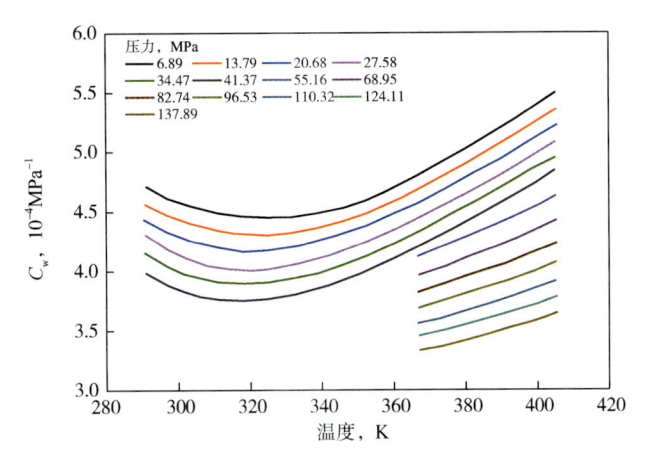

图 3-15 地层水等温压缩系数（McCain, 1990）

若忽略溶解气的影响，地层水等温压缩系数可由式(3-76)计算(Meehan, 1980)，有

$$C_w = 1.45038 \times 10^{-4} [C_1 + C_2(1.8T - 460) + C_3(1.8T - 460)^2] \quad (3-76)$$

$$C_1 = 3.8546 - 0.000134(145.038p)$$

$$C_2 = -0.01052 + 4.77 \times 10^{-7}(145.038p)$$

$$C_3 = 3.9267 \times 10^{-5} - 8.8 \times 10^{-10}(145.038p)$$

式中　T——地层温度，K；
　　　p——地层压力，MPa；
　　　C_w——地层水压缩系数，MPa^{-1}。

对于饱和水情形，有

$$C_{wg} = C_w(1 + 5 \times 10^{-2} R_{sw}) \quad (3-77)$$

若考虑矿化度的影响(Numbere, 1977)，有

$$C_{wb} = C_{wg}(SC) \quad (3-78)$$

$$SC = [-0.052 + 2.7 \times 10^{-4}(1.8T - 460) - 1.14 \times 10^{-6}(1.8T - 460)^2 + 1.121 \times 10^{-9}(1.8T - 460)^3]S^{0.7} + 1.0$$

上述方法适合于 300K<T<394.4K，6.89MPa<p<41.37MPa，矿化度小于 25%。

例 3-14：已知压力为 20.685MPa，温度为 93.33℃，水的矿化度为 10%，天然气溶解度为 2.8139m³/m³。试分别计算纯水、天然气饱和水和盐水的等温压缩系数。

解：

首先计算纯水中的等温压缩系数，有

$$C_1 = 3.8546 - 0.000134(145.038p) = 3.4526$$

$$C_2 = -0.01052 + 4.77 \times 10^{-7}(145.038p) = -9.0889 \times 10^{-3}$$

$$C_3 = 3.9267 \times 10^{-5} - 8.8 \times 10^{-10}(145.038p) = 3.6627 \times 10^{-5}$$

$$C_w = 1.45038 \times 10^{-4} [C_1 + C_2(1.8T-460) + C_3(1.8T-460)^2] = 4.4933 \times 10^{-4} \text{MPa}^{-1}$$

计算饱和水情形的等温压缩系数，有

$$C_{wg} = C_w(1 + 5 \times 10^{-2} R_{sw}) = 5.1255 \times 10^{-4} \text{MPa}^{-1}$$

计算盐水情形的等温压缩系数，有

$$SC = [-0.052 + 2.7 \times 10^{-4}(1.8T-460) - 1.14 \times 10^{-6}(1.8T-460)^2 +$$

$$1.121 \times 10^{-9}(1.8T-460)^3] S^{0.7} + 1.0 = 0.8265$$

$$C_{wb} = C_{wg}(SC) = 5.1255 \times 10^{-4} \times 0.8265 = 4.2363 \times 10^{-4} \text{MPa}^{-1}$$

第四章 气藏物质平衡方程式

长期以来,物质平衡方程被公认为是油藏工程师用于预测油气藏开发动态的基本工具之一,可用于估算油气原始地质储量、预测油气藏动态和最终采收率。物质平衡概念最早由 Schilthuis(1936)提出,方程最简单的形式以体积为基础表达,即原始体积=剩余体积+去除体积。正确应用物质平衡方程必须满足两个必要条件,一是有足够的恒定时间间隔的生产历史和 PVT 数据;二是必须有以时间或累计产量表示的平均地层压力下降趋势。本章介绍均质气藏物质平衡方程式、分区物质平衡方程式及关键参数敏感性分析。

第一节 均质气藏物质平衡方程式

物质平衡方程有两个基本假设：一是在整个开发过程中，储层保持热动力学平衡，即地层温度保持为常数；二是相同时间内储层中各点的地层压力都处于平衡状态，且是相等和一致的(Tarek，2019)。基于上述假定，可以把一个实际的气藏简化为一个或多个封闭的或不封闭(具有天然水侵)储存气体的地下容器。在每一容器内，随着气藏的开发，气、水体积变化服从物质守恒原理，由此建立的方程式称为均质气藏或分区气藏物质平衡方程式，它具有地下平衡、累计平衡和体积平衡的特点。

均质气藏按驱动机理可简单划分为气驱和水驱两类。气驱气藏可进一步分为定容气藏、封闭气藏(考虑岩石及束缚水膨胀影响)；水驱气藏按是否考虑水溶气的影响也可进一步细分(表4-1)。

表4-1 均质气藏分类表

气藏分类		弹性气驱	岩石和束缚水膨胀	水驱	溶解气驱
气驱	定容气藏	√			
	封闭气藏	√	√		
水驱	不考虑水溶气	√	√	√	
	考虑水溶气	√	√	√	√

一、定容气藏

对于定容气藏，开采过程中气藏体积不发生变化，根据体积平衡关系，有

$$GB_{gi} = (G-G_p)B_g \tag{4-1}$$

$$\frac{B_{gi}}{B_g} = \left(1-\frac{G_p}{G}\right) \tag{4-2}$$

式中 B_{gi}——原始压力 p_i 条件下的天然气体积系数；
B_g——目前压力 p 条件下的天然气体积系数；
G_p——天然气累计产量，$10^8 m^3$；
G——天然气地质储量，$10^8 m^3$；
G_p/G——采出程度。

将天然气体积系数式(3-50)代入式(4-2)，有

$$\frac{p}{Z} = \frac{p_i}{Z_i}\left(1-\frac{G_p}{G}\right) \tag{4-3}$$

式(4-3)表明 $p/Z—G_p$ 呈线性关系(图4-1)。无论是超高压气藏还是正常压力气藏，无论是高压气藏还是低压气藏，只要是定容气藏，其压降指示曲线就是一条直线(李传亮，2017)。直线段的斜率为

$$斜率 = -\frac{p_i}{Z_i G} \tag{4-4}$$

根据斜率可以确定原始条件下的体积，进而根据式(4-5)确定气藏面积，有

$$G = Ah\phi(1-S_{wi}) \tag{4-5}$$

式中　G——天然气地质储量，$10^8 m^3$；
　　　A——气藏面积，m^2；
　　　h——气藏厚度，m；
　　　ϕ——气藏孔隙度。

根据图 4-1 中 p/Z 曲线与纵轴的交点可以确定原始视地层压力 p_i/Z_i；根据该直线还可确定任何视地层压力 p_a/Z_a 情况下的可采储量 $(G_p)_a$ 及采出程度。p/Z—G_p 曲线向上偏离线性关系时，表明存在水侵（图 4-2）。

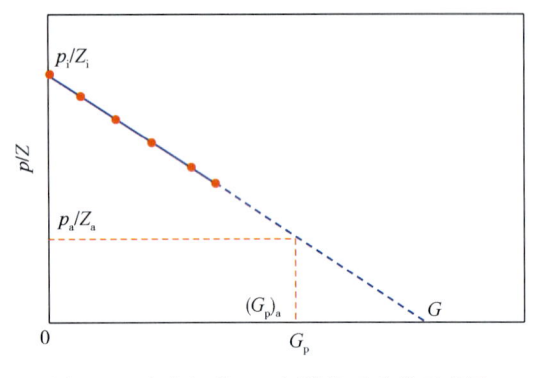

图 4-1　定容气藏 p/Z 压降指示曲线示意图

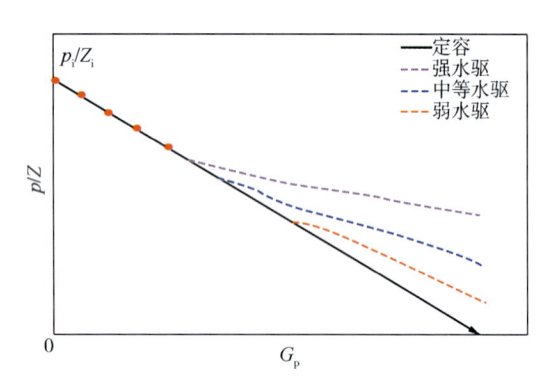

图 4-2　p/Z—G_p 水侵指示曲线示意图（Tarek，2019）

已有多种基于物质平衡方程检测水侵的方法，其中之一为能量图方法，将式(4-3)变形，有

$$1 - \frac{p}{Z} \bigg/ \frac{p_i}{Z_i} = \frac{G_p}{G} \tag{4-6}$$

两边取对数，有

$$\lg\left(1 - \frac{p}{Z} \bigg/ \frac{p_i}{Z_i}\right) = \lg G_p - \lg G \tag{4-7}$$

在双对数坐标图上，$\lg\left(1 - \frac{p}{Z} \bigg/ \frac{p_i}{Z_i}\right)$—$\lg G_p$ 是一条斜率为 1.0 的直线，当 $p=0$ 时，直线与横轴的交点即为 G（图 4-3），该图可用于检测早期水侵。如果存在水侵，曲线斜率将小于 1.0，且随时间逐渐变小；若气体从生产层窜至其他层或数据不良时，有可能出现斜率大于 1.0 的情况。

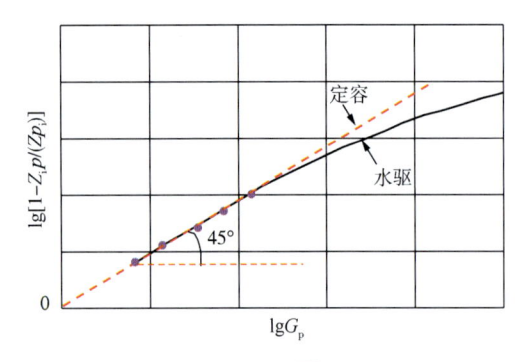

图 4-3　能量图示意图（Tarek，2019）

例 4-1：某气藏含气面积为 $4.290 \times 10^6 m^2$，有效厚度为 16.46m，孔隙度为 0.13，束缚水饱

和度为0.52，地层温度为346.7K，累计产量、压力史数据如表4-2所示。试用物质平衡法计算原始地质储量。

表4-2 定容气藏生产数据表（Tarek，2019）

t, a	p, MPa	Z	G_p, $10^8 m^3$
0.0	12.40	0.869	0.00
0.5	11.58	0.870	0.27
1.0	10.62	0.880	0.60
1.5	9.85	0.890	0.91
2.0	9.20	0.900	1.11

解：

根据式(3-50)，天然气体积系数为

$$B_g = 3.4546 \times 10^{-4} \frac{ZT}{p} = 3.4564 \times 10^{-4} \times \frac{0.869 \times 346.7}{12.40} = 0.008398$$

根据容积法公式(4-5)，有

$$G = \frac{Ah\phi(1-S_{wi})}{B_{gi}} = \frac{4.29 \times 10^6 \times 16.46 \times 0.13 \times (1-0.52)}{0.008398} = 5.25 \times 10^8 m^3$$

若用物质平衡法，绘制 p/Z—G_p 曲线，如图4-4所示，直线与横轴的交点即为原始地质储量，结果为 $4.02 \times 10^8 m^3$。

单位压降产气量定义为地层平均压力每降低一个单位时的累计产气量。单位累计压降产气量定义为从原始地层压力条件到目前地层压力条件下的累计产气量与地层压力累计压降的比值。

将式(4-3)变形，有

$$\frac{G_p}{G} = 1 - \frac{p/Z}{p_i/Z_i} \quad (4-8)$$

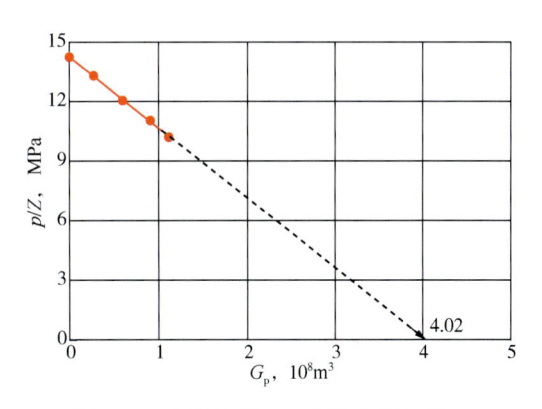

图4-4 定容气藏 p/Z 曲线实例分析（Tarek，2019）

地层压力由原始压力 p_i 降至 p_j 时的累计产气量为

$$\left(\frac{G_p}{G}\right)_j = 1 - \frac{(p/Z)_j}{(p/Z)_i} \quad (4-9)$$

地层压力由原始压力 p_i 降至 p_{j+1} 时的累计产气量为

$$\left(\frac{G_p}{G}\right)_{j+1} = 1 - \frac{(p/Z)_{j+1}}{(p/Z)_i} \quad (4-10)$$

单位压降产气量（假设 $p_j - p_{j+1} = 1$）为

$$\left(\frac{G_p}{G}\right)_{j+1} - \left(\frac{G_p}{G}\right)_j = \frac{(p/Z)_j}{(p/Z)_i} - \frac{(p/Z)_{j+1}}{(p/Z)_i} \quad (4-11)$$

单位累计压降无量纲产气量为

$$\frac{(G_p/G)_j}{p_i-p_j} = \frac{1-(p/Z)_j/(p/Z)_i}{p_i-p_j} \quad (4-12)$$

单位压降产气量、单位累计压降产气量如图4-5所示(地层压力为40MPa，地层温度为373.15K，天然气相对密度为0.6)。理论计算结果表明，由于偏差系数的影响，单位压降产气量随地层压力衰竭先增后降，无量纲单位累计压降产气量随地层压力衰竭而逐渐增加，当降至大气压时，其数值为原始地层压力的倒数(本例为0.025)。

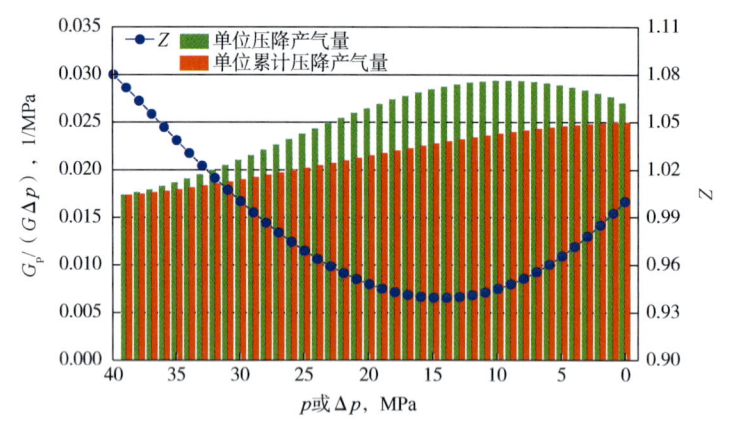

图4-5 单位压降产气量和无量纲单位累计压降产气量

二、封闭气藏

封闭气藏是指与水体不连通的气藏，开采过程中气藏体积会发生变化，考虑岩石和束缚水的膨胀量，根据体积平衡关系，有

$$GB_{gi} = (G-G_p)B_g + GB_{gi}\left(\frac{C_w S_{wi}+C_f}{1-S_{wi}}\right)\Delta p \quad (4-13)$$

$$\frac{B_{gi}}{B_g}\left[1-\left(\frac{C_w S_{wi}+C_f}{1-S_{wi}}\right)\Delta p\right] = 1-\frac{G_p}{G} \quad (4-14)$$

将天然气体积系数式(3-50)代入式(4-14)，有

$$\frac{p}{Z}(1-C_e \Delta p) = \frac{p_i}{Z_i}\left(1-\frac{G_p}{G}\right) \quad (4-15)$$

式中 C_e——有效压缩系数，$C_e = \dfrac{C_w S_{wi}+C_f}{1-S_{wi}}$，$MPa^{-1}$。

式(4-15)表明$(p/Z)(1-C_e\Delta p)$—G_p呈线性关系(图4-6)。与定容气藏相同，直线段的斜率为

$$斜率 = -\frac{p_i}{Z_i G} \quad (4-16)$$

直线段的截距为p_i/Z_i，进而根据斜率和截距可确定气藏地质储量。

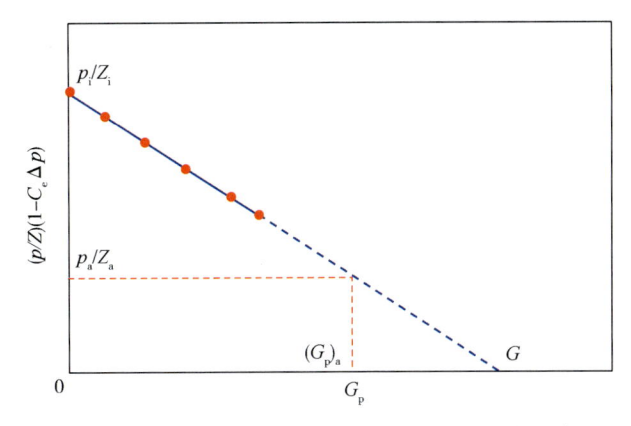

图 4-6 封闭气藏 $(p/Z)(1-C_e\Delta p)$ 压降指示曲线示意图

例 4-2：某气藏原始压力为 74MPa，温度为 377.15K，天然气相对密度为 0.568，原始含水饱和度为 0.32，初始岩石压缩系数为 $2.5 \times 10^{-3} \text{MPa}^{-1}$，地层水压缩系数为 $5.6 \times 10^{-4} \text{MPa}^{-1}$。试分别绘制 p/Z 压降指示曲线和 $(p/Z)(1-C_e\Delta p)$ 压降指示曲线。

解：

根据温度和天然气相对密度数据，按 DAK 外推法计算天然气偏差系数变化规律，如图 4-7 所示。在高压区基本呈线性关系，回归公式为

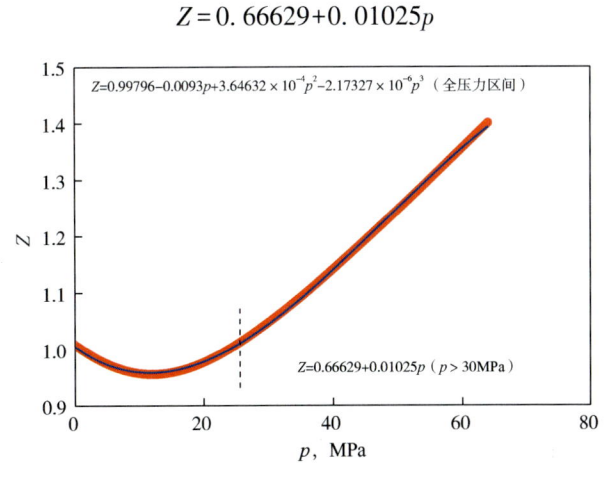

$$Z = 0.66629 + 0.01025p \tag{4-17}$$

图 4-7 例 4-2 天然气偏差系数变化规律

根据式（4-15），计算数据如表 4-3 所示。两种类型压降指示曲线如图 4-8 所示，$(p/Z)(C_e\Delta p)$ 最大值出现在 32MPa 左右；若纵坐标用无量纲表示，结果如图 4-8(b) 所示，无量纲压降约为 0.615。

表 4-3 例 4-2 计算数据表

p, MPa	Δp, MPa	Z	p/Z, MPa	$1-C_e\Delta p$	$(p/Z)(C_e\Delta p)$, MPa	G_p/G
74	0	1.4258	51.90	1.0000	0.0000	0.0000
73	1	1.4167	51.53	0.9961	0.2030	0.0111
72	2	1.4074	51.16	0.9921	0.4031	0.0221
71	3	1.3979	50.79	0.9882	0.6003	0.0330

续表

p, MPa	Δp, MPa	Z	p/Z, MPa	$1-C_e\Delta p$	$(p/Z)(C_e\Delta p)$, MPa	G_p/G
70	4	1.3882	50.42	0.9842	0.7947	0.0437
...						
33	41	1.0100	32.67	0.8385	5.2778	0.4722
32	42	1.0025	31.92	0.8345	5.2820	0.4868
31	43	0.9953	31.15	0.8306	5.2767	0.5016
...						
1	73	0.9890	1.01	0.7124	0.2908	0.9861
0.1	73.9	0.9970	0.10	0.7088	0.0292	0.9986

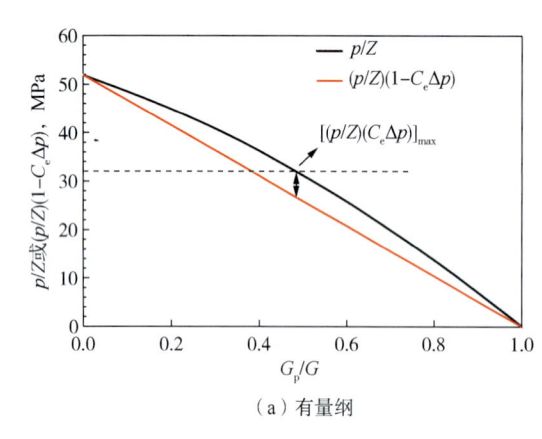

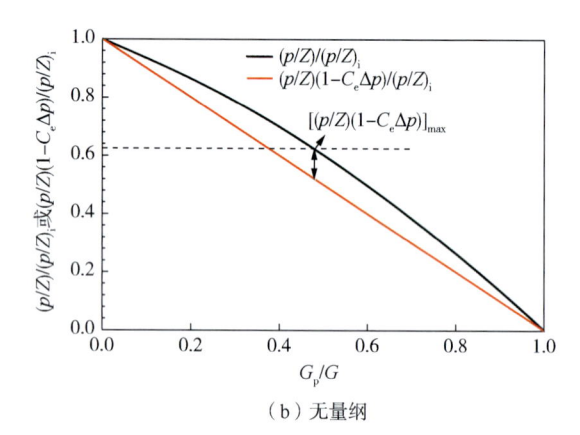

（a）有量纲

（b）无量纲

图 4-8　压降指示曲线对比图

如图 4-8 所示，p/Z 与 $(p/Z)(1-C_e\Delta p)$ 的差值为 $(p/Z)(C_e\Delta p)$，假设 $p_e=(p/Z)(C_e\Delta p)$，$Z=f(p)$，有

$$p_e=\frac{pC_e\Delta p}{f(p)} \tag{4-18}$$

式（4-18）求导，最大值点，有

$$p_e'=\frac{C_e(p_i-2p)f(p)-f'(p)C_ep(p_i-p)}{f^2(p)}=0 \tag{4-19}$$

根据式（4-17），有

$$Z=f(p)=a+bp$$

$$a=0.66629$$

$$b=0.01025 \tag{4-20}$$

将其代入式（4-19），有

$$bp^2+2ap-ap_i=0 \tag{4-21}$$

求解，有

$$p=\frac{-a+\sqrt{a^2+abp_\mathrm{i}}}{b}=\frac{-a+\sqrt{a(a+bp_\mathrm{i})}}{b}=\frac{-a+\sqrt{aZ_\mathrm{i}}}{b}$$

根据式(4-20)，有

$$p=\frac{-a+\sqrt{aZ_\mathrm{i}}}{b}=\frac{-0.66629+\sqrt{0.66629\times1.4258}}{0.01025}=30.1\mathrm{MPa}$$

将 $p=30.1\mathrm{MPa}$ 代入式(4-18)，有

$$(p_\mathrm{e})_\mathrm{max}=\frac{pC_\mathrm{e}\Delta p}{f(p)}=\frac{30.1\times0.1734}{f(30.1)}=\frac{30.1\times0.1734}{0.9885}=5.280\mathrm{MPa}$$

该结果与表 4-2 数据基本接近。压力略有差异是由于偏差系数公式差异所致。若将偏差系数

$$f(p)=0.99796-0.0093p+3.64632\times10^{-4}p^2-2.17327\times10^{-6}p^3$$

代入式(4-19)，有 $p=32.055\mathrm{MPa}$，$\Delta p=41.945\mathrm{MPa}$，$C_\mathrm{e}\Delta p=0.1653$

$$(p_\mathrm{e})_\mathrm{max}=\frac{pC_\mathrm{e}\Delta p}{f(p)}=\frac{32.055\times0.1734}{f(32.055)}=\frac{32.055\times0.1653}{0.9980}=5.2820\mathrm{MPa}$$

$(p_\mathrm{e})_\mathrm{max}$ 处的压力为 $p=32.055=0.43p_\mathrm{i}$，与文献推荐结果 $0.50p_\mathrm{i}$（李传亮，2007）基本接近，此时

$$(p_\mathrm{e})_\mathrm{max}=\frac{0.2451p_\mathrm{i}^2C_\mathrm{e}}{f(p)} \tag{4-22}$$

改变有效压缩系数数值，无量纲 $(p/Z)(1-C_\mathrm{e}\Delta p)$ 曲线如图 4-9 所示，曲线形态均为拟抛物线形式，随着有效压缩系数的增大，$(p_\mathrm{e})_\mathrm{max}$ 点相同，但不同有效压缩系数对应的累计产量逐渐增加，即有效压缩系数越大，利用早期数据进行动态储量评价的误差可能越大（图 4-10）。图中绿颜色线条表明，岩石压缩系数取值为 $5\times10^{-4}\mathrm{MPa}^{-1}$，其他参数不变，若忽略岩石和地层水的压缩性，也可能会产生 10% 左右的误差。

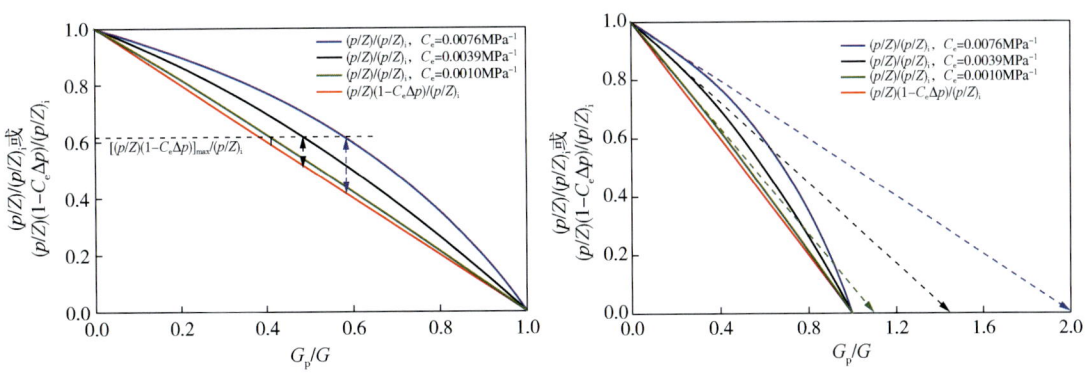

图 4-9 不同有效压缩系数情形压降指示曲线对比图

图 4-10 不同有效压缩系数情形压降指示曲线外推对比图

三、水驱气藏

水驱气藏是指与水体连通的气藏，开采过程中会发生水侵，气藏体积会发生变化。在水驱气藏中，再细分为活跃水驱、次活跃水驱和不活跃水驱3个亚类，用地层水活跃程度、水侵替换系数、采收率范围和开采特征描述，如表4-4所示。

表4-4　水驱气藏分类表[《天然气可采储量计算方法》(SY/T 6098—2010)]

气藏分类	地层水活跃程度	水侵替换系数(地层条件下净水侵量与累计产气量比值)	无量纲废弃视地层压力	采收率范围	开采特征描述
水驱	活跃	≥0.4	≥0.5	(0.4, 0.6)	可动边、底水体大，一般开采初期(采出程度<20%)部分气井开始大量出水或水淹，气藏稳产期短，水侵特征曲线呈直线上升
水驱	次活跃	[0.15, 0.4)	≥0.25	(0.6, 0.8)	有较大的水体与气藏局部连通，能量相对较弱。一般开采中、后期才发生局部水窜，致使部分气井出水
水驱	不活跃	(0, 0.15)	≥0.05	(0.7, 0.9)	多为封闭型，开采中后期偶有个别井出水，或气藏根本不产水，水侵能量极弱，开采过程表现为弹性气驱特征
气驱	—	0	≥0.05	(0.7, 0.9)	无边、底水存在，多为封闭型的多裂缝系统、断块、砂体或超高压气藏。整个开采过程中无水侵影响，为弹性气驱特征

考虑岩石和束缚水的膨胀量，根据体积平衡关系，有

$$GB_{gi} = (G - G_p)B_g + GB_{gi}\left(\frac{C_w S_{wi} + C_f}{1 - S_{wi}}\right)\Delta p + (W_e - W_p B_w) \tag{4-23}$$

$$\frac{B_{gi}}{B_g}\left[1 - \left(\frac{C_w S_{wi} + C_f}{1 - S_{wi}}\right)\Delta p - \frac{(W_e - W_p B_w)}{GB_{gi}}\right] = 1 - \frac{G_p}{G} \tag{4-24}$$

将天然气体积系数式(3-50)代入式(4-24)，有

$$\frac{p}{Z}(1 - C_e \Delta p - \omega) = \frac{p_i}{Z_i}\left(1 - \frac{G_p}{G}\right) \tag{4-25}$$

式中　W_e——气藏水侵量，$10^8 m^3$；

W_p——气藏累计产水量，$10^8 m^3$；

ω——气藏存水(水侵量-产水量)体积系数，$\omega = \dfrac{W_e - W_p B_w}{GB_{gi}}$。

式(4-25)表明$(p/Z)(1 - C_e \Delta p - \omega)$—$G_p$呈线性关系(图4-11)。与定容气藏相同，直线段的斜率为

$$斜率 = -\frac{p_i}{Z_i G} \tag{4-26}$$

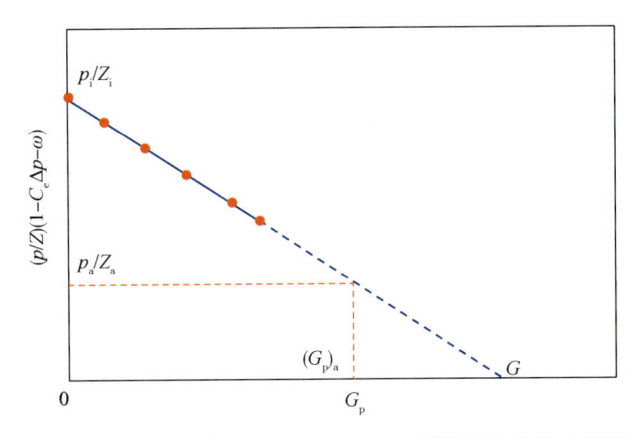

图 4-11 水驱气藏 $(p/Z)(1-C_e\Delta p-\omega)$ 压降指示曲线示意图

物质平衡方程可用产出量、流体膨胀、孔隙压缩、水侵等形式表示（Havlena，1963），将式(4-23)变形，有

$$G_p B_g + W_p B_w = G(B_g - B_{gi}) + GB_{gi}\left(\frac{C_w S_{wi} + C_f}{1 - S_{wi}}\right)\Delta p + W_e \quad (4-27)$$

地下流体产出量 F 定义为

$$F = G_p B_g + W_p B_w \quad (4-28)$$

气体膨胀量 E_g 定义为

$$E_g = B_g - B_{gi} \quad (4-29)$$

水和岩石膨胀量 $E_{f,w}$ 定义为

$$E_{f,w} = B_{gi}\left(\frac{C_w S_{wi} + C_f}{1 - S_{wi}}\right)\Delta p \quad (4-30)$$

式(4-27)可以简化为

$$F = G(E_g + E_{f,w}) + W_e \quad (4-31)$$

$$\frac{F}{E_g + E_{f,w}} = G + \frac{W_e}{E_g + E_{f,w}} \quad (4-32)$$

若水和岩石膨胀量 $E_{f,w}$ 相对气体膨胀量 E_g 可忽略不计，则式(4-32)简化为

$$\frac{F}{E_g} = G + \frac{W_e}{E_g} \quad (4-33)$$

F/E_g—G_p 曲线形态如图 4-12 所示。若气藏是定容的，$W_e = 0$，F/E_g 数值为常数，与纵轴的交点即为原始地质储量。若气藏生产受到天然水侵的影响，F/E_g 通常是下凹的弧形，其确切形状取决于含水层的大小、强度以及采气速度。F/E_g 趋势线与纵坐标的交点即为原始地质储量($W_e = 0$)。F/E_g—G_p 曲线的主要优势在于，它在确定气藏是否受到水侵影响方面比其他方法敏感得多。

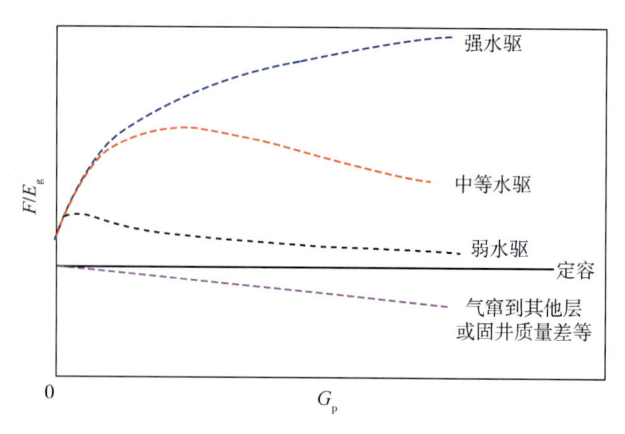

图 4-12 水体强度对原始地质储量计算的影响(Tarek，2019)

对于水驱气藏，即使已知生产数据、压力、温度和气体相对密度等数据，物质平衡方程中仍存在两个未知数，即原始地质储量和累计水侵量。为了使用物质平衡方程式计算原始地质储量，必须开发一些独立的方法来估算累计水侵量 W_e。

经过近 80 年的发展，油气藏水侵量的计算目前已有一套成熟的方法，常用的模型有罐状模型、Schilthuis 稳定流动模型(1936)、Hurst 修正稳定流动模型(1943)、van Everdingen-Hurst 不稳定流动模型(边水驱、底水驱)(1949)、Carter-Tracy 不稳定流动模型(1960)、Fetkovich 方法(径向含水层、线性含水层)(1971)，可参考《油气藏工程手册》(Tarek，2019；孙贺东，2021)第十章、《现代油藏工程》(陈元千，2020)第五章、《油藏工程原理》(李传亮，2017)、《实用油藏工程》(Smith，1992)十二章、《气藏工程》(Ikoku，1984；John Lee，1996)等专业书籍，里面有详细的论述，本书不再赘述。

由于气体被侵入的水所圈闭(水封气)，因此水驱气藏采收率可能大大低于定容气藏的采收率。考虑水封气的物质平衡方程可用式(4-34)表示(Tarek，2019)，有

$$\frac{G_p}{1-B_{gi}/B_g} = G + (S_{gi}-S_{grw})\left[\frac{(V_p)_{wiz}/B_g}{1-B_{gi}/B_g}\right] \quad (4-34)$$

式中　$(V_p)_{wiz}$——水侵区孔隙体积，$10^8 m^3$；

S_{grw}——水驱残余气饱和度。

上述物质平衡方程通式表明，若绘制 $\frac{G_p}{1-B_{gi}/B_g}$ 与 $\frac{(V_p)_{wiz}/B_g}{1-B_{gi}/B_g}$ 关系曲线，截距即为原始地质储量 G。若用 p/Z 形式表述，有

$$\frac{G_p}{1-(p/Z)/(p_i/Z_i)} = G + (S_{gi}-S_{grw})\left[\frac{(V_p)_{wiz}/B_g}{1-(p/Z)/(p_i/Z_i)}\right] \quad (4-35)$$

例 4-3：某气藏原始压力为 74MPa，温度为 377.15K，天然气相对密度为 0.568，原始含水饱和度为 0.32，初始岩石压缩系数为 $2.5×10^{-3} MPa^{-1}$，地层水压缩系数为 $5.6×10^{-4} MPa^{-1}$，水体倍数为 2.0，累计产水量为 0，试分别绘制 p/Z 压降指示曲线、$(p/Z)(1-C_e\Delta p)$ 压降指示曲线和 $(p/Z)(1-C_e\Delta p-\omega)$ 压降指示曲线。

解：

偏差系数如图 4-7 所示，回归公式为

$$f(p) = 0.99796-0.0093p+3.64632\times10^{-4}p^2-2.17327\times10^{-6}p^3 \qquad (4-36)$$

按罐状模型计算水侵量(Tarek，2019)，有

$$W_e = (C_f+C_w)W_i(p_i-p) \qquad (4-37)$$

式中　W_i——水体体积，$10^8\mathrm{m}^3$。

根据式(4-25)，计算数据如表 4-5 所示。3 种类型压降指示曲线如图 4-13 所示，外推如图 4-14 所示。显然，在水驱气藏中，若忽略水侵量的影响，动态储量计算结果会显著高估。

表 4-5　例 4-3 计算数据表

p, MPa	Δp, MPa	Z	ω	p/Z MPa	$1-C_e\Delta p$	$1-C_e\Delta p-\omega$	$(p/Z)(1-C_e\Delta p)$ MPa	$(p/Z)(1-C_e\Delta p-\omega)$ MPa	G_p/G
74	0	1.4258	0.0000	51.90	1.0000	1.0000	51.8998	51.8998	0.0000
73	1	1.4167	0.0061	51.53	0.9961	0.9899	51.3235	51.0082	0.0111
72	2	1.4074	0.0122	51.16	0.9921	0.9799	50.7535	50.1273	0.0221
71	3	1.3979	0.0184	50.79	0.9882	0.9698	50.1890	49.2565	0.0330
70	4	1.3882	0.0245	50.42	0.9842	0.9598	49.6294	48.3950	0.0437
69	5	1.3783	0.0306	50.06	0.9803	0.9497	49.0742	47.5424	0.0544
…									
7	67	0.9500	0.4100	7.37	0.7360	0.3260	5.4234	2.4020	0.8955
5	69	0.9603	0.4223	5.21	0.7281	0.3059	3.7912	1.5925	0.9270
4	70	0.9665	0.4284	4.14	0.7242	0.2958	2.9973	1.2243	0.9422
3	71	0.9733	0.4345	3.08	0.7203	0.2857	2.2201	0.8808	0.9572
2	72	0.9808	0.4406	2.04	0.7163	0.2757	1.4607	0.5622	0.9719
1	73	0.9890	0.4468	1.01	0.7124	0.2656	0.7203	0.2686	0.9861
0.1	73.9	0.9970	0.4523	0.10	0.7088	0.2566	0.0711	0.0257	0.9986

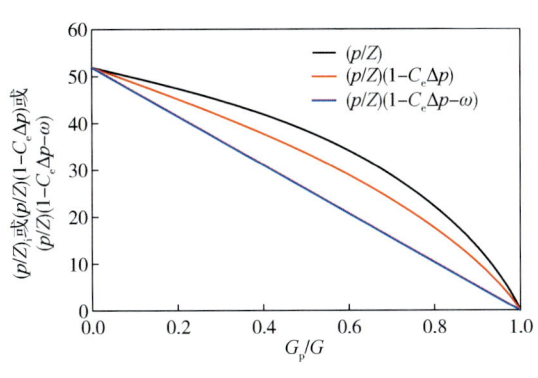

图 4-13　3 种情形压降指示曲线对比图 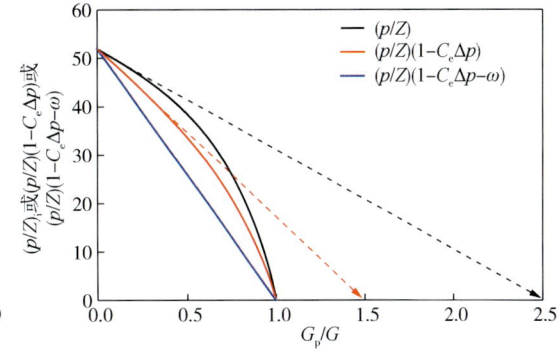　　图 4-14　3 种情形压降指示曲线外推对比图

四、考虑水溶气的水驱气藏

对于高温高压气藏来说，地层水中溶解气的影响有时也不容小觑。对于束缚水饱和度为 S_{wi}、水体倍数为 M 的气藏，假设水体和束缚水中饱和溶解有水溶气，不考虑注入气，根

据体积平衡，物质平衡方程式(Fetkovich，1998)表示为

$$V_{pR}+V_{pA} = (V_{gR}+V_{wR})+(V_{gA}+V_{wA}) \tag{4-38}$$

式中 V_{pR} ——储层内流体体积；
V_{pA} ——含水层内流体体积；
V_{gR} ——储层内气体积；
V_{wR} ——储层内水体积；
V_{gA} ——含水层内气体积；
V_{wA} ——含水层内水体积。

$$V_{pR} = GB_{gi} + \left(\frac{GB_{gi}}{1-S_{wi}}\right)S_{wi} - \left(\frac{GB_{gi}}{1-S_{wi}}\right)\overline{C}_f(p_i-p) \tag{4-39}$$

$$V_{pA} = \left(\frac{GB_{gi}}{1-S_{wi}}\right)M - \left(\frac{GB_{gi}}{1-S_{wi}}\right)M\overline{C}_f(p_i-p) \tag{4-40}$$

$$V_{gR} = [G-(G_p-W_pR_{sw})]B_g + \left(\frac{GB_{gi}}{1-S_{wi}}\right)\frac{S_{wi}}{B_{wi}}(R_{swi}-R_{sw})B_g \tag{4-41}$$

$$V_{gA} = M\left(\frac{GB_{gi}}{1-S_{wi}}\right)\frac{1}{B_{wi}}(R_{swi}-R_{sw})B_g \tag{4-42}$$

$$V_{wR} = \left(\frac{GB_{gi}}{1-S_{wi}}\right)\frac{S_{wi}}{B_{wi}}B_{wi} - W_pB_w + W_e \tag{4-43}$$

$$V_{wA} = \left(\frac{GB_{gi}}{1-S_{wi}}\right)\frac{M}{B_{wi}}B_w \tag{4-44}$$

将式(4-39)至式(4-44)代入式(4-38)，整理有

$$G(B_g-B_{gi})+GB_{gi}\overline{C}_e\Delta p+W_e = G_pB_g+W_p(B_w-B_gR_{sw}) \tag{4-45}$$

式(4-45)亦可表示为

$$\frac{p}{Z}[1-\overline{C}_e(p)(p_i-p)] = \frac{p_i}{Z_i}\left(1-\frac{Q}{G}\right) \tag{4-46}$$

$$Q = G_p-W_pR_{sw}+\left(\frac{W_pB_w-W_e}{B_g}\right) \tag{4-47}$$

$$\overline{C}_e(p) = \frac{1}{1-S_{wi}}[S_{wi}\overline{C}_{tw}+\overline{C}_f+M(\overline{C}_{tw}+\overline{C}_f)] \tag{4-48}$$

$$\overline{C}_{tw} = \frac{1}{B_{tw}(p_i)}\frac{B_{tw}(p)-B_{tw}(p_i)}{p_i-p} \tag{4-49}$$

$$B_{tw}(p) = B_w(p)+[R_{swi}-R_{sw}(p)]B_g(p) \tag{4-50}$$

若不考虑水体影响，即 $M=0$，式(4-48)简化为

$$\overline{C}_e(p) = \frac{S_{wi}\overline{C}_{tw} + \overline{C}_f}{1 - S_{wi}} \tag{4-51}$$

若不考虑水侵、产水量，式(4-46)简化为

$$\frac{p}{Z}[1 - \overline{C}_e(p)(p_i - p)] = \frac{p_i}{Z_i}\left(1 - \frac{G_p}{G}\right) \tag{4-52}$$

式中 p——平均地层压力，MPa；

Z——天然气偏差系数；

B_{tw}——地层水两相体积系数；

B_g——天然气体积系数；

R_{sw}——天然气在地层水中的溶解度；

$\overline{C}_e(p)$——累计有效压缩系数，MPa^{-1}；

$\overline{C}_{tw}$——累计水压缩系数，MPa^{-1}；

$\overline{C}_f$——岩石累计压缩系数，MPa^{-1}；

M——水体倍数；

G、G_p——动态储量、累计采出量，10^8m^3；

S_{wi}——原始含水饱和度；

下标 i——原始状态。

式(4-51)在表现形式上与式(4-13)是一致的，压降指示曲线形态也与图 4-13 类似。区别在于两者的压缩系数项表达式，一个是变量、一个是常量。在低压情形，水溶气对产量将会有一定的贡献。即 $1 - \overline{C}_e(p)(p_i - p) = 0$，$\frac{p}{Z}[1 - \overline{C}_e(p)(p_i - p)]$—$G_p$ 曲线外推可得储层内气体储量 G；当 $p = 0.101325$MPa，曲线外推可得气层气和溶解气总储量。

五、指示曲线线性形式

对于定容气藏，p/Z—G_p 压降指示曲线是一条直线；对于封闭气藏，考虑岩石和束缚水的膨胀量的影响，p/Z—G_p 压降指示曲线是一条向下弯曲的曲线，$(p/Z)(1-C_e\Delta p)$—G_p 压降指示曲线是一条直线；对于水侵气藏，考虑岩石和束缚水的膨胀量及水侵量的影响，p/Z—G_p 压降指示曲线、$(p/Z)(1-C_e\Delta p)$—G_p 压降指示曲线是一条向下弯曲的曲线，$(p/Z)(1-C_e\Delta p-\omega)$—$G_p$ 压降指示曲线是一条直线；考虑水溶气影响，$(p/Z)(1-\overline{C}_e\Delta p)$—$Q$ 是一条直线。高压、超高压气藏与正常压力气藏没有本质的区别，只是压力稍高而已（李传亮，2007）。

第二节 分区气藏物质平衡方程式

常规物质平衡法无法考虑普遍存在的地层非均质性及其对流动生产的影响，为了克服物质平衡法的这一缺点，国内外学者（高承泰，1993，1997，2006；Payne，1996；Hoogstra，1999；孙贺东，2011）提出了分区物质平衡方程的概念，并将其用于定容气藏的开发指标预测。将气藏划分为由两个或更多个连通的不同区块，每个区块满足其自身的物

质平衡方程条件，区块间通过接触边界的气体流入或流出实现耦合。

一、Payne方法

将气藏分为多个小块，每个区块与相邻区块有流体交换。每个区块既可以衰竭开采，也可以通过相邻区块间接衰竭生产。区块间流量与区块间压力平方差或拟压力差成正比，两区块模型如图4-15所示。

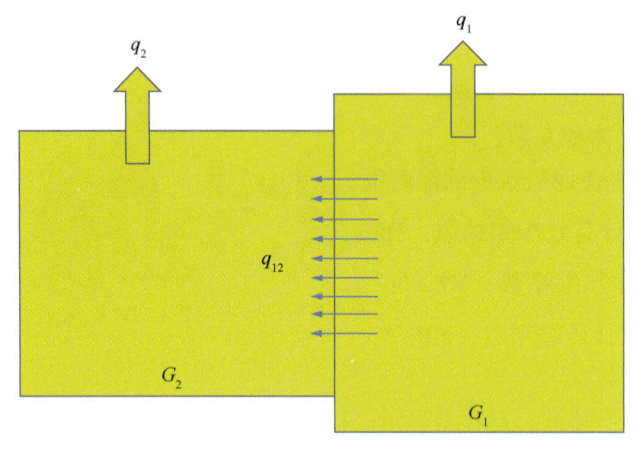

图4-15 两区分块物质平衡模型示意图（Payne，1996）

在开始生产之前，两个区块处于平衡状态，具有相同的原始地层压力，可以从一个或两个区块生产。采用如下约定：如果气体从区块1流入区块2，则流入量为正值，这两个区块之间的补给量表示为

$$q_{12} = \frac{123.129KA}{TL}[m(p_1)-m(p_2)] \qquad (4-53)$$

式中 q_{12}——区块间的补给量，m^3/d；
$m(p_1)$——区块1的拟压力，$MPa^2/(mPa \cdot s)$；
$m(p_2)$——区块2的拟压力，$MPa^2/(mPa \cdot s)$；
A——接触面积，m^2；
T——温度，K；
L——两个区块中心点间的距离，m。

若表示为区块间补给系数的形式，有

$$q_{12} = C_{12}[m(p_1)-m(p_2)] \qquad (4-54)$$

对于区块1，补给系数为

$$C_1 = \frac{123.129K_1A_1}{TL_1}$$

对于区块2，补给系数为

$$C_2 = \frac{123.129K_2A_2}{TL_2}$$

区块间补给系数 C_{12} 为两者的调和平均值，有

$$C_{12}=\frac{2C_1C_2}{C_1+C_2}$$

式中　C——区块间的补给系数，$m^3/d/[MPa^2/(mPa \cdot s)]$；

　　　L——区块的长度，m；

　　　A——区块截面积，m^2；

　　　T——温度，K。

从区块 1 进入区块 2 的补给量 G_{p12} 表示为

$$G_{p12}=\int_0^t q_{12}\mathrm{d}t=\sum_0^t (\Delta q_{12})\Delta t \tag{4-55}$$

通过假设 p/Z—G_{pt} 为直线关系来确定分区平均地层压力，其中 G_{pt} 为某一区块的视累计产气量，表示为

$$G_{pt}=G_p+G_{12}$$

其中，G_p、G_{12} 分别为某一区块的累计产气量和区块间的补给气量。对于每一区块的物质平衡方程，假设从区块 1 到区块 2 的补给量为正，有

$$p_1=Z_1\left(\frac{p_i}{Z_i}\right)\left(1-\frac{G_{p1}+G_{p12}}{G_1}\right) \tag{4-56}$$

$$p_2=Z_2\left(\frac{p_i}{Z_i}\right)\left(1-\frac{G_{p2}-G_{p12}}{G_2}\right) \tag{4-57}$$

其中

$$G_1=\frac{(Ah\phi)_1(1-S_{wi})}{B_{gi}} \tag{4-58}$$

$$G_2=\frac{(Ah\phi)_2(1-S_{wi})}{B_{gi}} \tag{4-59}$$

式中　下标 1、2——区块；

　　　下标 i——原始状态。

Payne 方法需要的输入数据为每个区块的储量，包含区块尺寸、孔隙度、饱和度等参数，以及区块间补给系数 C_{12}、每个区块的原始压力、每个区块的产量历史。

Payne 方法关于时间是显式的，在每个时间步长都会计算出各个区块的压力，从而可以与实际压力下降曲线相拟合。该迭代方法的具体步骤如下(Tarek，2019；孙贺东，2021)：

(1) 准备气体性质、拟压力随压力变化数据表，包括 Z、μ_g、$2p/(\mu_g Z)$、$m(p)$。

(2) 将气藏分为两块，确定每个区块的长度 L、厚度 h、宽度 W 和横截面积 A。

(3) 利用式(4-58)、式(4-59)计算分区容积法地质储量 G_1 和 G_2。

(4) 绘制分区 p/Z—G_{pt} 曲线，可简单地将原始视地层压力 $(p/Z)_i$ 与 G_1 或 G_2 连线，确定直线关系。

（5）计算分区补给系数 C_1 和 C_2 以及区块间的补给系数 C_{12}。

（6）设定一个较小的时间步长 Δt 以及相应的分区实际累计产气量 G_p，若分区内没有生产井，则 $G_p=0$。

（7）假设所选区块的压力分布，确定每个压力条件下的偏差系数 Z；压力初始值分别设为 p_1^k、p_2^k。

（8）根据步骤（1），确定 p_1^k、p_2^k 对应的拟压力值 $m(p_1)$、$m(p_2)$；根据式（4-54）和式（4-55）分别计算区块间补给速度 q_{12} 和累计补给量 G_{p12}。

（9）将 G_{p12}、Z、G_{p1}、G_{p2} 代入式（4-56）、式（4-57）计算分区压力，结果记为 p_1^{k+1}、p_2^{k+1}；将假设值与计算值进行比较，$|p_1^k-p_1^{k+1}|$ 和 $|p_2^k-p_2^{k+1}|$，如果所有差值均在 0.03~0.07MPa 范围内，重复步骤（3）至步骤（7）；如果不满足上述条件，设置 $p_1^k=p_1^{k+1}$、$p_2^k=p_2^{k+1}$，重复步骤（4）至步骤（7），直到满足条件。

（10）重复步骤（6）至步骤（9），生成分区压力曲线，并将其与实际压力曲线进行比较。

物质平衡历史拟合包括变更分区数量、分区尺寸以及区块间补给系数，直到得到可接受的压力下降趋势。确定最佳分区的数量和大小，可以提高估计原始地质储量的准确性，这归因于该方法考虑了储层的非均质性。Waterton 气田 3 个气藏计算实例表明，该模型结果与数值模拟结果基本一致，与实际压降拟合良好；而常规压降指示曲线低估了储量值（图 4-16）。

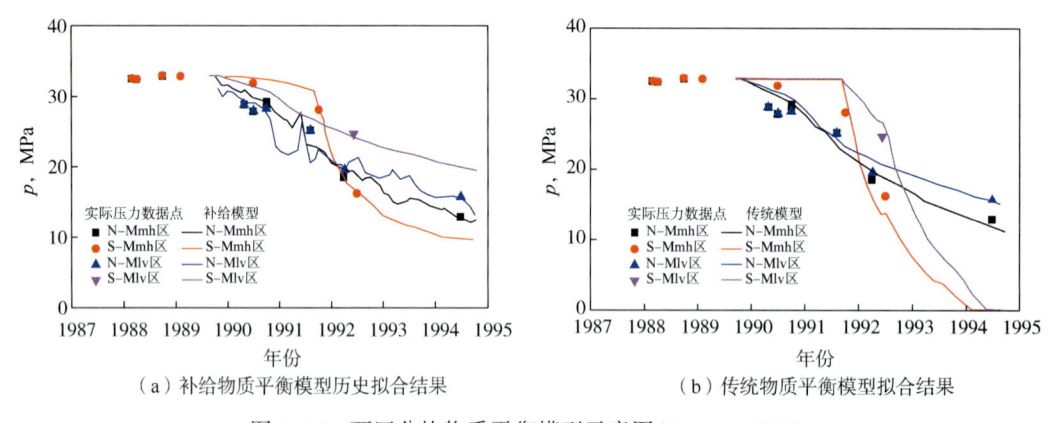

（a）补给物质平衡模型历史拟合结果　　（b）传统物质平衡模型拟合结果

图 4-16　两区分块物质平衡模型示意图（Payne，1996）

二、Hagoort-Hoogstra 方法

Hagoort 和 Hoogstra（1999）基于 Payne 的方法，开发了一种数值方法来求解分区物质平衡问题，该方法采用了隐式迭代过程。迭代技术依赖于调整分区的大小和区块间补给系数值，以匹配分区的压力历史数据。如图 4-15 所示，假设存在一个薄的可渗透层，将气藏分为两个区块，区块间补给系数为 Γ_{12}。用达西方程式表示气体通过薄渗透层的补给量，有

$$q_{12}=\frac{123.129\Gamma_{12}}{TL}(p_1^2-p_2^2) \tag{4-60}$$

$$\Gamma_{12}=\frac{\Gamma_1\Gamma_2(L_1-L_2)}{L_1\Gamma_2+L_2\Gamma_1} \tag{4-61}$$

$$\varGamma_1 = \left(\frac{KA}{Z\mu_g}\right)_1 \tag{4-62}$$

$$\varGamma_2 = \left(\frac{KA}{Z\mu_g}\right)_2 \tag{4-63}$$

式中 q——区块间补给量，m^3/d；

$\varGamma$——区块间补给系数，$10^{-3}\mu m^2 \cdot m^2/(mPa \cdot s)$；

L——区块中心点之间的距离，m；

A——横截面积，m^2。

与 Payne 方法类似，分区物质平衡方程表示为

$$p_1 = Z_1\left(\frac{p_i}{Z_i}\right)\left(1 - \frac{G_{p1} + G_{p12}}{G_1}\right) \tag{4-64}$$

$$p_2 = Z_2\left(\frac{p_i}{Z_i}\right)\left(1 - \frac{G_{p2} - G_{p12}}{G_2}\right) \tag{4-65}$$

为了求解 p_1、p_2 两个未知数，设置如下函数表达式

$$F_1(p_1, p_2) = p_1 - Z_1\left(\frac{p_i}{Z_i}\right)\left(1 - \frac{G_{p1} + G_{p12}}{G_1}\right) = 0 \tag{4-66}$$

$$F_2(p_1, p_2) = p_2 - Z_2\left(\frac{p_i}{Z_i}\right)\left(1 - \frac{G_{p2} - G_{p12}}{G_2}\right) = 0 \tag{4-67}$$

求解过程与 Payne 方法十分类似，该迭代方法的具体步骤如下(Tarek，2019；孙贺东，2021)：

(1) 准备气体性质随压力变化数据表，包含：Z、μ_g。

(2) 将气藏分为两块，确定每个区块的长度 L、厚度 h、宽度 W 和横截面积 A。

(3) 利用式(4-58)、式(4-59)计算分区容积法地质储量 G_1 和 G_2。

(4) 绘制分区 p/Z—G_{pt} 曲线，可简单地将原始视地层压力 $(p/Z)_i$ 与 G_1 或 G_2 连线，确定直线关系。

(5) 根据式(4-61)计算区块间的补给系数 $\varGamma_{12}$。

(6) 设定一个较小的时间步长 Δt，以及相应的分区实际累计产气量 G_p。

(7) 根据式(4-60)和式(4-55)分别计算区块间补给速度 q_{12} 和累计补给量 G_{p12}。

(8) 压力初始值分别设为 p_1^k、p_2^k，利用牛顿迭代法求解下面矩阵形式的方程，计算 p_1^{k+1}、p_2^{k+1}，有

$$\begin{bmatrix} p_1^{k+1} \\ p_2^{k+1} \end{bmatrix} = \begin{bmatrix} p_1^k \\ p_2^k \end{bmatrix} - \begin{bmatrix} \dfrac{\partial F_1(p_1^k, p_2^k)}{\partial p_1} & \dfrac{\partial F_1(p_1^k, p_2^k)}{\partial p_2} \\ \dfrac{\partial F_2(p_1^k, p_2^k)}{\partial p_1} & \dfrac{\partial F_2(p_1^k, p_2^k)}{\partial p_2} \end{bmatrix}^{-1} \begin{bmatrix} -F_1(p_1^k, p_2^k) \\ -F_2(p_1^k, p_2^k) \end{bmatrix}$$

结果记为 p_1^{k+1}、p_2^{k+1}；将假设值与计算值进行比较，$|p_1^k - p_1^{k+1}|$ 和 $|p_2^k - p_2^{k+1}|$，如果所有差值均在 0.03~0.07MPa 范围内，停止迭代。

(9) 重复步骤(6)至步骤(8)，生成分区压力曲线，并将其与实际压力曲线进行比较。

(10) 若不匹配，调整分区数量和尺寸，重复步骤(2)至步骤(9)。

三、高承泰方法

进行气田早期动态预测通常都使用传统物质平衡法及数值模拟法。传统物质平衡法失之过简，它把气田看成一个均质大容器，完全忽略了气藏的非均质性影响，其预测指标总是倾向乐观；数值模拟法过于复杂，要求详尽的地层参数分布，这在气田开发早期是难以得到的，同时模拟所需大量机时和工作量也限制了它的应用。高承泰(2006)在传统物质平衡法的基础上发展出全新的气田分块互补物质平衡法理论并编制了它的实用软件 MMBS，解决了这个问题。

根据气藏的区域非均质性，将气田分成 n 个互相联系的相对均质区块，假定每区都满足传统物质平衡法的各项要求，各区具有不同的平均地层参数、压力、井数和单井产量。天然气和地下水从高压区块向低压区块补给，补给量的大小由补给方程决定。假定区块间的补给量正比于两区之间的压力平方差，补给能力的大小由补给系数描述。应用物质平衡原理，可得第 j 区地下体积的等式

$$B_{gj}G_{pj} = G_j(B_{gj} - B_{gi}) + G_{cj}B_{gj} - (W_{pj}B_w - W_{cj} - W_{ej}) \tag{4-68}$$

进一步整理，有

$$G_j - G_{pj} + G_{cj} = \frac{G_j B_{gi}}{B_{gj}} G_j + \frac{(W_{pj}B_w - W_{cj} - W_{ej})}{B_{gj}} \tag{4-69}$$

$$\frac{p_j}{Z_j} = \frac{p_i}{Z_i} \left[\frac{1 - (G_{pj} - G_{cj})/G_j}{1 + (W_{pj}B_w - W_{cj} - W_{ej})/G_j B_{gi}} \right] \tag{4-70}$$

$$W_{pj} = WGR_j G_{pj} \tag{4-71}$$

$$W_{cj} = WGR_n G_{cj} B_w \tag{4-72}$$

假定补给量正比于两区之间的压力平方差，则区块补给方程为

$$q_{cj} = \sum_{k=1}^{n} d_{jk}(p_k^2 - p_j^2) \tag{4-73}$$

区块单井平均产气方程为

$$p_j^2 - p_{wj}^2 = a_j q_{gj} + b_j q_{gj}^2 \tag{4-74}$$

区块总产量方程为

$$q_{tj} = N_j q_{gj} \tag{4-75}$$

对于活跃边水情形，区块水侵量方程为

$$q_{wj} = \alpha_{wj}(p_i - p_j) \tag{4-76}$$

对于边水体积有限情形，有

$$W_{et} = V_w C_t (p_i - p_e) \tag{4-77}$$

$$q_{wj} = \alpha_{wj}(p_e - p_j) \tag{4-78}$$

式中 B_g——天然气体积系数；

B_{gi}——原始压力下的天然气体积系数；

G_p——累计产气量，$10^8 m^3$；

G_{cj}——邻区给 j 区的累计补给量，$10^8 m^3$；

G——天然气地质储量，$10^8 m^3$；

W_{cj}——邻区给 j 区的累计补给量中的地层水量，$10^8 m^3$；

W_{ej}——边水对 j 区的累计水侵量，$10^8 m^3$；

W_{pj}——j 区块累计产水量，$10^8 m^3$；

B_w——地层水体积系数；

p_i——原始地层压力，MPa；

Z——天然气偏差系数；

WGR——生产水气比，m^3/m^3；

q_c——补给量，$10^4 m^3/d$；

d——补给系数，$10^4 m^3/(MPa^2 \cdot d)$；

p_w——气井的井底压力，MPa；

q_g——单井平均产气量，$10^4 m^3/d$；

a、b——气井平均二项式产气方程系数；

q_t——总产气量，$10^4 m^3/d$；

N——井数；

q_{wj}——水区对 j 区的水侵量，$10^4 m^3/d$；

α_w——水侵系数，$10^4 m^3/(MPa \cdot d)$；

W_{et}——边水累计水侵量，$10^8 m^3$；

V_w——边水体积，$10^8 m^3$；

p_e——边水区地层压力，MPa。

将上述方程联立求解，可得到各区压力、产量、补给量等物理量随时间变化的关系。划分区块时，选择若干气藏物性相对好的区块排在前面，而将剩余的大面积低渗透区排为最末一个区块，它将给相邻各区块补给，是主要的补给来源。低渗透区块内通常只有少量生产井，为了更好地模拟该区动态，可在该区每口生产井周围划出一块生产区，将各井生产区虚拟合并成近井生产区，而除近井生产区之外的区域称为远井补给区。则最末的低渗透区块被分成两个区块，即近井生产区和远井补给区，区块数比原来多 1 个。该修正模型称为具有补给的分区物质平衡模型。注意在此修正模型下，近井生产区和远井补给区的面积将随井数变化，而它们的面积之和不变。

例 4-4：某封闭气藏参数如下：原始地层压力为 31.38MPa，最低井底压力为 3.0MPa，极限单井日产量为 $1.0 \times 10^4 m^3$，天然气相对密度为 0.59，地层温度为 378K，地层水体积系数为 1.0，可动用储量与地质储量之比为 0.62。依据 $Kh = 20.0 \times 10^{-3} \mu m^2 \cdot m$ 的等值线划出 8 个产量较高区块，排为第 1 区至第 8 区，其他低产区为第 9 区（近井生产区）和第 10 区（远井补给区）。分区数据见表 4-6。试预测气藏年产气 $15.56 \times 10^8 m^3$、稳产 12a 的生产动态。

表 4-6 例 4-4 分区参数表

分区	分区面积，km²	地质储量，10⁸m³	a_j	b_j	补给系数
1	14.05	6.74	22.524	0.117	0.1405
2	31.95	24.92	17.397	0.143	0.1709
3	14.88	10.86	9.608	0.925	0.1466
4	27.30	12.83	1.092	0.196	0.0934
5	46.80	21.06	11.263	0.309	0.1553
6	82.73	38.47	7.361	0.333	0.1336
7	34.20	20.14	12.657	1.107	0.1700
8	29.08	14.78	11.689	0.444	0.1795
9	213.63	76.47	33.488	7.175	2.9960
10	544.40	194.87			0
合计	1039.02	421.14			

解：

优化结果见表 4-7，优化前的区块井数及单井平均产量根据初步开发方案所给井位及各井产量计算，稳产时间用分区物质平衡法计算。

表 4-7 例 4-4 优化前后的分区布井及稳产状况

分区	优化前 井数	q_g, 10⁴m³/d	稳产时间, a	优化后 井数	q_g, 10⁴m³/d	稳产时间, a
1	2	4.65	16.5	5	5.58	12.5
2	5	4.80	17.0	10	5.76	12.0
3	2	5.60	18.0	6	6.53	12.0
4	5	4.26	18.0	5	8.52	12.0
5	6	3.40	19.5	13	4.71	12.0
6	13	7.17	11.5	8	10.75	11.5
7	6	6.06	14.5	8	6.82	12.0
8	5	5.90	16.0	9	6.56	12.0
9	68	3.33	13.0	11	3.95	12.5
10	0	0.00	0.0		0.00	

由表 4-5 可见，除第 6 区外，原初步开发方案各区的稳产时间偏长，产量偏低。因此，为充分发挥其生产能力，各高产区块还可增加产量及井数，以减少第 9 区的低产井数，实现由高产区通过区间补给采出部分低产区的天然气，从而提高开发效益。

第 1 区、第 10 区优化布井后 30a 的生产动态如图 4-17、图 4-18 所示。由图 4-17 可见，高产区块（第 1 区）的地层压力一直随时间下降；井底压力先随时间下降，在 12a 附近达到极限井底压力后保持不变；单井平均产量先不变，至 12a 附近开始下降；单井平均补给量先随时间迅速增加，随后缓慢下降，它占单井产量的比例相当大，且开发后期该比例随时间的增加而增加。其他生产区块的动态变化与第 1 区类似。由此可见，开发后期产量主要来源于区间补给，为了合理开发气田，必须正确认识和估计区间补给变化，充分发挥它的作用。

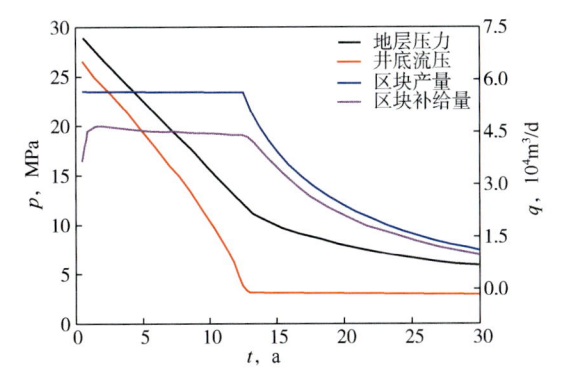

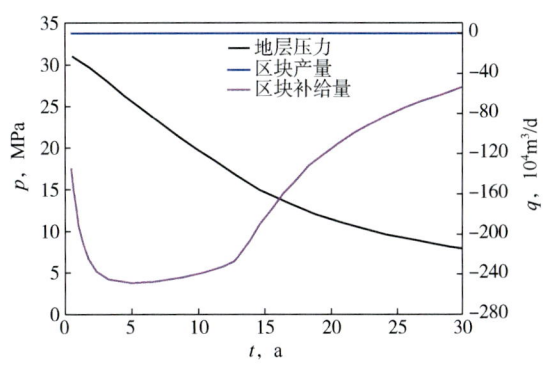

图 4-17 第 1 区动态预测曲线(高承泰,2006)　　　图 4-18 第 10 区动态预测曲线(高承泰,2006)

四、孙贺东方法

假设气藏被一低渗条带分为两个相互联系的相对均质区块,依次为生产区、补给区,低渗条带为过渡区(图 4-19)。想象将平面流动的阻力集中于区块间的接触面上,区块内流动阻力为零,区块内的压力只与时间有关,这种壁面也可称为半透壁(Gao,2017),流体通过半透壁时压力产生跳跃,半透壁对流动的阻碍可由等效渗流阻力原理计算得到。

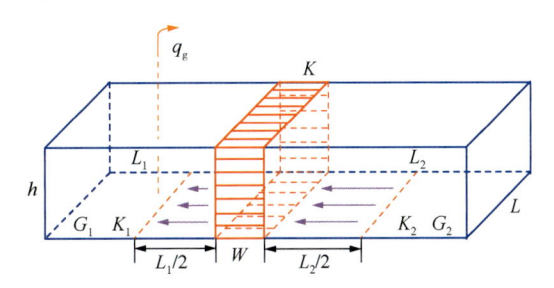

图 4-19 具有补给的两区物质平衡物理模型(孙贺东,2011)

为了研究方便,用半透壁模型代替实际地层。假设条件如下:

(1) 生产区、补给区及过渡区长度分别为 L_1、L_2、W,单位为 m;宽度为 L,单位为 m;地层厚度为 h,单位为 m;

(2) 每区内地层均质、等厚,生产区、补给区渗透率分别为 K_1、K_2,单位为 $10^{-3}\mu m^2$,过渡区渗透率为 K,单位为 $10^{-3}\mu m^2$;

(3) 生产区、补给区的储量分别为 G_1、G_2,单位为 $10^8 m^3$,忽略过渡区内的储量;

(4) 单井产量为 q_g,单位为 $10^4 m^3/d$;

(5) 天然气在地层中流动满足达西定律,从高压区块向低压区块补给,区块间的补给量正比于两区之间的压力差,补给流动距离为 $W+(L_1+L_2)/2$;

(6) 不考虑水的影响。

利用半透壁模型可保证任何时刻各区块内的压力平衡,从而每区均满足传统物质平衡的各项条件。根据物质平衡原理,生产区内的流动可以表示为

$$G_1 \frac{d\rho_1}{dt} = -\rho_{sc} q_g + \frac{K^* L h}{\mu} \rho \frac{\partial p}{\partial x} \quad (4-79)$$

补给区内的流动表示为

$$G_2 \frac{d\rho_2}{dt} = -\frac{K^* L h}{\mu} \rho \frac{\partial p}{\partial x} \quad (4-80)$$

式中　μ——气体黏度，mPa·s；
　　　ρ——平均密度，kg/m³；
　　　ρ_{sc}——标准状况下的密度，kg/m³；
　　　下标 1、2——分别代表生产区和补给区；
　　　K^*——补给流动距离内的平均渗透率，$10^{-3} \mu m^2$。

根据等效渗流阻力原理，高压区块向低压区块补给的渗流阻力由 3 部分构成，依次为高压区向条带流动的阻力、条带内流动的阻力、低压区内流动的阻力。若假设两区内黏度相同，K^* 可以表示为

$$K^* = \frac{W + \frac{L_1 + L_2}{2}}{\frac{L_1}{2K_1} + \frac{W}{K} + \frac{L_2}{2K_2}} \quad (4-81)$$

初始条件为

$$\rho_1(t=0) = \rho_2(t=0) = \rho_0 \quad (4-82)$$

式中　ρ_0——原始条件下的气体密度，kg/m³。

式(4-79)至式(4-81)可转化为二阶常系数齐次线性微分方程，有

$$\frac{d^2 \rho_1}{dt^2} + \beta(1+\alpha)\frac{d\rho_1}{dt} - \alpha\beta\gamma = 0 \quad (4-83)$$

其中，参数团 α、β、γ 分别表示为

$$\alpha = \frac{G_1}{G_2}, \quad \beta = \frac{K^* L h}{G_1 \mu C_g W}, \quad \gamma = -\frac{\rho_{sc} q_g}{G_1}$$

式中　C_g——天然气压缩系数，MPa^{-1}。

对式(4-83)求解有

$$\left(\frac{p}{Z}\right)_1 = \left(\frac{p}{Z}\right)_i \left\{ 1 - \frac{q_g t}{G_1 + G_2} - \frac{q_g}{G_1 \beta (1+\alpha)^2} [1 - e^{-\beta(1+\alpha)t}] \right\} \quad (4-84)$$

$$\left(\frac{p}{Z}\right)_2 = \left(\frac{p}{Z}\right)_i \left\{ 1 - \frac{q_g t}{G_1 + G_2} + \frac{q_g}{G_2 \beta (1+\alpha)^2} [1 - e^{-\beta(1+\alpha)t}] \right\} \quad (4-85)$$

式中　下标 i——原始状态；
　　　t——生产时间，a；
　　　p——t 时刻的平均地层压力，MPa。

根据杜哈美原理，在稳产期结束后的产量递减阶段，生产区和补给区平均地层压力解如下

$$\left(\frac{p}{Z}\right)_{1,j} = \left(\frac{p}{Z}\right)_i \left\{ \begin{array}{l} 1 - \dfrac{1}{G_1+G_2} \sum_{k=1}^{j} (q_k-q_{k-1}) \times (t_j-t_{k-1}) \\ -\dfrac{1}{G_1(1+\alpha)^2} \sum_{k=1}^{j} \dfrac{(q_k-q_{k-1})}{\beta_k} [1-\mathrm{e}^{-\beta_k(1+\alpha)(t_j-t_k)}] \end{array} \right\} \quad (4-86)$$

$$\left(\frac{p}{Z}\right)_{2,j} = \left(\frac{p}{Z}\right)_i \left\{ \begin{array}{l} 1 - \dfrac{1}{G_1+G_2} \sum_{k=1}^{j} (q_k-q_{k-1}) \times (t_j-t_{k-1}) \\ +\dfrac{1}{G_2(1+\alpha)^2} \sum_{k=1}^{j} \dfrac{(q_k-q_{k-1})}{\beta_k} [1-\mathrm{e}^{-\beta_k(1+\alpha)(t_j-t_k)}] \end{array} \right\} \quad (4-87)$$

下标 j 表示某一时刻。

假设区块内只有 1 口井，经产能测试得到二项式产能方程

$$\Delta p^2 = p_1^2 - p_{\mathrm{wf}}^2 = Aq_\mathrm{g} + Bq_\mathrm{g}^2 \quad (4-88)$$

式中 p_{wf}——井底流压，MPa；

A、B——二项式产能方程系数。

区块间的补给量 q_c 正比于两区之间的压力差，单位为 $10^4 \mathrm{m}^3/\mathrm{d}$，表示为

$$q_c = \frac{p_2^2-p_1^2}{\dfrac{\mu}{h}\left(\dfrac{L_1/2}{K_1}+\dfrac{L_2/2}{K_2}+\dfrac{W}{K}\right)} \quad (4-89)$$

联立式(4-84)至式(4-89)，即可预测气井长期生产动态。

例 4-5：假设气藏厚度为 10m，孔隙度为 0.1，地层温度为 80℃，原始地层压力为 30MPa，天然气相对密度为 0.6，生产区渗透率为 $10\times10^{-3}\mu\mathrm{m}^2$，补给区渗透率为 $5\times10^{-3}\mu\mathrm{m}^2$，中间低渗区渗透率为 $0.1\times10^{-3}\mu\mathrm{m}^2$。井位于生产区中间部位，如图 4-20 所示。单井无阻流量为 $59\times10^4\mathrm{m}^3/\mathrm{d}$，产气方程为

$$\Delta p^2 = 7.74344q_\mathrm{g} + 0.127014q_\mathrm{g}^2$$

试预测其开发动态并分析压降指示曲线特征。

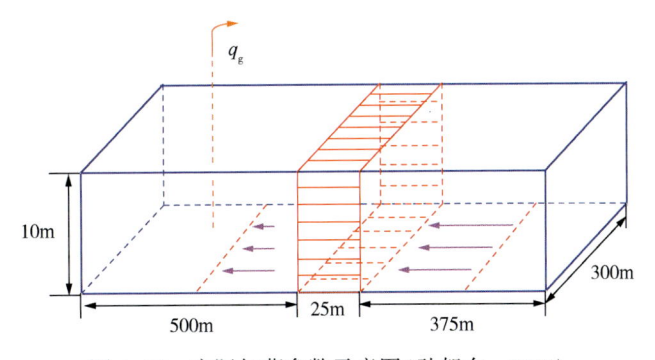

图 4-20 实际气藏参数示意图(孙贺东，2011)

解：

假设该井以 $10.0\times10^4\mathrm{m}^3/\mathrm{d}$ 的产量进行生产，生产区的视地层压力 $(p/Z)_1$ 与采出量 G_p

的关系如图 4-21 所示，曲线表现出明显的两段式特征。

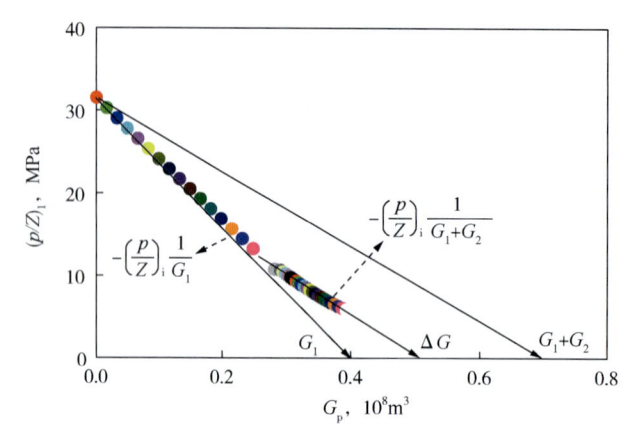

图 4-21　具有补给的两区物质平衡 p/Z 曲线（孙贺东，2011）

根据式（4-85），由于低渗条带的存在及渗流阻力的影响，分区 $(p/Z)_1$ 压降指示曲线比传统的 p/Z 压降指示曲线计算的储量偏小 ΔG，有

$$\Delta G = \frac{\mu C_g W}{K^* L h} \left(\frac{G_2^2}{G_1 + G_2} \right) q_g \quad (4-90)$$

从式（4-90）可知，在分区储量一定的情况下，ΔG 不仅取决于气藏的特征参数，还与生产区的初期配产相关（Hower，1989），表现为：

（1）气藏的渗透率及区块间接触面积越大、两区间条带宽度越小，残余储量越小；

（2）初期配产越大，残余储量越大，与实验结果一致。

假设该井以 $10.0 \times 10^4 \text{m}^3/\text{d}$ 的产量生产，采用传统的物质平衡方法与本节方法对比结果如图 4-22 所示。分区方法稳产期为 0.85 年，传统方法稳产期为 1.32 年。采用数值试井的方法进行模拟计算，稳产期为 0.90 年。这是由于传统的物质平衡方法将单井所波及的范围当成一个均质的大容器，完全忽略了储层非均质性，在生产过程中，压力均衡下降，因此指标偏乐观。由于低渗区的存在，生产区与补给区的压力有较大的差异，造成了非均衡开采现象的发生。本节方法考虑了储层非均质性以及流动阻力等因素，与实际情况接近，数模结果也印证了这一点。

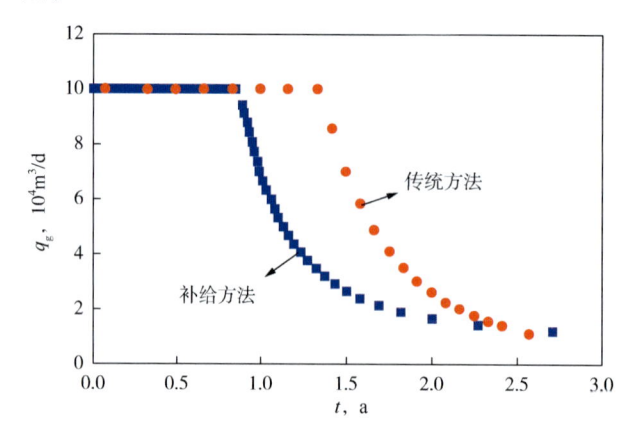

图 4-22　两种方法计算结果的比较（孙贺东，2011）

假设该井以 $10.0×10^4 m^3/d$ 的产量生产，生产区、补给区平均地层压力与产量的变化规律如图 4-23 所示。随着生产持续进行，补给区逐渐发挥作用，尤其是进入递减阶段后，补给区产量占总产量的比例更是举足轻重。

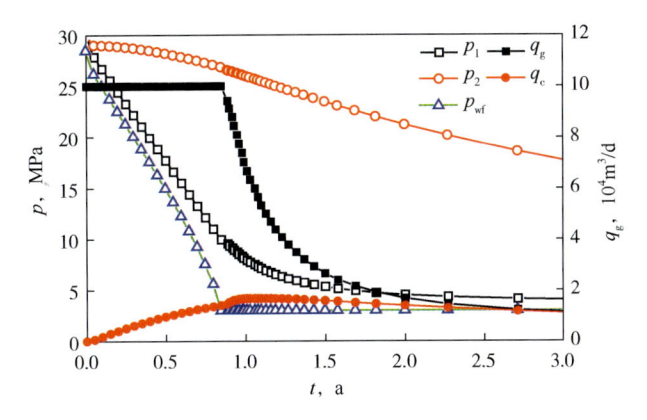

图 4-23　具有补给的两区物质平衡动态预测曲线（孙贺东，2011）

第三节　气藏驱动指数

当有两个或两个以上的驱动能量同时作用于油气藏开发时，每种驱动能量的作用程度，可用驱动指数来表示（Pirson，1977）。将式（4-27）变形，有

$$\frac{G(B_g-B_{gi})}{G_p B_g+W_p B_w}+\frac{GB_{gi}C_e\Delta p}{G_p B_g+W_p B_w}+\frac{W_e}{G_p B_g+W_p B_w}=1.0 \quad (4-91)$$

式（4-91）左边 3 项分别代表天然气的弹性能、岩石和束缚水的弹性能和边底水能量的驱动指数，分别定义为：

（1）天然气衰竭驱动指数

$$E_{DI-G}=\frac{G(B_g-B_{gi})}{G_p B_g+W_p B_w} \quad (4-92)$$

（2）（岩石和束缚水）膨胀驱动指数

$$E_{DI-C}=\frac{GB_{gi}C_e\Delta p}{G_p B_g+W_p B_w} \quad (4-93)$$

（3）水驱驱动指数

$$E_{DI-W}=\frac{W_e}{G_p B_g+W_p B_w} \quad (4-94)$$

则式（4-91）可以表示为

$$E_{DI-G}+E_{DI-C}+E_{DI-W}=1.0 \quad (4-95)$$

式（4-95）称为驱动指数方程。水驱气藏在开发过程中，上述 3 个指数是不断变化的，一般情况下，在气藏的开发过程中，衰竭驱动指数占绝对优势。

若考虑水溶气的影响,根据式(4-45),有

$$\frac{G(B_g-B_{gi})}{G_pB_g+W_p(B_w-B_gR_{sw})}+\frac{GB_{gi}\overline{C}_e\Delta p}{G_pB_g+W_p(B_w-B_gR_{sw})}+\frac{W_e}{G_pB_g+W_p(B_w-B_gR_{sw})}=1 \quad (4-96)$$

式中,

$$\overline{C}_e(p)=\frac{1}{1-S_{wi}}[S_{wi}\overline{C}_{tw}+\overline{C}_f+M(\overline{C}_{tw}+\overline{C}_f)] \quad (4-97)$$

$$\overline{C}_{tw}=\frac{1}{B_{tw}(p_i)}\left[\frac{B_{tw}(p)-B_{tw}(p_i)}{p_i-p}\right] \quad (4-98)$$

$$B_{tw}(p)=B_w(p)+[R_{swi}-R_{sw}(p)]B_g(p) \quad (4-99)$$

天然气衰竭驱动指数

$$E_{\text{DI-G}}=\frac{G(B_g-B_{gi})}{G_pB_g+W_p(B_w-B_gR_{sw})} \quad (4-100)$$

(岩石和束缚水、地层水、溶解气)膨胀驱动指数

$$E_{\text{DI-C}}=\frac{GB_{gi}\overline{C}_e\Delta p}{G_pB_g+W_p(B_w-B_gR_{sw})} \quad (4-101)$$

水驱驱动指数

$$E_{\text{DI-W}}=\frac{W_e}{G_pB_g+W_p(B_w-B_gR_{sw})} \quad (4-102)$$

(岩石和束缚水、地层水、溶解气)膨胀驱动指数可进一步拆分为

$$E_{\text{DI-C}}=E_{\text{DI-C水}}+E_{\text{DI-C溶解气}}+E_{\text{DI-C岩石}} \quad (4-103)$$

$$E_{\text{DI-C水}}=\frac{GB_{gi}\overline{C}_w\Delta p(S_{wi}+M)}{[G_pB_g+W_p(B_w-B_gR_{sw})](1-S_{wi})} \quad (4-104)$$

$$E_{\text{DI-C溶解气}}=\frac{GB_{gi}(S_{wi}+M)(R_{swi}-R_{sw})B_g}{[G_pB_g+W_p(B_w-B_gR_{sw})](1-S_{wi})B_{wi}} \quad (4-105)$$

$$E_{\text{DI-C岩石}}=\frac{GB_{gi}\overline{C}_f\Delta p(1+M)}{[G_pB_g+W_p(B_w-B_gR_{sw})](1-S_{wi})} \quad (4-106)$$

例4-6:某气藏原始压力为74MPa,温度为377.15K,天然气相对密度为0.568,原始含水饱和度为0.32,初始岩石压缩系数为$2.5\times10^{-3}\text{MPa}^{-1}$,地层水压缩系数为$5.6\times10^{-4}\text{MPa}^{-1}$,水体倍数为2.0,累计产水量为0。试分析气藏开发过程中驱动指数变化规律。

解:

偏差系数如图4-7所示,回归公式为

$$f(p)=0.99796-0.0093p+3.64632\times10^{-4}p^2-2.17327\times10^{-6}p^3$$

按罐状模型,由式(4-37)计算水侵量(Tarek,2019),有

$$W_e = (C_f + C_w) W_i (p_i - p)$$

按式(3-50)计算体积系数，有

$$B_g = 3.4564 \times 10^{-4} \frac{ZT}{p}$$

根据式(4-92)、式(4-93)和式(4-94)绘制3种驱动指数曲线如图4-24所示。

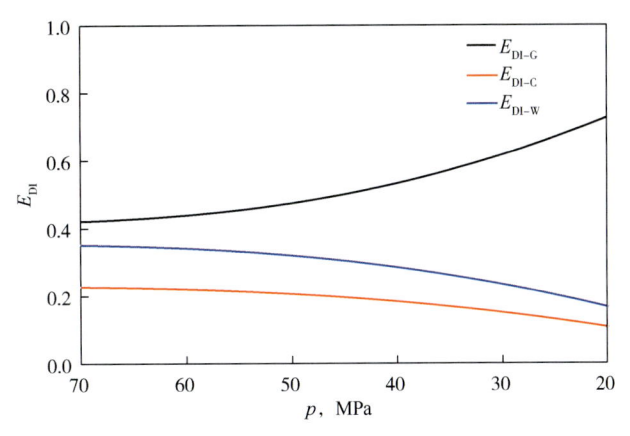

图 4-24 例 4-6 驱动指数变化曲线图

第四节 气藏视地质储量

将水驱气藏物质平衡方程式(4-27)变形，有

$$G_a = \frac{G_p B_g + W_p B_w}{B_g - B_{gi}(1 - C_e \Delta p)} = G + \frac{W_e}{B_g - B_{gi}(1 - C_e \Delta p)} \tag{4-107}$$

式中，G_a 称为视地质储量，是原始地质储量 G 与 $W_e/[B_g - B_{gi}(1 - C_e \Delta p)]$ 之和。若忽略岩石和束缚水的弹性变化，式(4-107)简化为

$$G_a = \frac{G_p B_g + W_p B_w}{B_g - B_{gi}} = G + \frac{W_e}{B_g - B_{gi}} \tag{4-108}$$

式(4-108)即为水驱气藏视地质储量方法线性方程(Havlena，1963)。

对于定容气藏，原始地质储量与累计产出量无关，因此 G_a—G_p 是一条水平线。对于水驱气藏，随着生产进行，水侵量将逐渐增加，此时 G_a—G_p 是一条向上弯曲的曲线。由该曲线不仅可以确定原始地质储量，还可确定水侵量的大小，如图4-12所示。

例 4-7：某气藏原始压力为74MPa，温度为377.15K，天然气相对密度为0.568，原始含水饱和度为0.32，初始岩石压缩系数为 $2.5 \times 10^{-3} \text{MPa}^{-1}$，地层水压缩系数为 $5.6 \times 10^{-4} \text{MPa}^{-1}$，水体倍数为2.0，累计产水量为0。试分析气藏开发过程中视地质储量变化规律。

解：

偏差系数如图4-7所示，回归公式为

$$f(p) = 0.99796 - 0.0093p + 3.64632 \times 10^{-4} p^2 - 2.17327 \times 10^{-6} p^3$$

按罐状模型式(4-37)计算水侵量(Tarek，2019)，有

$$W_e = (C_f + C_w) W_i (p_i - p)$$

按式(3-50)计算体积系数，有

$$B_g = 3.4564 \times 10^{-4} \frac{ZT}{p}$$

根据式(4-87)绘制视地质储量曲线，如图4-25所示。

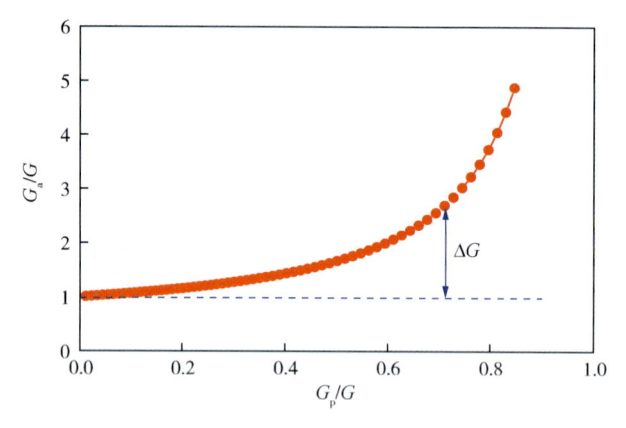

图4-25 例4-7 水驱气藏视地质储量变化曲线图

第五节 关键参数敏感性分析

气藏物质平衡方程式(4-46)表明，其关键参数主要有气藏平均压力(p)、天然气偏差系数(Z)、累计有效压缩系数($\bar{C}_e$，是岩石压缩系数、束缚水饱和度、水体大小的综合反映)；此外，物质平衡计算对采出程度亦十分敏感。本节首先介绍有关压缩系数的概念，然后对关键参数进行敏感性分析。

一、岩石压缩系数

储集层岩石不仅受到孔隙内流体所施加的内部应力的作用，同时还受到上覆岩层所施加的外部应力的作用。随着流体的产出，孔隙压力降低，有效应力增加，导致岩石骨架压缩，进而导致岩石颗粒、孔隙和总体积发生改变。

（一）岩石压缩系数

岩石有骨架体积、孔隙体积和外观体积，油气藏工程计算只关心孔隙体积的变化，即孔隙体积对孔隙压力的压缩系数，用符号 C_p 表示。为了与流体压缩系数相对应，油气藏工程中通常将其简称为岩石压缩系数，习惯用符号 C_f 表示[《石油天然气勘探开发常用量和单位》(SY/T 6580—2004)]，定义为

$$C_f = \frac{dV_p}{V_p dp} \tag{4-109}$$

式中　C_f——岩石(孔隙)压缩系数，MPa^{-1}；

V_p——孔隙体积，m^3；

p——压力，MPa。

式(4-109)表明，岩石压缩系数是压力的函数。若不考虑孔隙体积的应力敏感性，通常认为C_f是个常数。获取压缩系数的途径有实验分析法[《岩石孔隙体积压缩系数测定方法》(SY/T 5815—2016)]和经验公式法。目前常用的Hall图版如图4-26所示(12个气藏实验点)，经验公式(Hall, 1953)为

$$C_f = \frac{2.587 \times 10^{-4}}{\phi^{0.4358}} \tag{4-110}$$

式中 C_f——岩石压缩系数，MPa^{-1}；

ϕ——孔隙度。

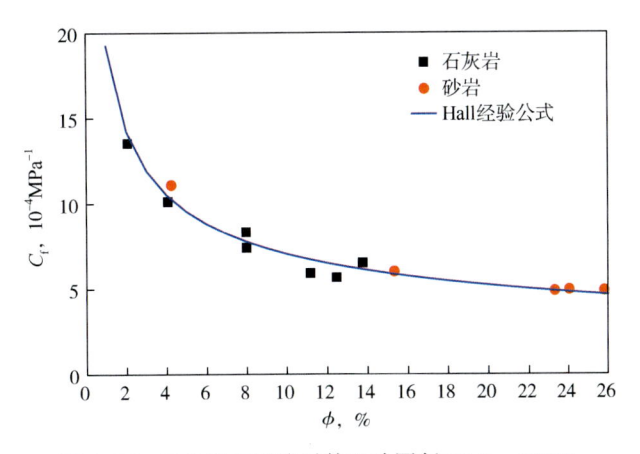

图4-26 Hall岩石压缩系数经验图版(Hall, 1953)

Newman(1973)基于79个岩心样品，孔隙度范围为2%~23%，得到胶结砂岩岩石压缩系数拟合经验公式

$$C_f = \frac{0.014115}{(1+55.8721\phi)^{1.428586}} \tag{4-111}$$

Newman(1973)基于石灰岩岩心样品，孔隙度范围为2%~33%，得到石灰岩岩石压缩系数拟合经验公式

$$C_f = \frac{123.7899}{(1+2.36715\times 10^6 \phi)^{0.93023}} \tag{4-112}$$

Horne(1990)根据Newman实验数据分岩性建立了如下3个经验公式。对于胶结石灰岩，有

$$C_f = 1.45038\times 10^{-4} \exp(4.026 - 23.07\phi + 44.28\phi^2) \tag{4-113}$$

对于胶结砂岩，有

$$C_f = 1.45038\times 10^{-4} \exp(5.118 - 36.26\phi + 63.98\phi^2) \tag{4-114}$$

对于疏松砂岩，有

$$C_f = 1.45038\times10^{-4}\exp(34.012\phi-6.8024) \qquad (4-115)$$

Newman 实验数据点和 Horne(1990)、Hall(1953)经验公式线如图 4-27 所示。图 4-27 表明：岩石压缩系数与孔隙度相关性较差，相关性仅能给出数量级的初步估计，应针对所研究的储层，进行实验测定。

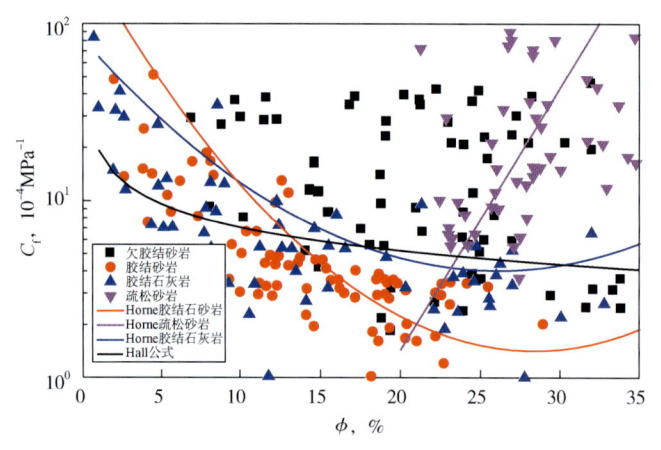

图 4-27 Newman 岩石压缩系数数据点及经验公式(Newman，1973)

对于正常压力系统，岩石压缩系数范围为$(4.35\sim8.70)\times10^{-4}\mathrm{MPa}^{-1}$。普遍认为高压、超高压气藏的岩石压缩系数很高，一般在$10^{-3}\mathrm{MPa}^{-1}$数量级，较常规气藏高 1 个数量级(Harville，1969；Duggan，1972；Ramagost，1981；Elsharkawy，1995)，介于$(20\sim30)\times10^{-4}\mathrm{MPa}^{-1}$，如表 4-8 和表 4-9 所示。NS2B 疏松砂岩超高压气藏，岩石压缩系数高达$43.51\times10^{-4}\mathrm{MPa}^{-1}$。若孔隙度取值 0.25，用 Hall 经验公式(4-110)计算，岩石压缩系数仅为$4.82\times10^{-4}\mathrm{MPa}^{-1}$，用式(4-115)计算数值为$5.65\times10^{-4}\mathrm{MPa}^{-1}$。

表 4-8 三大典型超高压气藏岩石压缩系数表

气藏	NS2B，North Ossun，Louisana	Anderson L	Offshore，Louisana
文献出处	Harville(1969)	Duggan(1972)	Ramagost(1981)
埋深，m	3810	3404	4054
孔隙度	0.24	0.24	0.24
渗透率，$10^{-3}\mu m^2$	200	0.7~791	200
原始压力，MPa	61.51	65.55	78.90
压力系数	1.64	1.91	1.95
地层温度，K	393	403	402
束缚水饱和度	0.34	0.35	0.22
岩石压缩系数，$10^{-4}\mathrm{MPa}^{-1}$	43.51(原始压力处)	21.76(定值)	28.28(定值)
地层水压缩系数，$10^{-4}\mathrm{MPa}^{-1}$	4.35	4.35	4.41
有效压缩系数，$10^{-4}\mathrm{MPa}^{-1}$	68.17	35.82	37.50
容积法储量，$10^8 m^3$	32.28	19.54	133.00

塔里木盆地的克拉 2、迪那 2 和克深 2 深层高压气藏，随着储层埋深增加，孔隙度越来越小，渗透率越来越低，原始有效应力条件下的岩石压缩系数也逐渐降低，分别如表 4-10 和图 4-28 所示。

表4-9 Louisana超高压气藏岩石压缩系数表（Elsharkawy，1995）

气藏编号	162	269	164	183	33	268	70	195
地层温度，K	432	403	416	407	417	390	408	407
孔隙度	0.25	0.25	0.22	0.24	0.22	0.27	0.28	0.24
束缚水饱和度	0.35	0.26	0.26	0.28	0.23	0.26	0.3	0.28
原始压力，MPa	91.20	93.08	73.77	51.90	79.63	62.74	69.84	75.06
埋深，m	4433	4867	4676	4176	4341	4145	4572	4176
压力系数	2.06	1.92	1.58	1.24	1.83	1.52	1.54	1.79
容积法储量，$10^8 m^3$	5.0	3.9	4.1	13.4	56.6	7.1	3.5	10.3
地层水压缩系数，$10^{-4} MPa^{-1}$	4.35	4.35	4.35	4.35	4.35	4.35	4.35	4.35
有效压缩系数，$10^{-4} MPa^{-1}$	36.26	40.61	39.16	33.36	34.81	33.36	37.71	33.36
岩石压缩系数，$10^{-4} MPa^{-1}$	22.05	28.92	27.85	22.80	25.80	23.55	25.09	22.80

表4-10 塔里木盆地三大高压气藏岩石压缩系数表

气藏	克拉2	迪那2	克深2
文献出处	谢兴礼（2005）；张晶（2019）	高旺来（2007；2008）	斯伦贝谢中国公司（2013）
埋深，m	3750	5050	6500
样品数	27	7	10
样品孔隙度，%	6.4~20；平均为13.90	9~14；平均为12	1.53~9.00；平均6.0
样品空气渗透率，$10^{-3} \mu m^2$	0.1~722；平均为107.8	0.1~2.2；平均为1.0	0.01~0.12；平均0.05
原始地层压力，MPa	74.35	106.20	116.78
压力系数	2.02	2.12	1.83
地层温度，K	373	409	440
束缚水饱和度	0.32	0.34	0.35
原始状态下岩石压缩系数，$10^{-4} MPa^{-1}$	26.33	17.30	7.64
地层水压缩系数，$10^{-4} MPa^{-1}$	5.65	4.35（经验值）	4.35（经验值）
有效压缩系数，$10^{-4} MPa^{-1}$	41.38	28.45	14.10
容积法储量，$10^8 m^3$	2840.00	1659.03	1542.93

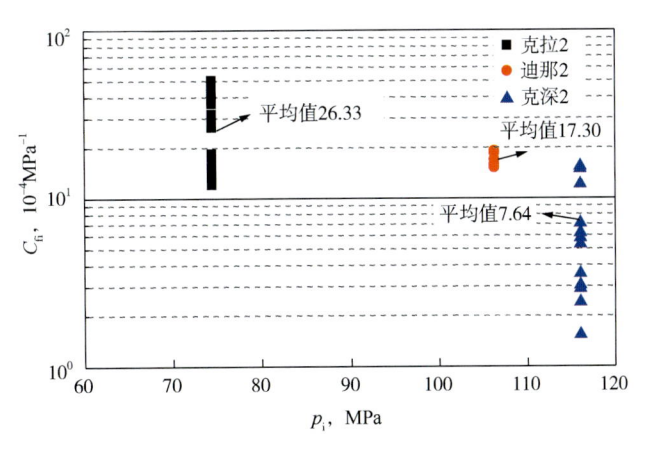

图4-28 塔里木盆地三大高压气藏初始状态下岩石压缩系数

实验结果表明：在原始应力条件下，岩石压缩系数是孔隙度、渗透率的函数，如图4-29所示，岩性、泥质含量等因素也有影响（谢兴礼，2005）。因此不推荐采用单变量的Hall或Newmann经验公式进行物质平衡相关计算。

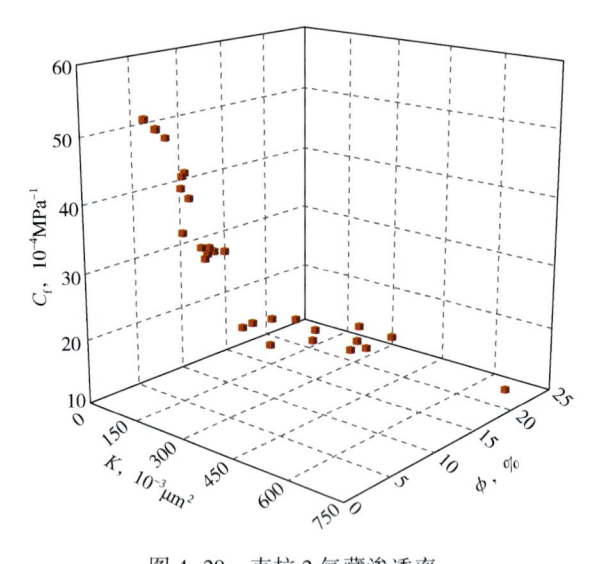

图4-29 克拉2气藏渗透率、
孔隙度与初始状态下岩石压缩系数关系曲线

（二）有效压缩系数

在物质平衡方程计算中，地层水压缩系数 C_w、岩石压缩系数 C_f 以有效压缩系数的形式出现，即

$$C_e = \frac{C_f + S_{wi} C_w}{1 - S_{wi}} \quad (4-116)$$

式中 C_e——有效压缩系数，MPa^{-1}；

C_w——地层水压缩系数，MPa^{-1}；

S_{wi}——束缚水饱和度。

（三）岩石累计压缩系数

岩石累计压缩系数 $\overline{C}_f$ 定义（Fetkovich，1998）为

$$\overline{C}_f = \frac{1}{V_{pi}} \left(\frac{V_{pi} - V_p}{p_i - p} \right) \quad (4-117)$$

式（4-117）表明，岩石累计压缩系数不但是压力的函数，而且是原始压力的函数。尽管在一定的实验条件下，可测得 C_f 和 $\overline{C}_f$ 的变化规律（图4-30），但受测试样品数量及代表性影响，实验结果仅供参考。

由式（4-116）、式（4-117）定义可知，原始条件下，$\overline{C}_f = C_f$，$\overline{C}_f$ 和 C_f 关系如下

$$\overline{C}_f (p_i - p_n) = \sum_{j=1}^{n} (C_f)_j (\Delta p)_j \quad (4-118)$$

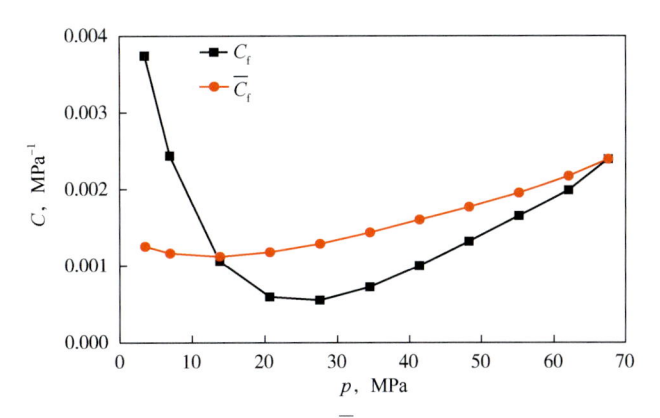

图4-30 墨西哥湾砂岩气藏 C_f 和 $\overline{C}_f$ 关系示意图（Fetkovich，1998）

（四）气藏累计有效压缩系数

气藏累计有效压缩系数 $\overline{C}_e(p)$ 定义如式（4-119）所示（Fetkovich，1998），它是原始压力和压力的函数，其可靠性取决于岩心的代表性和实验条件。

$$\overline{C}_e(p) = \frac{1}{1-S_{wi}}[S_{wi}\overline{C}_w + \overline{C}_f + M(\overline{C}_w + \overline{C}_f)] \quad (4-119)$$

式中 M——水体倍数；
S_{wi}——原始含水饱和度。

若不考虑水体影响，$M=0$，式（4-119）简化为

$$\overline{C}_e(p) = \frac{S_{wi}\overline{C}_w + \overline{C}_f}{1-S_{wi}} \quad (4-120)$$

因此，从理论上来说，应用超高压物质平衡方程式时，不宜将岩石压缩系数 C_f 与岩石累计压缩系数 $\overline{C}_f$ 混为一谈，并简单的将 $\overline{C}_e(p)$ 用 C_e 代替。

例4-8：克深2气藏原始压力为116.7MPa，温度为440K，天然气相对密度为0.65，原始含水饱和度为0.35，地层水压缩系数为 $4.35\times10^{-4}\text{MPa}^{-1}$，岩石压缩系数为 $7.64\times10^{-4}\text{MPa}^{-1}$，生产数据如表4-11所示，试分析岩石有效压缩系数对动态储量计算结果的影响。

表4-11 克深2气藏生产数据表

G_p, 10^8m^3	p, MPa	Δp, MPa	Z	p/Z, MPa	p_D [$=p/Z/(p/Z)_i$]
0.04	116.22		1.8465	62.94	1.00
33.33	104.17	12.05	1.7232	60.45	0.96
53.55	96.56	19.66	1.6464	58.65	0.93
59.78	95.43	20.79	1.6349	58.37	0.93
69.55	93.46	22.76	1.6150	57.87	0.92
83.74	91.39	24.83	1.5941	57.33	0.91
95.76	88.44	27.78	1.5643	56.53	0.90
108.46	87.32	28.90	1.5530	56.23	0.89

解：

假设地层水和岩石压缩系数为常数，根据式(4-116)计算有效压缩系数，有

$$C_e = \frac{S_{wi}C_w + C_f}{1-S_{wi}} = \frac{(0.35 \times 4.35 + 7.64) \times 10^{-4}}{1-0.35} = 14.1 \times 10^{-4} \text{MPa}^{-1}$$

若 C_e 分别取值 0、$14.1 \times 10^{-4} \text{MPa}^{-1}$、$28.2 \times 10^{-4} \text{MPa}^{-1}$，采用压力校正法（详见第五章）绘制的压降指示曲线如图 4-31 所示，相应的储量结果分别为 $1000 \times 10^8 \text{m}^3$、$750 \times 10^8 \text{m}^3$ 和 $593 \times 10^8 \text{m}^3$，最大与最小计算结果的比值为 169%，可见压缩系数项对动态储量计算结果有重要的影响。

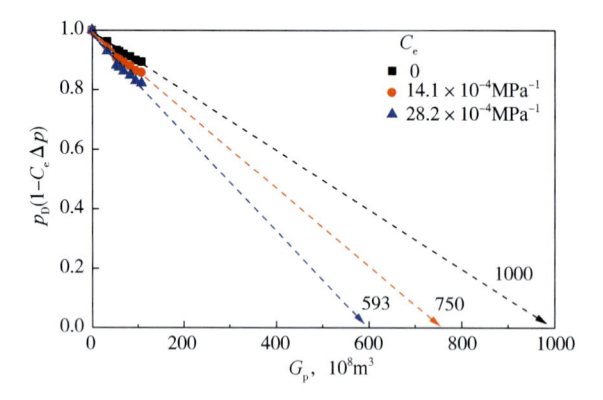

图 4-31 有效压缩系数对克深 2 气藏储量计算结果的影响

二、水体大小

对于水驱气藏，随着地层压力下降边底水将不断侵入，若用气田开发初始阶段的数据计算天然气动态储量，将会出现过高估计的现象。如例 4-3 中图 4-14 所示，2 倍水体情形的早期数据计算结果为真实储量的 2.5 倍。

三、压降程度

当采用经典两段式分析方法、非线性回归等方法（详见第五章）时，视地层压力下降程度至关重要（图 4-32）。关于拐点出现的时间、非线性回归方法起算点等问题将在第五章详细讨论。

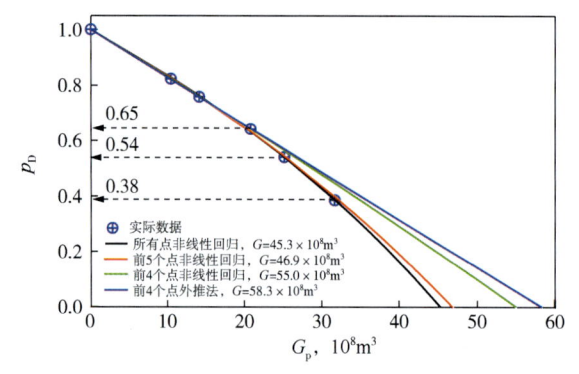

图 4-32 视地层压力衰竭程度敏感性分析图

四、视地层压力

视地层压力(p/Z)是物质平衡方程中的一个重要参数,当采出程度较低时,视地层压力的误差对物质平衡计算有显著的影响。天然气偏差系数的影响隐含在视地层压力中,若无PVT实验数据,可参考本书第三章推荐的方法计算偏差系数。视地层压力主要受压力恢复时间、储层非均质性等因素影响。

现以定容气藏物质平衡方程式(4-3)为例进行敏感性分析。式(4-3)无量纲化,有

$$p_D + G_{pD} = 1 \tag{4-121}$$

式中,无量纲累计产量 $G_{pD} = G_p/G$,无量纲视地层压力 $p_D = \dfrac{p/Z}{p_i/Z_i}$。由式(4-121)可知,若 p_D 的误差为 δ,则 G_{pD} 的误差为 $-\delta$,即

$$(p_D + \delta) + (G_{pD} - \delta) = 1 \tag{4-122}$$

由式(4-122),无量纲视地层压力误差造成的储量相对误差 $\Delta G/G$ 为

$$\Delta G/G = 1 + \delta \tag{4-123}$$

即若无量纲视地层压力整体偏大 δ,储量将偏高 δ;反之,储量将偏低 δ(图4-33)。

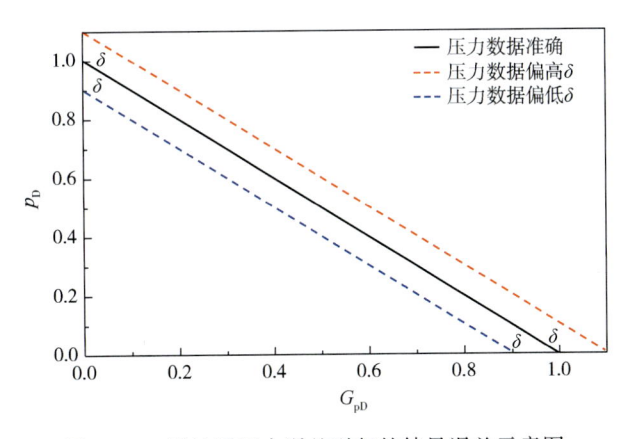

图4-33 视地层压力误差引起的储量误差示意图

假设原始视地层压力数值准确,由平均地层压力误差引起的储量误差如图4-34所示。在一定范围内,采出程度越低,压力误差越大,储量误差越大。当采出程度大于18.75%(无量纲视地层压力为0.8125)时,两种情形的储量计算误差约等于压力误差,即±1.0%和±2.0%;当采出程度等于10%时,两种情形的储量计算误差分别在±3%和±5%以内;当采出程度等于5%时,两种情形的储量计算误差分别在±10%和±20%~±30%以内。因此,通常情况下,采用物质平衡法进行储量评价,要求采出程度应大于10%(SY/T 6098—2010)。

对于低渗气藏或裂缝性致密气藏,实测的全气藏关井平均压力可能偏小,造成动态储量评价结果偏低。若流动达到边界控制流,可用流动物质平衡法或分区物质平衡法进行储量计算。

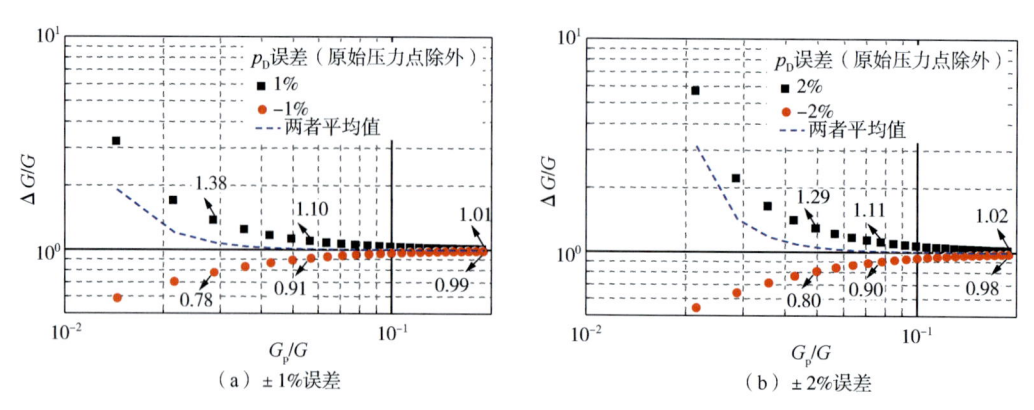

图 4-34 视地层压力误差对储量计算结果的影响(原始压力准确)

五、水溶气影响

原始状态下溶解于束缚水和地层水中的气体在气藏开发后期(压力小于 10MPa)不仅可以为气藏开发提供能量，而且还可以采出。一般情况下，溶解气是自由气储量的 2%~10%（Fetkovich，1998），具体取决于水体大小和原始水气比。对于 CO_2 含量较高的气藏，其溶解气储量会更高，详见第五章实例分析。

第五章　高压气藏动态储量计算方法

　　高压、超高压及裂缝性应力敏感气藏的动态储量评价一直是一项挑战性的工作，本章结合气田开发实例重点介绍基于物质平衡的各种动态储量计算方法，主要有经典两段式分析方法、线性回归分析方法、非线性回归分析方法、典型曲线拟合分析方法、试凑分析方法等5类22种；最后介绍高压气藏动态储量分析流程及建议。

第一节 经典两段式分析方法

经典分析方法认为高压、超高压气藏的 p/Z 压降指示曲线是两段式形式，第二直线段的斜率比第一直线段要陡(Harville，1969)。利用早期生产数据绘制 p/Z 压降指示曲线，采用不同的方法将视地质储量校正为真实地质储量，主要有 Hammerlindl 方法(1971)、陈元千方法(1983)、Gan-Blasingame 方法(2001)。

一、Hammerlindl 方法

Hammerlindl(1971)提出了两种计算方法：一是平均压缩系数法；二是修正储层体积法。Hammerlindl 方法不考虑水侵，需要已知岩石压缩系数。

(一) 平均压缩系数法

该方法计算步骤如下。

(1) 确定原始条件和压力系数大于 1.13MPa/100m(0.5psi/ft)条件下任一点的岩石压缩系数 C_{fi} 和 C_f；

(2) 确定上述两点的天然气压缩系数 C_{gi} 和 C_g；

(3) 计算上述两点的有效压缩系数，有

$$C_{ei} = \frac{C_{gi}S_{gi} + C_{wi}S_{wi} + C_f}{S_{gi}} \tag{5-1}$$

$$C_e = \frac{C_g S_{gi} + C_{wi}S_{wi} + C_f}{S_{gi}} \tag{5-2}$$

(4) 计算平均值 $(C_e/C_g)_{avg}$，近似有

$$(C_e/C_g)_{avg} = 0.5[(C_e/C_g)_i + (C_e/C_g)] \tag{5-3}$$

(5) 绘制 p/Z 压降指示曲线，确定视地质储量 G_a；

(6) 计算真实地质储量，有

$$G = G_a/(C_e/C_g)_{avg} \tag{5-4}$$

(二) 修正储层体积法

该方法计算公式如下

$$G = \alpha G_a \tag{5-5}$$

式中　α——修正系数。

$$\alpha = \frac{E_{gi} - E_g}{E_{gi} - E_g + \dfrac{E_g(C_f + C_w S_{wi})(p_i - p)}{1 - S_{wi}}} = \frac{E_{gi} - E_g}{(E_{gi} - E_g) + E_g \Delta p C_e}$$

$$E_g = 1/B_g$$

该方法计算步骤如下：

(1) 绘制 p/Z 压降指示曲线，确定视地质储量 G_a；

（2）确定原始条件和压力系数大于1.13MPa/100m（0.5psi/ft）条件下任一点的天然气体积系数B_{gi}和B_g；

（3）计算有效压缩系数C_e，计算修正系数α；

（4）根据式（5-5）计算真实地质储量。

例5-1：NS2B气藏压力系数为1.64，气藏静态及动态数据如附录1所示。试用Hammerlindl方法计算气藏的动态储量。

解：

根据方法一，计算数据如表5-1所示。

表5-1 例5-1 计算数据表

压力条件	C_f，MPa^{-1}	C_g，MPa^{-1}	C_e，MPa^{-1}	C_e/C_g	$(C_e+C_g)_{avg}$
原始压力	3.18×10^{-3}	4.35×10^{-3}	9.40×10^{-3}	2.16	1.937
露点压力		7.06×10^{-3}	1.21×10^{-2}	1.71	

根据附表1-2数据，p/Z压降指示曲线法确定的视地质储量$G_a=62.3\times10^8\text{m}^3$，如图5-1所示；根据式（5-4），动态储量为

$$G=G_a/(C_e/C_g)_{avg}=62.3/1.937=32.2\times10^8\text{m}^3$$

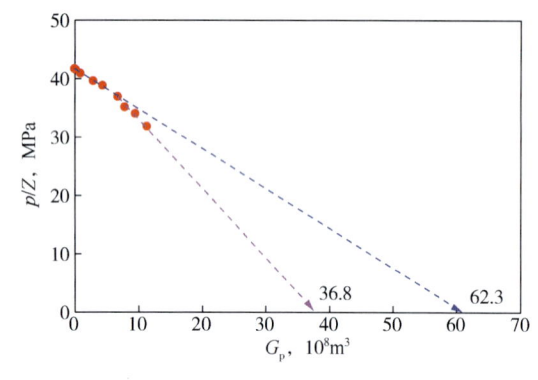

图5-1 NS2B气藏p/Z压降指示曲线（Hammerlindl，1971）

根据方法二，利用附表1-1和附表1-3数据，有

$$\alpha=\frac{E_{gi}-E_g}{(E_{gi}-E_g)+\dfrac{E_g(C_f+C_wS_{wi})(p_i-p)}{1-S_{wi}}}$$

$$=\frac{302.5-281.5}{(302.5-281.5)+\dfrac{281.5\times(3.18\times10^{-3}+4.35\times10^{-4}\times0.34)(61.51-47.71)}{1-0.34}}=0.518$$

根据式（5-5），动态储量为

$$G=\alpha G_a=0.518\times62.3=32.2\times10^8\text{m}^3$$

若将图5-1中中后期数据直接外推动态储量为$36.8\times10^8\text{m}^3$，略高于Hammerlindl方法结果，这是开发后期水侵影响的缘故（Hammerlindl，1971）。

（三）两种方法的关系

式（5-5）中系数α可进一步表示为（Ambastha，1993）

$$\alpha=\left(1+\frac{Z_iC_ep\Delta p}{Zp_i-Z_ip}\right)^{-1} \tag{5-6}$$

式（5-3）可进一步表示为

$$(C_e/C_g)_{avg}=0.5[1+C_e(1/C_g+1/C_{gi})] \tag{5-7}$$

根据式(3-42)，气体压缩系数可以表示为

$$C_g = \frac{1}{p} - \frac{1}{Z}\frac{\partial Z}{\partial p} \tag{5-8}$$

$$\frac{\partial Z}{\partial p} = \frac{Z_i - Z}{p_i - p} \tag{5-9}$$

将式(5-8)和式(5-9)代入式(5-7)，有

$$(C_e/C_g)_{avg} = 1 + \frac{C_e \Delta p Z_i p}{Z p_i - Z_i p} x \tag{5-10}$$

$$x = 0.5\left(\frac{p_i}{p} + \frac{Z}{Z_i}\right) \tag{5-11}$$

对于高压气藏 $p_i/p>1$，$Z/Z_i<1$；如果 $x=1$，式(5-6)和式(5-10)计算结果一致；如果 $x>1$，则 $(C_e/C_g)_{avg}>\alpha$，方法一结果小于方法二；反之，方法一结果大于方法二。

二、陈元千方法

如第四章第一节所述，对于封闭的高压气藏，其 p/Z 压降指示曲线呈拟抛物线形状，可近似表示为折线形式(Hammerlindl，1971；陈元千，1983)，第一直线段表示高压气藏储层再压实作用的影响段，由它外推至 $p/Z=0$ 所得的原始地质储量为视地质储量 G_a；第二直线段表示储层再压实作用已消失，进入正常压力变化动态的阶段，由它外推 $p/Z=0$ 所得储量为真实的原始地质储量，即动态储量 G。由 G_a 求 G 的方程如式(5-12)所示，有

$$G = \frac{G_a}{1 + \dfrac{C_e(p_i - p_{ws})}{\dfrac{p_i/Z_i}{p_{ws}/Z_{ws}} - 1}} \tag{5-12}$$

式中　G——动态储量(真实原始地质储量)，$10^8 m^3$；
　　　G_a——视地质储量，$10^8 m^3$；
　　　p_{ws}——气藏的静水压力，MPa；
　　　Z_{ws}——在 p_{ws} 和气藏温度条件下的气体偏差系数。

可利用第一直线段截距 a_1 和斜率 b_1 求取动态储量，有

$$G = \frac{a_1/b_1}{1 + \dfrac{C_e(p_i - p_{ws})}{\dfrac{p_i/Z_i}{p_{ws}/Z_{ws}} - 1}} \tag{5-13}$$

例 5-2：美国路易斯安那 Offshore 高压气藏生产数据如附表 2-1 所示(Ramagost，1981)，气藏埋深为 4055m，原始地层压力为 78.90MPa，气藏温度为 128.4℃，天然气相对密度为 0.6，原始含水饱和度为 0.22，地层水压缩系数为 $4.41×10^{-4} MPa^{-1}$，岩石压缩系数为 $3.325×10^{-3} MPa^{-1}$。试用陈元千方法计算该气藏的动态储量。

解：

根据式(4-15)计算有效压缩系数，有

$$C_e = \frac{C_w S_{wi} + C_f}{1 - S_{wi}} = \frac{4.41 \times 10^{-4} \times 0.22 + 33.25 \times 10^{-4}}{1 - 0.22} = 4.387 \times 10^{-3} \text{MPa}^{-1}$$

根据附表2-1数据绘制 p/Z 压降指示曲线，如图5-2所示，第一直线段截距为52.34489，斜率为 -0.28255，该气藏视地质储量为

$$G_a = \frac{a_1}{b_1} = \frac{52.34489}{0.28255} = 185.26 \times 10^8 \text{m}^3$$

气藏埋深为4055m，相应的静水压力为40.55MPa，偏差系数为1.09，视静水压力为37.202MPa。将上述参数代入式(5-13)，有

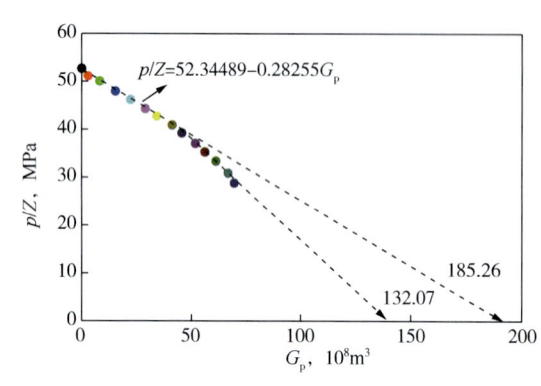

图5-2 Offshore气藏第一直线段数据分析图

$$G = \frac{G_a}{1 + \dfrac{C_e(p_i - p_{ws})}{\dfrac{p_i/Z_i}{p_{ws}/Z_{ws}} - 1}} = \frac{185.26}{1 + \dfrac{4.387 \times 10^{-3} \times (78.90 - 40.55)}{\dfrac{52.743}{37.202} - 1}} = 132.07 \times 10^8 \text{m}^3$$

式(5-12)中参数 p_{ws} 为气藏的静水压力，这意味着只有当压力系数为1.0时高压特征才结束，Hammerlindl(1971)将压力系数分界线定为1.13，相应的静水压力为45.82MPa，偏差系数为1.15，视静水压力为39.85MPa，动态储量为 $127.9 \times 10^8 \text{m}^3$。

若将压力系数分界线定为1.2(成友友，2016)，相应的静水压力为48.66MPa，偏差系数为1.18，视静水压力为41.27MPa，动态储量为 $125.4 \times 10^8 \text{m}^3$。

若按国家标准《天然气藏分类》(GB/T 26979—2011)，将压力系数分界线定为1.3，相应的静水压力为52.72MPa，偏差系数为1.22，视静水压力为43.18MPa，动态储量为 $122.0 \times 10^8 \text{m}^3$。从图5-2可以看出，压力系数大于1.3的数据点(压力大于52.72MPa)都落在了回归直线上。

三、Gan-Blasingame方法

（一）Gan-Blasingame分析方法

如第四章第一节所述，对于束缚水饱和度为 S_{wi}、水体倍数为 M 的气藏，若不考虑水侵量及注气量，物质平衡方程式(Fetkovich, 1998)为

$$\frac{p}{Z}[1 - \overline{C}_e(p)(p_i - p)] = \frac{p_i}{Z_i}\left(1 - \frac{G_p}{G}\right) \tag{5-14}$$

式(5-14)变形，有

$$\overline{C}_e(p)(p_i - p) = 1 - \frac{p_i/Z_i}{p/Z}\left(1 - \frac{G_p}{G}\right) \tag{5-15}$$

假设 p/Z 曲线具有两段式特征，拐点为 A 点，如图 5-3 所示，分别将两个斜率线段延长与坐标轴相交。G 为真实地质储量，G_a 为视地质储量。

对于第二直线段中任一点 C，根据式(5-15)，有

$$[\overline{C}_e(p)(p_i-p)]_C = 1 - \frac{p_i/Z_i}{(p/Z)_C}\left(1-\frac{G_{pC}}{G}\right) \tag{5-16}$$

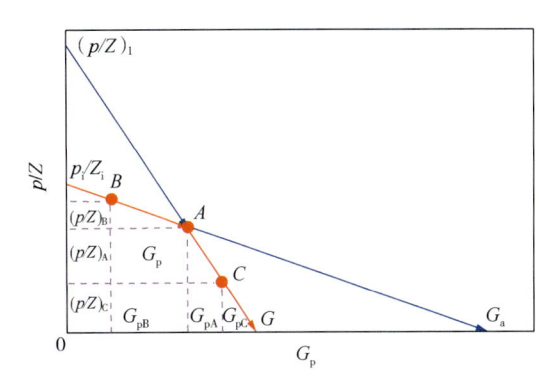

图 5-3 两段式示意图（Gan，2001）

根据三角形相似原理（Becerra-Arteaga，1993），有

$$1-\frac{G_{pC}}{G} = \frac{(p/Z)_C}{(p/Z)_1} \tag{5-17}$$

将式(5-17)代入式(5-16)消去 $(p/Z)_C$，有

$$[\overline{C}_e(p)(p_i-p)]_C = 1 - \frac{p_i/Z_i}{(p/Z)_1} \tag{5-18}$$

式(5-18)表明，在第二直线段，任意点处的 $\overline{C}_e(p)(p_i-p)$ 数值为常数。

同理，对于拐点 A，有

$$1-\frac{G_{pA}}{G} = \frac{(p/Z)_A}{(p/Z)_1} \tag{5-19}$$

将式(5-19)代入式(5-18)消去 $(p/Z)_1$，有

$$[\overline{C}_e(p)(p_i-p)]_A = 1 - \frac{p_i/Z_i}{(p/Z)_A}\left(1-\frac{G_{pA}}{G}\right) \tag{5-20}$$

式(5-20)表明，在第二直线段任意点处的 $\overline{C}_e(p)(p_i-p)$ 数值为常数，但其数值与 A 点的位置有关。

同理，对于第一直线段中任一点 B，有

$$[\overline{C}_e(p)(p_i-p)]_B = 1 - \frac{p_i/Z_i}{(p/Z)_B}\left(1-\frac{G_{pB}}{G}\right) \tag{5-21}$$

根据三角形相似原理，有

$$1-\frac{G_{pB}}{G_a} = \frac{(p/Z)_B}{(p_i/Z_i)} \tag{5-22}$$

将式(5-22)代入式(5-21)消去 G_{pB}，有

$$[\overline{C}_e(p)(p_i-p)]_B = 1 - \frac{p_i/Z_i}{(p/Z)_B} + \frac{p_i/Z_i}{(p/Z)_B}\frac{G_a}{G} - \frac{G_a}{G} \tag{5-23}$$

因此，对于第一直线段任意一点，有

$$\overline{C}_e(p)(p_i-p) = \left(1-\frac{1}{p_D}\right)\left(1-\frac{1}{G_D}\right) \qquad (5-24)$$

式中　p_D——无量纲视地层压力，$p_D = \dfrac{p/Z}{p_i/Z_i}$；

　　　G_D——真实地质储量与视地质储量比，$G_D = G/G_a$。

式(5-24)表明，在第一直线段任意点处的 $\overline{C}_e(p)(p_i-p)$ 数值是个变量，是 G_D 的函数，根据式(5-24)可以绘制 $\overline{C}_e(p)\Delta p$—$p_D$ 无量纲图版(图5-4)。

将式(5-15)变形，有

$$p_D = \frac{1-G_{pD}}{1-\overline{C}_e(p)(p_i-p)} \qquad (5-25)$$

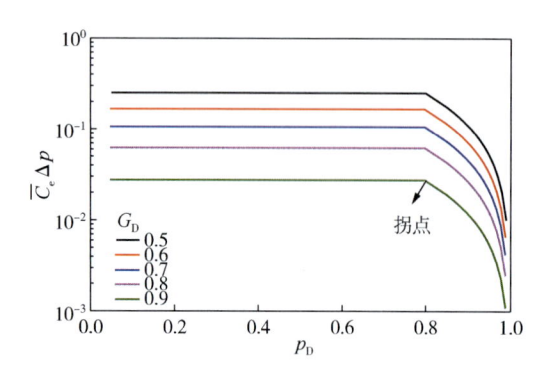

图5-4　$\overline{C}_e(p)(p_i-p)$ 与 p_D 图版(Gan, 2001)

式中　G_{pD}——累计产量与地质储量的比值，定义为 $G_{pD} = G_p/G$。

将式(5-24)代入式(5-25)，可得第一直线段 p_D—G_{pD} 的关系，有

$$p_D = 1 - \frac{G_p}{G_a} = 1 - G_{pD}G_D \qquad (5-26)$$

对于第二直线段，将式(5-20)代入式(5-25)，可得第二直线段 p_D—G_{pD} 的关系，有

$$p_D = \frac{p_{DA}}{1-G_{pAD}}(1-G_{pD}) \qquad (5-27)$$

式中　p_{DA}——A 点无量纲视地层压力，$p_{DA} = \dfrac{(p/Z)_A}{p_i/Z_i}$；

　　　G_{pAD}——A 点无量纲累计产量，$G_{pAD} = \dfrac{G_{pA}}{G}$。

根据式(5-26)和式(5-27)可以绘制 p_D—G_{pD} 曲线，如图5-5所示，曲线形态仅取决于拐点位置，与岩石压缩系数等因素无关。

（二）Gan-Blasingame 分析步骤

首先绘制 $\overline{C}_e(p)(p_i-p)$—p_D 半对数图，然后绘制 p_D—G_{pD} 图，最后进行非线性回归分析，确定拐点位置和地质储量。

绘制 $\overline{C}_e(p)(p_i-p)$—p_D 半对数图（图5-4），主要步骤如下：

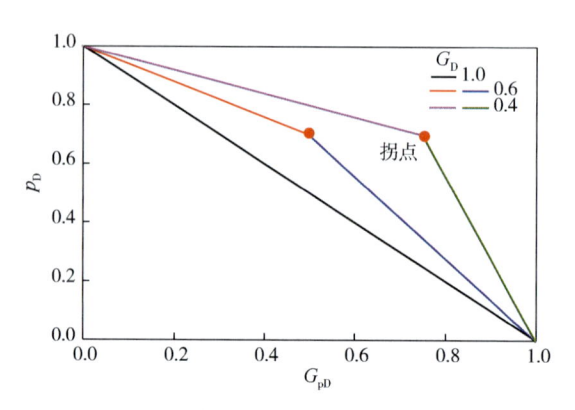

图5-5　p_D 与 G_{pD} 关系曲线(Gan, 2001)

(1) 根据生产数据绘制 p/Z—G_p 关系曲线，确定 G_a；

(2) 假定 G 和 A 点位置的初值。A 点位置可按压力系数值 1.13~1.30 取值，G 初值可以从 $0.95G_a$ 开始；

(3) 根据式(5-15)计算 $\bar{C}_e(p)(p_i-p)$，并绘制 $\bar{C}_e(p)(p_i-p)$—p_D 半对数曲线；在同一张图上，根据式(5-24)绘制 $\bar{C}_e(p)(p_i-p)$—p_D "理论"曲线；改变 G 和 A 点位置进行曲线拟合。

绘制 p_D—G_{pD} 图(图 5-5)，主要步骤如下：

(1) 根据生产数据绘制 p/Z—G_p 关系曲线，确定 G_a；

(2) 假定 G 和 A 点位置的初值。A 点位置可按压力系数值 1.13~1.30 取值，G 初值可以从 $0.95G_a$ 开始；

(3) 根据生产数据绘制 p_D—G_{pD} 曲线；在同一张图上，根据式(5-26)和式(5-27)绘制 p_D—G_{pD} "理论"曲线，改变 G 和 A 点位置进行曲线拟合；

(4) 根据上述手工初拟合结果，可编制程序进行计算机自动拟合(Gan, 2001)。

例 5-3：美国 Anderson L 高压气藏生产数据如附表 3-2 所示(Duggan, 1971)。试用 Gan-Blasingame 方法计算该气藏的动态储量。

解：

根据附表 3-2 数据，绘制 p/Z—G_p 关系曲线，如图 5-6 所示，利用早期生产数据确定 G_a 为 $31.8\times10^8\text{m}^3$。

假定 G 为 $21.5\times10^8\text{m}^3$，拐点位置处 $p_D=0.80$，根据式(5-15)计算 $\bar{C}_e(p)(p_i-p)$，计算结果如表 5-2 所示，$\bar{C}_e(p)(p_i-p)$—p_D 半对数拟合曲线如图 5-7 所示，$G_D=0.67$；绘制 p_D—G_{pD} 曲线，拐点处 $p_D=0.79$，如图 5-8 所示；最终结果如图 5-9 所示，动态储量 G 为 $21.5\times10^8\text{m}^3$。

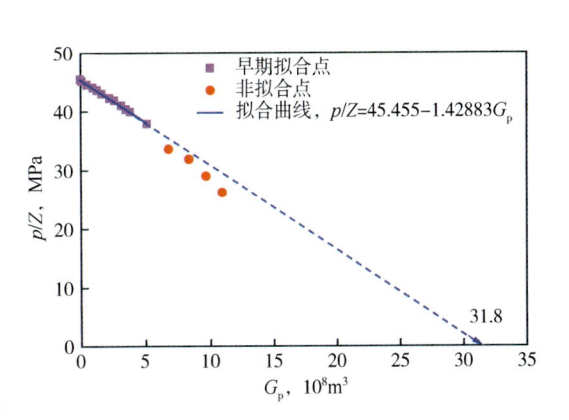

图 5-6 p/Z 与 G_p 关系曲线(Gan, 2001)

表 5-2 例 5-3 计算数据表

p, MPa	Z	G_p, 10^8m^3	p/Z, MPa	G_{pD}	p_D	$\bar{C}_e(p)(p_i-p)$
65.55	1.440	0.000	45.52	0.0000	1.0000	0.0000
64.07	1.418	0.118	45.18	0.0055	0.9925	−0.0020
61.85	1.387	0.492	44.59	0.0229	0.9796	0.0025
59.26	1.344	0.966	44.09	0.0449	0.9686	0.0140
57.45	1.316	1.276	43.65	0.0593	0.9590	0.0191
55.22	1.282	1.647	43.07	0.0766	0.9463	0.0242
52.42	1.239	2.257	42.31	0.1050	0.9295	0.0371
51.06	1.218	2.620	41.92	0.1219	0.9210	0.0465
48.28	1.176	3.146	41.05	0.1463	0.9018	0.0534
46.34	1.147	3.519	40.40	0.1637	0.8875	0.0577
45.06	1.127	3.827	39.98	0.1780	0.8783	0.0641

续表

p, MPa	Z	G_p, 10^8m^3	p/Z, MPa	G_{pD}	p_D	$\overline{C}_e(p)(p_i-p)$
39.74	1.048	5.163	37.92	0.2401	0.8331	0.0879
32.86	0.977	6.836	33.63	0.3179	0.7389	0.0769
29.61	0.928	8.389	31.91	0.3902	0.7010	0.1301
25.86	0.891	9.689	29.02	0.4507	0.6375	0.1383
22.39	0.854	10.931	26.21	0.5084	0.5759	0.1464

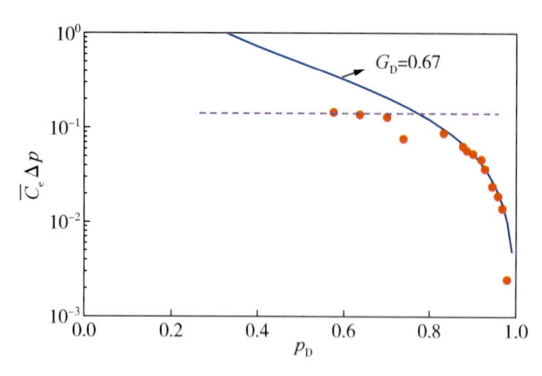

图 5-7 例 5-4 $\overline{C}_e(p)(p_i-p)$ 与 p_D 拟合曲线

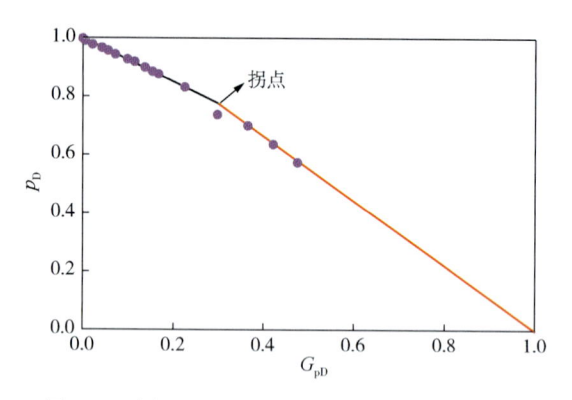

图 5-8 例 5-4 p_D 与 G_{pD} 拟合曲线（Gan, 2001）

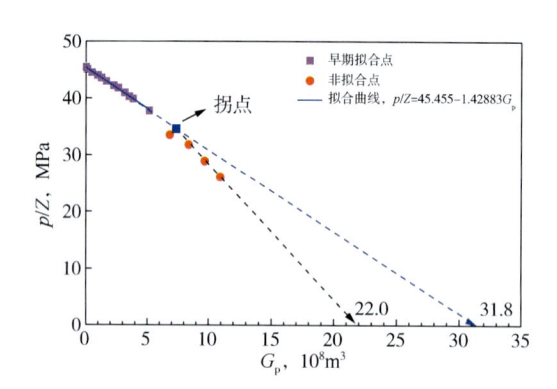

图 5-9 Gan-Blasingame 方法结果图（Gan, 2001）

四、关于拐点出现时间的讨论

上述几种方法，均涉及到采出程度问题，即压力衰竭程度为多少时才能出现两段式的拐点？通过对国外 20 个已开发高压、超高压气藏分析表明，地质储量与视地质储量的比值为 0.43~0.77，平均为 0.58（图 5-10）；拐点处对应的视地层压力衰竭程度为 0.14~0.38，平均为 0.22（图 5-11），详细数据见附录 15。拐点出现时间的经验公式可用式（5-28）表示，有

$$\left(\frac{p}{Z}\right)_A = 0.674663 \left(\frac{p_i}{Z_i}\right)^{0.997076} (G_D)^{-0.272519} \tag{5-28}$$

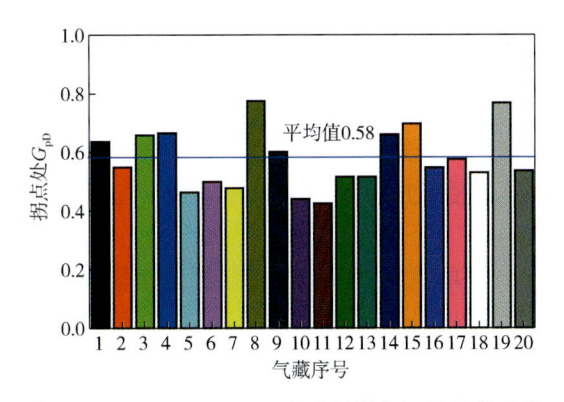

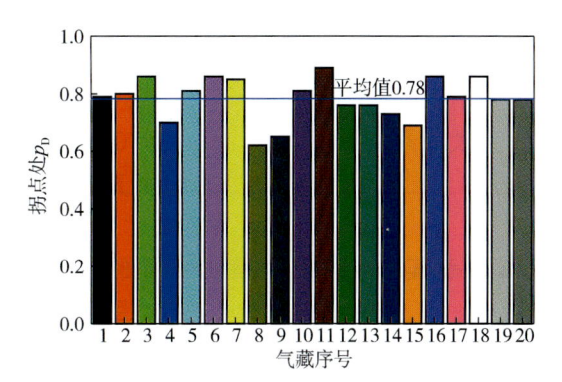

图 5-10　Gan-Blasingame 方法储量与视储量的比值　　图 5-11　Gan-Blasingame 方法拐点出现时间柱状图

本节基于 p/Z 曲线两段式假设所建立的动态储量计算方法，当拐点未出现时，可按压力系数 1.3 预测拐点处压力进行粗略评价。对于用到岩石压缩系数的方法，结果可能存在一定的不确定性。

第二节　线性回归分析方法

该方法基本原理是将物质平衡方程式表示为不同的线性形式，通过线性回归直线与坐标轴的交点确定动态储量，主要有 Ramagost-Farshad 压力校正法（1981）、Roach 线性回归法（1981）、Poston-Chen-Akhtar 改进的 Roach 方法（1994）、Becerra-Arteaga 方法（1993），此外还有 Havlena-Odeh（Elsharkawy，1996）方法、单位累计压降产气量方法（孙贺东，2021）。

一、Ramagost-Farshad 压力校正法

如第四章第一节所述，封闭气藏的物质平衡方程式（Ramagost，1981）可以表示为

$$\frac{p}{Z}(1-C_e\Delta p) = \frac{p_i}{Z_i}\left(1-\frac{G_p}{G}\right) \tag{5-29}$$

式中　C_e——有效压缩系数，MPa^{-1}。

$$C_e = \frac{C_w S_{wi} + C_f}{1-S_{wi}} \tag{5-30}$$

式（5-29）表明$(p/Z)(1-C_e\Delta p)$—G_p 呈线性关系，直线段的斜率为 $-\dfrac{p_i}{Z_i G}$，直线段的截距为 p_i/Z_i。该方法需要已知岩石压缩系数和地层水压缩系数。

例 5-4：美国 Anderson L 高压气藏生产数据如附表 3-2 所示（Duggan，1971），压力系数为 1.91，原始地层压力为 65.55MPa，气藏温度为 130.0℃，原始含水饱和度为 0.35，有效厚度为 22.86m，地层水压缩系数为 $4.351\times10^{-4}\,\text{MPa}^{-1}$，岩石压缩系数为 $2.828\times10^{-3}\,\text{MPa}^{-1}$，容积法地质储量为 $19.68\times10^8\,\text{m}^3$。试用 Ramagost-Farshad 压力校正方法计算该气藏的动态储量。

解：
首先计算有效压缩系数，根据式（5-29），有

$$C_e = \frac{C_w S_{wi} + C_f}{1 - S_{wi}} = \frac{4.351 \times 10^{-4} \times 0.35 + 2.828 \times 10^{-3}}{1 - 0.35} = 4.585 \times 10^{-3} \text{MPa}^{-1}$$

假设 $y = (p/Z)(1 - C_e \Delta p)$，根据附表 3-2 数据，计算 y，有

表 5-3　例 5-4 计算数据表

序号	G_p, 10^8m^3	p, MPa	Z	p/Z, MPa	Δp, MPa	y, MPa
1	0.000	65.55	1.440	45.52	0.00	45.52
2	0.118	64.07	1.418	45.18	1.48	44.87
3	0.492	61.85	1.387	44.59	3.70	43.83
4	0.966	59.26	1.344	44.09	6.29	42.82
5	1.276	57.45	1.316	43.65	8.10	42.03
6	1.647	55.22	1.282	43.07	10.33	41.03
7	2.257	52.42	1.239	42.31	13.13	39.76
8	2.620	51.06	1.218	41.92	14.49	39.14
9	3.146	48.28	1.176	41.05	17.27	37.80
10	3.519	46.34	1.147	40.40	19.21	36.84
11	3.827	45.06	1.127	39.98	20.49	36.22
12	5.163	39.74	1.048	37.92	25.81	33.43
13	6.836	32.86	0.977	33.63	32.69	28.59
14	8.389	29.61	0.928	31.91	35.94	26.65
15	9.689	25.86	0.891	29.02	39.69	23.74
16	10.931	22.39	0.854	26.21	43.16	21.03

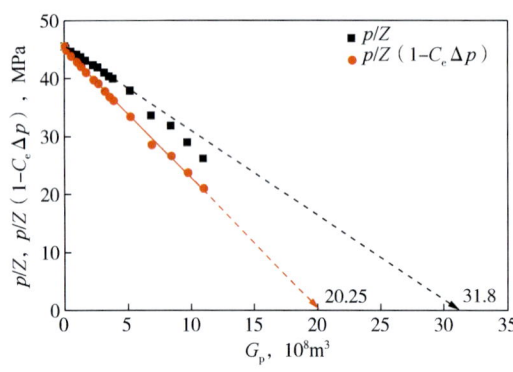

图 5-12　例 5-4 计算结果对比图

分别绘制 $(p/Z)(1 - C_e \Delta p) - G_p$ 和 $p/Z - G_p$ 关系曲线，如图 5-12 所示，利用早期生产数据确定 G_a 为 $31.8 \times 10^8 \text{m}^3$，压力校正法结果为 $20.25 \times 10^8 \text{m}^3$。

二、Roach 方法

（一）Roach 分析方法

将式 (5-29) 变形，有

$$\frac{1}{\Delta p}\left(\frac{p_i/Z_i}{p/Z} - 1\right) = \frac{p_i/Z_i}{(\Delta p) p/Z} \frac{G_p}{G} - C_e \quad (5-31)$$

令

$$x = \frac{G_p p_i/Z_i}{(\Delta p) p/Z} \quad (5-32)$$

$$y = \frac{1}{\Delta p}\left(\frac{p_i/Z_i}{p/Z} - 1\right) \quad (5-33)$$

则式(5-31)转换为

$$y = \frac{x}{G} - C_e \tag{5-34}$$

式(5-34)表明，$y—x$ 呈线性关系，其斜率为 $1/G$，截距为 C_e（Roach，1981）。该方法仅需已知原始地层压力、累计压降和累计产量数据就可计算。

例 5-5：试用 Roach 方法计算 Anderson L 气藏的动态储量。基础参数如附表 3-2 所示（Duggan，1971）。

解：

首先根据已知数据计算 x、y，结果如表 5-4 所示。绘制 $y—x$ 曲线，结果如图 5-13 所示。根据线性回归斜率和截距，得到有效压缩系数为 $2.67 \times 10^{-3} \text{MPa}^{-1}$，根据斜率求得动态储量为 $22.36 \times 10^8 \text{m}^3$。

表 5-4　例 5-5 计算数据表

序号	G_p, 10^8m^3	p, MPa	Z	p/Z, MPa	Δp, MPa	x, $10^8 \text{m}^3/\text{MPa}$	y, MPa^{-1}
1	0.000	65.55	1.440	45.52	0.00		
2	0.118	64.07	1.418	45.18	1.48	0.0801	0.0051
3	0.492	61.85	1.387	44.59	3.70	0.1356	0.0056
4	0.966	59.26	1.344	44.09	6.29	0.1586	0.0051
5	1.276	57.45	1.316	43.65	8.10	0.1642	0.0053
6	1.647	55.22	1.282	43.07	10.33	0.1686	0.0055
7	2.257	52.42	1.239	42.31	13.13	0.1850	0.0058
8	2.620	51.06	1.218	41.92	14.49	0.1964	0.0059
9	3.146	48.28	1.176	41.05	17.27	0.2020	0.0063
10	3.519	46.34	1.147	40.40	19.21	0.2064	0.0066
11	3.827	45.06	1.127	39.98	20.49	0.2127	0.0068
12	5.163	39.74	1.048	37.92	25.81	0.2401	0.0078
13	6.836	32.86	0.977	33.63	32.69	0.2830	0.0108
14	8.389	29.61	0.928	31.91	35.94	0.3330	0.0119
15	9.689	25.86	0.891	29.02	39.69	0.3829	0.0143
16	10.931	22.39	0.854	26.21	43.16	0.4398	0.0171

（二）关于 Roach 分析方法的讨论

该方法简单方便，不仅可以计算动态储量，而且还可以计算有效压缩系数。但是，该方法对原始视地层压力十分敏感（Ambastha，1993）。下面以一个正常压力气藏数据为例，说明原始视地层压力对计算结果的影响。

例 5-6：试用如下数据（表 5-5）分析原始压力对 Roach 方法计算结果的影响。

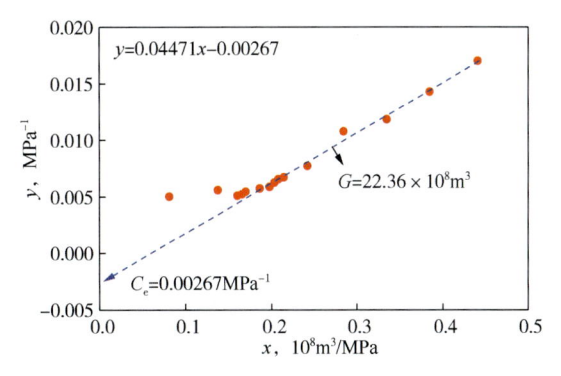

图 5-13　例 5-5 Roach 方法计算结果（Roach，1981）

表 5-5 例 5-6 计算数据表（Ambastha，1993）

序号	G_p, $10^8 m^3$	p, MPa	Z	p/Z, MPa	Δp, MPa	x, $10^8 m^3$/MPa	y, MPa^{-1}
1	0.0	14.30	0.759	18.84	0.00		
2	1.9	13.00	0.767	16.95	1.30	1.6246	0.0858
3	4.0	11.20	0.787	14.23	3.10	1.7082	0.1045
4	6.7	8.30	0.828	10.02	6.00	2.0988	0.1466
5	8.8	6.10	0.866	7.04	8.20	2.8705	0.2042
6	10.3	4.50	0.900	5.00	9.80	3.9604	0.2825

解：

首先绘制 p/Z—G_p 压降指示曲线，如图 5-14 所示。除了原始视地层压力点 p_i/Z_i = 18.84MPa 外，其余所有点均在一条直线上；线性回归截距 p_i/Z_i = 19.80MPa，动态储量为 $13.7×10^8 m^3$。原始视地层压力不同时 Roach 方法的结果如图 5-15 所示，原始地层压力对早期数据点有明显的影响。图 5-15 表明，若 Roach 方法早期数据点"下掉"，则原始压力数值可能偏低；反之，原始压力数值可能偏高。但 Poston(1987，1989) 认为，这可能是由于压缩系数变化导致的。

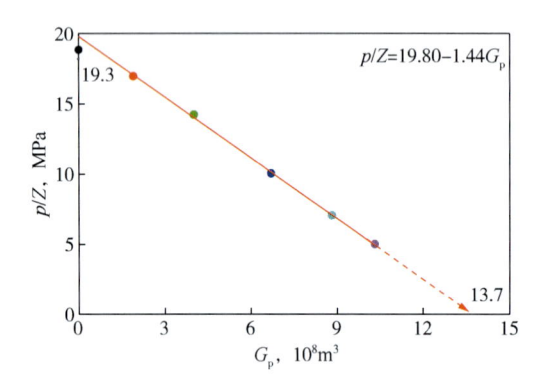

图 5-14 例 5-6 p/Z 压降指示曲线
（Ambastha，1993）

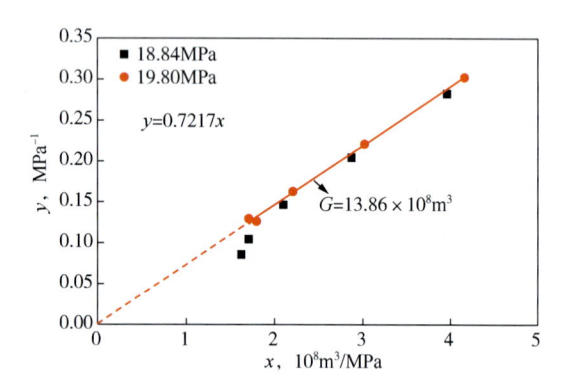

图 5-15 原始压力对 Roach 数据点的影响
（Ambastha，1993）

三、Poston-Chen-Akhtar 改进的 Roach 方法

（一）Poston-Chen-Akhtar 分析方法

如第四章所述，水驱气藏物质平衡方程式可以表示为

$$\frac{p}{Z}(1-C_e\Delta p-\omega)=\frac{p_i}{Z_i}\left(1-\frac{G_p}{G}\right) \tag{5-35}$$

$$\omega=\frac{W_e-W_p B_w}{GB_{gi}} \tag{5-36}$$

按照 Roach 方法，式(5-35)可以表示为

$$\frac{1}{\Delta p}\left(\frac{p_i/Z_i}{p/Z}-1\right)=\frac{p_i/Z_i}{(\Delta p)p/Z}\frac{G_p}{G}-C_e-\frac{\omega}{\Delta p} \tag{5-37}$$

令

$$x = \frac{p_i/Z_i G_p}{(\Delta p) p/Z} \tag{5-38}$$

$$y = \frac{1}{\Delta p}\left(\frac{p_i/Z_i}{p/Z} - 1\right) \tag{5-39}$$

则式(5-37)转换为

$$y = \frac{x}{G} - \left(C_e + \frac{\omega}{\Delta p}\right) \tag{5-40}$$

式(5-40)表明，y—x呈线性关系，由直线段斜率可求取G；由直线段截距可计算压缩系数和水侵量的综合值$C_e + \omega/\Delta p$。该方法不需要压缩系数和水侵量数据。

图5-16为压力衰竭情形的典型曲线示意图。早期数据点向上弯曲，后期为直线。当弹性驱动为主要驱动机理时，始终是一条直线。图5-16中过原点的虚线代表临界斜率线。式(5-40)表明，截距一定是负值。经验表明，此直线的正截距通常是强水侵效应的反映。

图5-17为水侵情形的典型曲线示意图。在$t_1 \rightarrow t_2$阶段，水侵影响显著，典型曲线向右偏移。过t_1和t_2点相同斜率的直线与y轴的截距数值是不同的，虚线的截距反映了净水侵量的变化。典型曲线向右偏转在早期和晚期均可能出现。

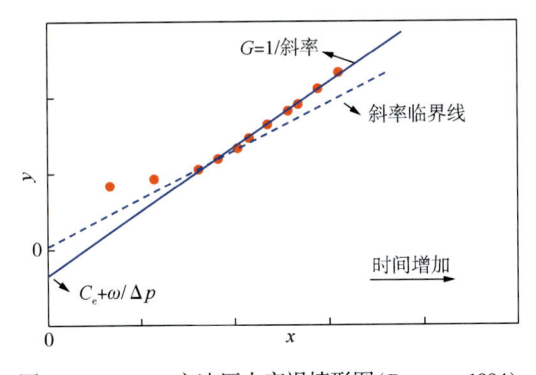

图5-16　Poston方法压力衰竭情形图(Poston，1994) 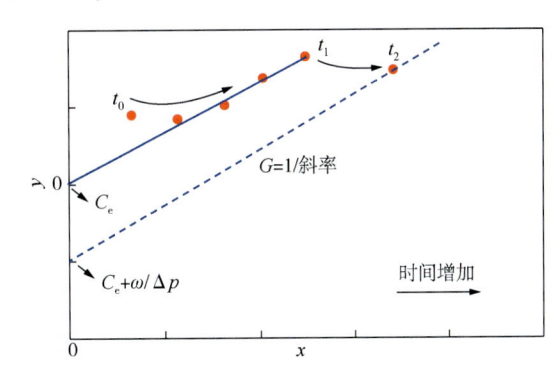　　图5-17　Poston方法水侵情形图(Poston，1994)

若假定岩石压缩系数为常数，在t_1和t_2时刻，截距分别为

$$y_{\text{截距}t_1} = C_e \tag{5-41}$$

$$y_{\text{截距}t_2} = C_e + \omega/\Delta p \tag{5-42}$$

结合式(5-36)，有

$$W_e - W_p B_w = (y_{\text{截距}t_1} - y_{\text{截距}t_2}) \Delta p G B_{gi} \tag{5-43}$$

式(5-43)可以计算任意两个时间段内的水侵量。

图5-18为有效压缩系数为常数情形的典型曲线示意图。在$t_1 \rightarrow t_2$阶段，基本呈线性关系，表明系统处于稳定状态。根据截距可以求取岩石压缩系数，有

$$C_f = y_{\text{截距}}(1 - S_{wi}) - C_w S_{wi} \tag{5-44}$$

经验表明，岩石压缩系数范围为 $8.7\times10^{-4} \sim 29\times10^{-4}\text{MPa}^{-1}$，若计算结果超过此范围，预示着已发生局部水侵(Poston，1994)。

图 5-19 是有效压缩系数为变量情形的典型曲线示意图。如图 5-19 中情形 a 所示，当压缩系数增大时，p/Z 压降指示曲线为凹形；如图 5-19 中情形 b 所示，当压缩系数减小时，p/Z 压降指示曲线呈现早期凹形下降，随后展现向上凹的形状(Fetkovich，1998)。

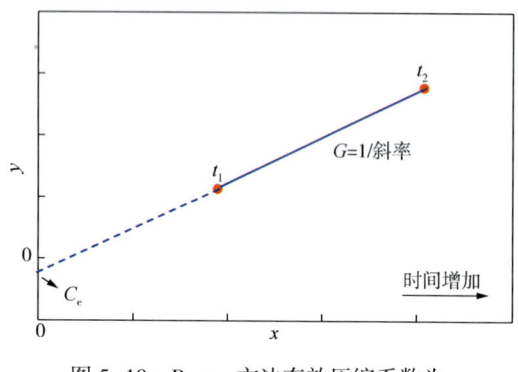

图 5-18　Poston 方法有效压缩系数为常数情形(Poston，1994)

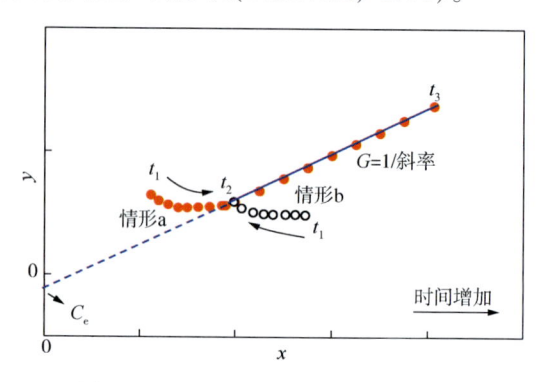

图 5-19　Poston 方法有效压缩系数为变量情形(Poston，1994)

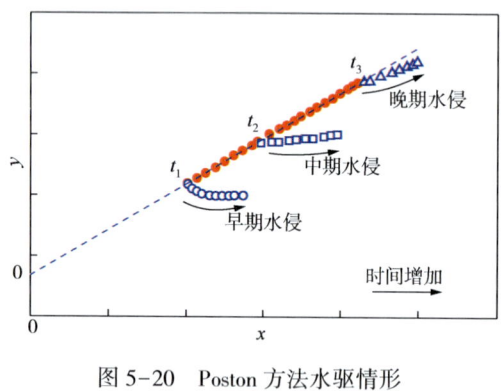

图 5-20　Poston 方法水驱情形示意图(Poston，1994)

图 5-20 为水驱情形的典型曲线示意图。在气藏开发的全生命周期的任意阶段，都可能发生水侵，指示曲线将向右偏移。强烈的早期水侵作用可能会在一开始就形成直线，求取的岩石压缩系数可能会大于 36×10^{-4} MPa^{-1}，表明已发生了水侵。

（二）Poston-Chen-Akhtar 分析步骤

Poston-Chen-Akhtar 方法分析步骤如下：

（1）基于生产数据，根据式(5-32)和式(5-33)分别计算 x 和 y；

（2）绘制 x—y 关系曲线，分析驱动机理；绘制经过原点的临界斜率线；利用临界斜率线以上数据分析点进行线性回归分析，斜率的倒数为视地质储量；

（3）根据式(5-45)计算岩石压缩系数，若压缩系数数值大于 $29\times10^{-4}\text{MPa}^{-1}$，表明储层有能量补充；

（4）依次绘制平行于第一次回归直线的平行线，确定任意时刻间的累计水侵量。

例 5-7：在例 5-5 中讨论过 Anderson L 气藏，Duggn(1971)认为泥岩层的水侵影响了气藏的生产动态。原始含水饱和度为 0.35，地层水压缩系数为 $4.351\times10^{-4}\text{MPa}^{-1}$。试用 Poston-Chen-Akhtar 方法分析 Anderson L 气藏的生产动态及动态储量。

解：

首先根据已知数据计算 x 和 y，结果如表 5-4 所示。绘制 x—y 曲线，如图 5-21 所示；绘制过原点临界斜率线，用临界斜率线上方 6 个数据点线性回归，根据斜率和截距分别求得储量为 $22.40\times10^{8}\text{m}^{3}$、有效压缩系数为 $2.64\times10^{-3}\text{MPa}^{-1}$。根据式(5-45)，岩石压缩系数为

$$C_\text{f} = y_\text{截距}(1-S_\text{wi}) - C_\text{w}S_\text{wi} = 2.64\times10^{-3}\times(1-0.35) - 4.351\times10^{-4}\times0.35 = 15.6\times10^{-4}\text{MPa}^{-1}$$

例 5-8：在例 5-1 中讨论过 NS2B 气藏，用 Hammerlindl 方法计算气藏的动态储量为 $32.2\times10^8\text{m}^3$。试用 Poston-Chen-Akhtar 方法分析 NS2B 气藏的生产动态及动态储量。

解：

首先根据已知数据计算 x、y，结果如表 5-6 所示。绘制 x—y 曲线，如图 5-22 所示；绘制过原点临界斜率线，用临界斜率线上方 4 个数据点线性回归，根据斜率和截距分别求得储量为 $25.15\times10^8\text{m}^3$、有效压缩系数为 $8.42\times10^{-3}\text{MPa}^{-1}$。根据式(5-45)，岩石压缩系数为

$$C_\text{f} = y_{\text{截距}}(1-S_\text{wi}) - C_\text{w}S_\text{wi} = 8.64\times10^{-3}\times(1-0.34) - 4.351\times10^{-4}\times0.34 = 55.54\times10^{-4}\text{MPa}^{-1}$$

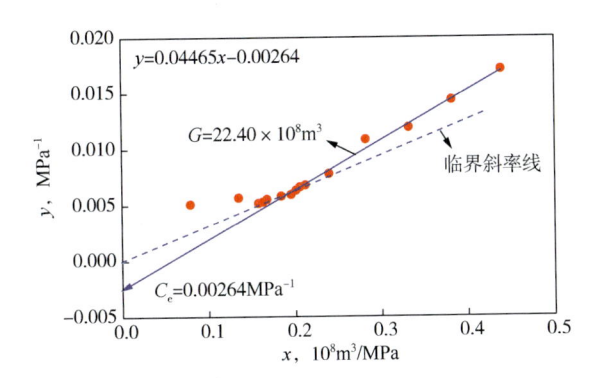

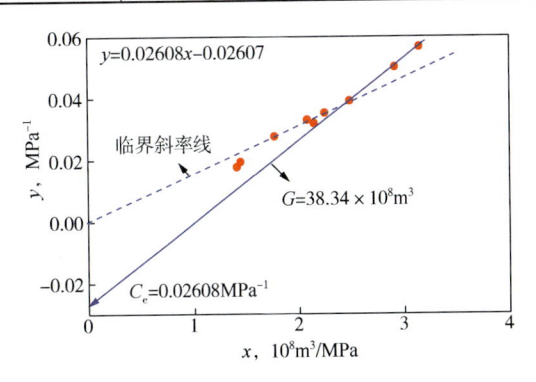

图 5-21 Anderson L 气藏 Poston-Chen-Akhtar 方法分析结果(Poston, 1994)

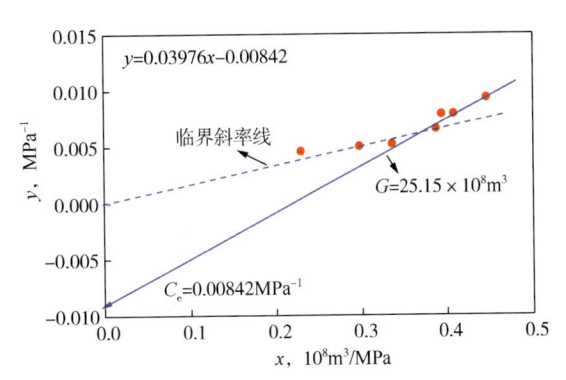

图 5-22 NS2B 气藏 Poston-Chen-Akhtar 方法分析结果(Poston, 1994)

表 5-6 例 5-8 计算数据表

序号	G_p, 10^8m^3	p, MPa	Z	p/Z, MPa	Δp, MPa	x, 10^8m^3/MPa	y, MPa^{-1}
1	0.00	61.51	1.473	41.76	0.0000		
2	0.19	60.98	1.465	41.63	0.5240	0.3578	0.0059
3	0.93	57.38	1.4	40.98	4.1300	0.2305	0.0046
4	2.94	51.14	1.288	39.70	10.3697	0.2987	0.0050
5	4.41	47.44	1.219	38.91	14.0722	0.3366	0.0052
6	6.79	41.81	1.13	37.00	19.6983	0.3889	0.0065
7	7.89	37.85	1.075	35.21	23.6559	0.3953	0.0079
8	9.54	32.96	0.967	34.09	28.5442	0.4095	0.0079
9	11.36	28.30	0.887	31.90	33.2120	0.4475	0.0093

曲线没有表现出明显的右移，但岩石压缩系数明显偏高，说明已有水侵现象发生。动态储量计算结果与 Gan-Blasingame 方法相比略小（见附表 15-1，该方法未考虑水侵的影响）。

例 5-9：试用 Poston-Chen-Akhtar 方法分析 Gulf of Mexico 气藏的生产动态及动态储量。

解：

首先根据已知数据计算 x、y，如表 5-7 所示。绘制 x—y 曲线，如图 5-23 所示；绘制过原点临界斜率线，用临界斜率线上方 3

图 5-23 Gulf of Mexico 气藏 Poston-Chen-Akhtar 方法分析结果(Poston, 1994)

个数据点线性回归，根据斜率和截距分别求得储量为 $38.34\times10^8\text{m}^3$、有效压缩系数为 $26.08\times10^{-3}\text{MPa}^{-1}$。根据式(5-45)，岩石压缩系数为

$$C_f = y_{\text{截距}}(1-S_{wi}) - C_w S_{wi} = 26.08\times10^{-3}\times(1-0.34) - 4.351\times10^{-4}\times0.34 = 170.6\times10^{-4}\text{MPa}^{-1}$$

虽然曲线没有表现出明显的右移，但岩石压缩系数严重偏高，说明有很强且稳定的水驱影响。动态储量计算结果与 Gan-Blasingame 方法相比略小（附表 15-1）。

表 5-7 例 5-9 计算数据表

序号	G_p, 10^8m^3	p, MPa	Z	p/Z, MPa	Δp, MPa	x, $10^8\text{m}^3/\text{MPa}$	y, MPa^{-1}
1	0.00	61.51	1.473	41.76	0.0000		
2	0.19	60.98	1.465	41.63	0.5240	0.3578	0.0059
3	0.93	57.38	1.4	40.98	4.1300	0.2305	0.0046
4	2.94	51.14	1.288	39.70	10.3697	0.2987	0.0050
5	4.41	47.44	1.219	38.91	14.0722	0.3366	0.0052
6	6.79	41.81	1.13	37.00	19.6983	0.3889	0.0065
7	7.89	37.85	1.075	35.21	23.6559	0.3953	0.0079
8	9.54	32.96	0.967	34.09	28.5442	0.4095	0.0079
9	11.36	28.30	0.887	31.90	33.2120	0.4475	0.0093

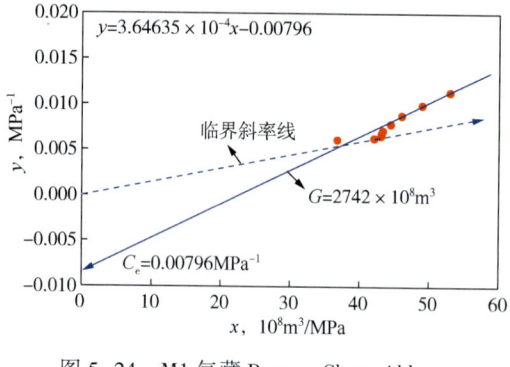

图 5-24 M1 气藏 Poston-Chen-Akhtar 方法分析结果

例 5-10：M1 气藏原始地层压力为 74.35MPa，地层水压缩系数为 $5.645\times10^{-4}\text{MPa}^{-1}$，岩石压缩系数为 $25.01\times10^{-4}\text{MPa}^{-1}$，原始含水饱和度为 0.32，容积法储量为 $2833\times10^8\text{m}^3$，开发数据见附表 16-1。试用 Poston-Chen-Akhtar 方法分析 M1 气藏的生产动态及动态储量。

解：

首先根据已知数据计算 x、y，如表 5-8 所示。绘制 x—y 曲线，如图 5-24 所示；绘制过原点临界斜率线，用临界斜率线上方 3 个数据点线性回归，根据斜率和截距分别求得储量为 $2742\times10^8\text{m}^3$、有效压缩系数为 $7.96\times10^{-3}\text{MPa}^{-1}$。根据式(5-44)，岩石压缩系数为

$$C_f = y_{\text{截距}}(1-S_{wi}) - C_w S_{wi} = 7.96\times10^{-3}\times(1-0.32) - 5.645\times10^{-4}\times0.32 = 52.32\times10^{-4}\text{MPa}^{-1}$$

表 5-8 例 5-10 计算数据表

序号	G_p, 10^8m^3	p, MPa	Z	p/Z, MPa	Δp, MPa	x, $10^8\text{m}^3/\text{MPa}$	y, MPa^{-1}
1	0.00	74.35	1.44	51.56	0.0000		
2	58.78	72.73	1.42	51.05	1.6200	36.6425	0.0061
3	150.89	70.67	1.40	50.40	3.6800	41.9500	0.0063
4	258.20	68.09	1.37	49.54	6.2600	42.9284	0.0065
5	365.80	65.32	1.34	48.58	9.0300	42.9940	0.0068

续表

序号	G_p, $10^8 m^3$	p, MPa	Z	p/Z, MPa	Δp, MPa	x, $10^8 m^3/MPa$	y, MPa^{-1}
6	473.11	62.47	1.31	47.55	11.8800	43.1842	0.0071
7	687.73	56.70	1.25	45.30	17.6500	44.3463	0.0078
8	902.64	50.61	1.19	42.68	23.7400	45.9349	0.0088
9	1117.26	44.82	1.12	39.90	29.5300	48.8945	0.0099
10	1332.18	39.16	1.06	36.86	35.1900	52.9501	0.0113

曲线没有表现出明显的右移，但岩石压缩系数严重偏高，其中已包含部分水驱影响的效果。动态储量计算结果与静态储量基本接近。

例 5-11：M2 气藏原始地层压力为 74.22MPa，地层水压缩系数为 5.6×10^{-4} MPa^{-1}，地层水体积系数为 1.0，原始含水饱和度为 0.32，气藏温度为 100℃，容积法储量为 $2400\times10^8 m^3$。开发数据如附表 17-1 所示。试用 Poston-Chen-Akhtar 方法分析 M2 气藏的生产动态及动态储量。

解：

首先根据已知数据计算 x、y，如表 5-9 所示。绘制 x—y 曲线，如图 5-25 所示；绘制过原点临界斜率线，用临界斜

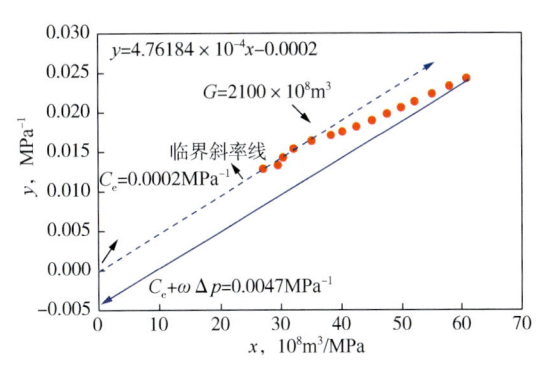

图 5-25 M2 气藏 Poston-Chen-Akhtar 方法分析结果

率线上 5 个数据点线性回归，根据斜率和截距分别求得储量为 $2100\times10^8 m^3$、有效压缩系数为 $2.0\times10^{-4} MPa^{-1}$。曲线从第 7 点明显右移，表现出水驱特征。从第 8 点开始，过这些点分别做临界斜率线的平行线，根据与纵轴的交点可以确定 $\omega/\Delta p$，进而根据式（5-36）计算 $W_e - W_p B_w$ 和 W_e，结果如表 5-9 所示。动态储量计算结果与容积法储量基本接近。该例由于没有出现临界斜率线以上的数据点，因此动态储量计算结果为下限值，可能略偏保守。

表 5-9 例 5-11 计算数据表

G_p, $10^8 m^3$	W_p, $10^4 m^3$	p/Z, MPa	Δp, MPa	x, $10^8 m^3/MPa$	y, MPa^{-1}	$\omega/\Delta p$	$W_e - W_p B_w$, $10^6 m^3$	W_e, $10^6 m^3$
0.00	0.00	51.27	0.0000					
2.14	0.00	51.00	0.2400	8.9646	0.0224			
34.61	0.37	50.43	1.3000	27.0693	0.0129			
118.72	2.11	48.52	4.2500	29.5187	0.0133			
228.32	4.65	45.76	8.4200	30.3845	0.0143			
345.40	7.50	42.76	12.9000	32.1049	0.0154			
457.91	10.93	40.28	16.6200	35.0718	0.0164			
553.39	16.61	38.56	19.2300	38.2638	0.0171	0.0009	8.9454	8.9471
614.31	18.40	37.48	20.9200	40.1693	0.0176	0.0013	14.8330	14.8348
689.23	21.11	36.11	23.0100	42.5269	0.0182	0.0018	22.0122	22.0143
769.08	23.60	34.65	25.2200	45.1207	0.0190	0.0023	30.2740	30.2764

续表

G_p, $10^8 m^3$	W_p, $10^4 m^3$	p/Z, MPa	Δp, MPa	x, $10^8 m^3/MPa$	y, MPa^{-1}	$\omega/\Delta p$	$W_e-W_p B_w$, $10^6 m^3$	W_e, $10^6 m^3$
839.48	26.42	33.31	27.1600	47.5850	0.0199	0.0026	37.2904	37.2930
901.98	29.52	32.13	28.8500	49.8899	0.0206	0.0029	44.3832	44.3861
958.96	35.67	31.08	30.3600	52.1022	0.0214	0.0032	51.6776	51.6812
1029.23	39.10	29.81	32.1700	55.0257	0.0224	0.0036	61.6989	61.7028
1095.80	46.26	28.64	33.8300	57.9915	0.0234	0.0041	72.5505	72.5551
1157.65	57.22	27.57	35.3500	60.9101	0.0243	0.0045	83.7610	83.7667

例5-12：M3气藏是一个典型的径向强水驱气藏（Wang，1987），原始地层压力为29.25MPa，地层水压缩系数为$4.5\times10^{-4} MPa^{-1}$，原始含水饱和度为0.32，气藏温度为94℃，容积法储量为$230.8\times10^8 m^3$。开发数据如附表18-1所示。试用Poston-Chen-Akhtar方法分析M3气藏的生产动态及动态储量。

解：

首先根据已知数据计算x、y，如表5-10所示。绘制$x—y$曲线，如图5-26所示，表现出强水驱特征。如图5-19情形b所示，无法绘制过原点的临界斜率线，将原点与第3点相连，根据其斜率求得动态储量为$282.3\times10^8 m^3$，其结果为上限值。按照Everdingen-Hurst径向水体模型，动态储量为$244.3\times10^8 m^3$（Wang，1987）。以此为基础，绘制临界斜率线，从第4点开始，过这些点分别做临界斜率线的平行线，根据与纵轴的交点可以确定$\omega/\Delta p$，进而根据式（5-36）计算$W_e-W_p B_w$和W_e，结果如表5-10所示。

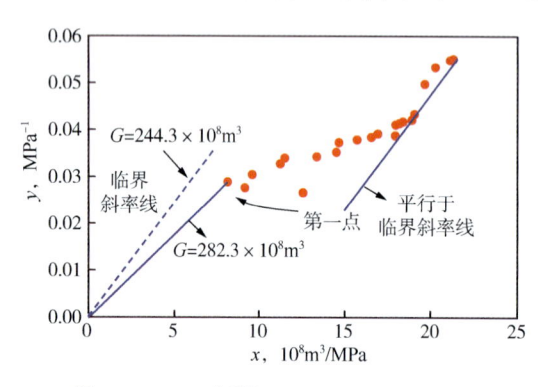

图5-26 M3气藏Poston-Chen-Akhtar方法分析结果

表5-10 例5-12计算数据表

G_p, $10^8 m^3$	W_p, $10^4 m^3$	p/Z, MPa	Δp, MPa	x, $10^8 m^3/MPa$	y, MPa^{-1}	$\omega/\Delta p$	$W_e-W_p B_w$, $10^6 m^3$	W_e, $10^6 m^3$
0.00	0.00	30.10	0.0000					
6.64	0.00	29.68	0.5378	12.5248	0.0266	0.0246	1.3948	1.3955
8.30	0.01	29.35	0.9308	9.1507	0.0277	0.0098	0.9606	0.9614
16.24	0.15	28.36	2.1236	8.1159	0.0289	0.0043	0.9625	0.9641
28.97	0.44	27.33	3.3302	9.5835	0.0305	0.0087	3.0661	3.0689
47.00	0.91	25.96	4.8608	11.2109	0.0328	0.0131	6.7025	6.7072
53.84	1.00	25.30	5.5847	11.4718	0.0340	0.0129	7.6038	7.6092
64.05	1.24	25.14	5.7571	13.3249	0.0343	0.0202	12.2563	12.2627
74.54	1.48	24.64	6.2880	14.4849	0.0353	0.0240	15.8930	15.9004
84.36	1.88	23.62	7.3429	14.6392	0.0373	0.0226	17.4528	17.4613
92.77	2.76	23.35	7.6187	15.6956	0.0379	0.0263	21.1129	21.1221

续表

G_p, $10^8 m^3$	W_p, $10^4 m^3$	p/Z, MPa	Δp, MPa	x, $10^8 m^3$/MPa	y, MPa^{-1}	$\omega/\Delta p$	$W_e-W_pB_w$, $10^6 m^3$	W_e, $10^6 m^3$
99.91	3.20	23.10	7.8807	16.5226	0.0385	0.0292	24.1936	24.2036
104.83	3.30	22.78	8.1979	16.8950	0.0392	0.0300	25.8666	25.8771
109.65	3.83	22.95	8.0324	17.9082	0.0388	0.0345	29.1645	29.1755
118.10	4.88	21.95	9.0321	17.9340	0.0411	0.0323	30.6858	30.6976
120.31	5.04	21.83	9.1424	18.1425	0.0414	0.0328	31.6150	31.6270
122.72	5.46	21.69	9.2803	18.3499	0.0418	0.0333	32.5843	32.5965
127.38	6.98	21.54	9.4320	18.8731	0.0421	0.0351	34.8726	34.8853
131.78	7.28	21.06	9.9009	19.0260	0.0434	0.0345	35.9709	35.9841
147.80	10.61	18.82	12.0451	19.6311	0.0498	0.0306	38.7525	38.7673
155.55	13.70	17.76	13.0173	20.2534	0.0534	0.0295	40.4617	40.4772
163.04	18.35	17.34	13.3965	21.1238	0.0549	0.0316	44.5096	44.5259
164.55	19.80	17.28	13.4585	21.3040	0.0552	0.0320	45.4018	45.4182

此例不属于高压气藏，仅用以说明 Poston-Chen-Akhtar 方法在强水驱气藏动态储量评价分析中的应用。

四、Becerra-Arteaga 方法

如第三章所述，图 3-1 中当 $p_{pr} \geqslant 7$ 时，给定 T_{pr} 下的气体偏差系数曲线是拟对比压力的线性函数，即压力与天然气偏差系数呈线性关系，有

$$Z = Z_i - \frac{\partial Z}{\partial p}(p_i - p) \tag{5-45}$$

根据式(3-42)，有

$$C_{gi} = \frac{1}{p_i} - \frac{1}{Z_i}\left(\frac{\partial Z}{\partial p}\right) \tag{5-46}$$

将式(5-9)代入式(5-46)，有

$$Z = Z_i\left[p_i C_{gi} + \left(\frac{1}{p_i} - C_{gi}\right)p\right] \tag{5-47}$$

将式(5-47)代入封闭气藏物质平衡方程式(4-15)，有

$$\frac{G_p}{G} = \frac{(p_i-p)(p_i C_{gi} + C_e p)}{p_i C_{gi}(p_i-p) + p} \tag{5-48}$$

式(5-48)表明，只要偏差系数与压力呈线性关系，该式就成立。压力与累计产量和视压力与累计产量关系如图 5-27 所示。将早期 p/Z 关系曲线外推会产生一个过高的储量估计，记为 G_o，将早期 p 曲线外推会产生一个过低的储量估计，用 G_u 表示。

根据三角形相似原理，表达压力数据早期外推低估值关系式为

$$\frac{G_u - G_p}{G_u} = \frac{p}{p_i} \tag{5-49}$$

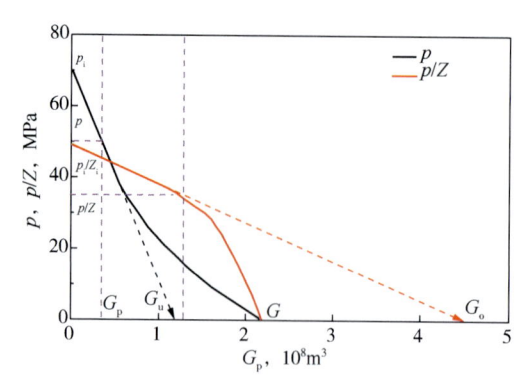

图 5-27 p/Z—G_p 与 p—G_p 关系比较
（Becerra-Arteaga，1993）

进一步整理，有

$$G_u = G_p\left(1+\frac{p}{p_i-p}\right) \quad (5-50)$$

同理，表达视压力数据早期外推高估值关系式为

$$\frac{p_i/Z_i - p/Z}{p_i/Z_i} = \frac{G_p}{G_o} \quad (5-51)$$

进一步整理，有

$$G_o = G_p\left(1+\frac{p/Z}{p_i/Z_i - p/Z}\right) \quad (5-52)$$

正确的储量 G 应在 G_o 和 G_u 之间，线性差值有

$$G = G_p + \gamma(G_o - G_u) \quad (5-53)$$

其中，γ 为差值系数。视地层压力可以近似表示为

$$\frac{p}{Z} = \frac{p_i}{Z_i} - C_{gi}p_i(p_i - p) \quad (5-54)$$

将式(5-53)代入式(5-52)，有

$$G = G_p\left[1+\frac{p}{p_i-p}\left(1-\gamma+\frac{\gamma}{ZC_{gi}p_i}\right)\right] \quad (5-55)$$

若将 α 定义为偏差系数与压力呈线性关系区间内的平均值，有

$$\alpha = \frac{\int_{p_{min}}^{p_i}\left(1-\gamma+\frac{\gamma}{ZC_{gi}p_i}\right)dp}{p_i - p_{min}} \quad (5-56)$$

$$\frac{p_i}{Z_i}\left[\frac{\alpha p}{\alpha p + (p_i-p)}\right] = \frac{p_i}{Z_i}\left(1-\frac{G_p}{G}\right) \quad (5-57)$$

式(5-57)表明，$\frac{p_i}{Z_i}\left[\frac{\alpha p}{\alpha p+(p_i-p)}\right]$—$G_p$ 呈线性关系，其斜率为 $-\frac{p_i}{Z_i G}$，截距为 $\frac{p_i}{Z_i}$。参数 α 是压力系数 pid 和原始视地层压力的函数，其经验关系式为

$$\alpha = 2.229 + 2.256355 pid - 0.099306\frac{p_i}{Z_i} \quad (5-58)$$

式(5-58)转化为图版如图 5-28 所示。

式(5-57)还可以表示为如下形式，有

$$G = G_p\left[1+\frac{\alpha p}{(p_i-p)}\right] \quad (5-59)$$

计算每一点的 G 值，最佳平均值即为所求。该方法不需要岩石压缩系数。

例 5-13：美国 Anderson L 高压气藏生产数据如附表 3-2 所示（Duggan，1971），压力系数为 1.91，原始地层压力为 65.55MPa，气藏温度为 130.0℃，原始含水饱和度为 0.35，有效厚度为 22.86m，地层水压缩系数为 $4.351\times10^{-4}\text{MPa}^{-1}$，岩石压缩系数为 $2.828\times10^{-3}\text{MPa}^{-1}$，容积法地质储量为 $19.68\times10^8\text{m}^3$。试用 Becerra-Arteaga 方法计算该气藏的动态储量。

图 5-28 α 关系图版
（Becerra-Arteaga，1993）

解：
依题意，$pid = 1.91$，$p_i/Z_i = 45.52\text{MPa}$，根据式(5-58)计算系数 α，有

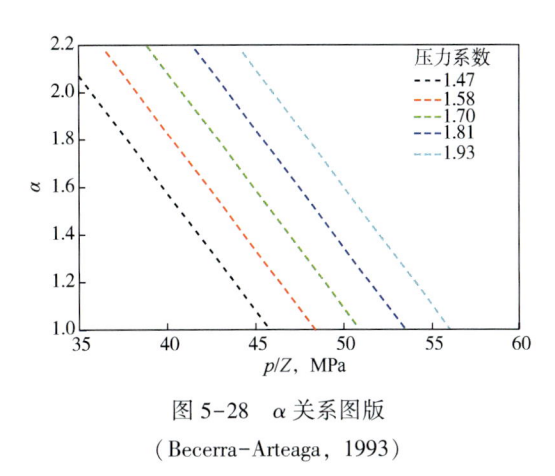

$$\alpha = 2.229 + 2.256355 pid - 0.099306 \frac{p_i}{Z_i} = 2.229 + 2.256355 \times 1.91 - 0.099306 \times 45.52 = 2.04$$

根据式(5-57)，设 $y = \dfrac{p_i}{Z_i}\left[\dfrac{\alpha p}{\alpha p + (p_i - p)}\right]$；根据式(5-59)计算 G，结果如表 5-11 所示。

表 5-11 例 5-13 计算数据表

序号	G_p，10^8m^3	p，MPa	Z	p/Z，MPa	y，MPa	G，10^8m^3
1	0.000	65.55	1.440	45.52	45.52	0.00
2	0.118	64.07	1.418	45.18	45.01	10.50
3	0.492	61.85	1.387	44.59	44.22	17.25
4	0.966	59.26	1.344	44.09	43.27	19.54
5	1.276	57.45	1.316	43.65	42.58	19.73
6	1.647	55.22	1.282	43.07	41.70	19.61
7	2.257	52.42	1.239	42.31	40.54	20.64
8	2.620	51.06	1.218	41.92	39.96	21.46
9	3.146	48.28	1.176	41.05	38.73	21.08
10	3.519	46.34	1.147	40.40	37.83	20.84
11	3.827	45.06	1.127	39.98	37.22	20.99
12	5.163	39.74	1.048	37.92	34.53	21.38
13	6.836	32.86	0.977	33.63	30.60	20.85
14	8.389	29.61	0.928	31.91	28.54	22.49
15	9.689	25.86	0.891	29.02	25.97	22.56
16	10.931	22.39	0.854	26.21	23.40	22.50

绘制 y—G_p 关系曲线，如图 5-29 所示，根据线性回归的截距，得到动态储量为 $22.5\times10^8\text{m}^3$。绘制 G—G_p 关系曲线，如图 5-30 所示，根据线性回归的截距，得到动态储量为 $(21.0\sim22.5)\times10^8\text{m}^3$，后期结果有所增大，可能是微弱水侵所致。

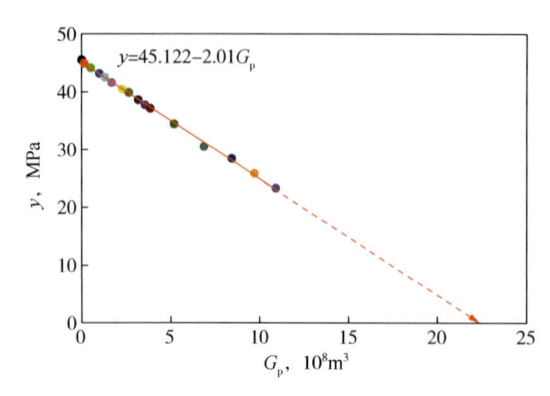

图 5-29 方法一的结果（Becerra-Arteaga，1993）

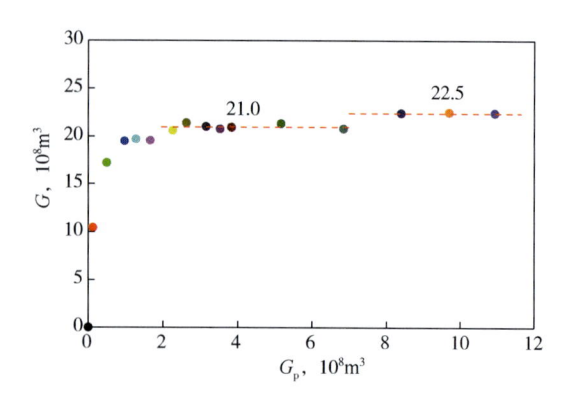

图 5-30 方法二的结果（Becerra-Arteaga，1993）

五、Havlena-Odeh 方法

假设水侵量表示为

$$W_e = \alpha \Delta p \tag{5-60}$$

封闭气藏物质平衡方程可以表示为

$$G_p B_g + W_p B_w = G(B_g - B_{gi}) + \left[GB_{gi}\left(\frac{C_w S_{wi} + C_f}{1 - S_{wi}}\right) + \alpha\right]\Delta p \tag{5-61}$$

进一步整理，有

$$\frac{G_p B_g + W_p B_w}{B_g - B_{gi}} = G + \left[GB_{gi}\left(\frac{C_w S_{wi} + C_f}{1 - S_{wi}}\right) + \alpha\right]\frac{\Delta p}{B_g - B_{gi}} \tag{5-62}$$

$$y = G + \left[GB_{gi}\left(\frac{C_w S_{wi} + C_f}{1 - S_{wi}}\right) + \alpha\right]x \tag{5-63}$$

其中

$$y = \frac{G_p B_g + W_p B_w}{B_g - B_{gi}}$$

$$x = \frac{\Delta p}{B_g - B_{gi}}$$

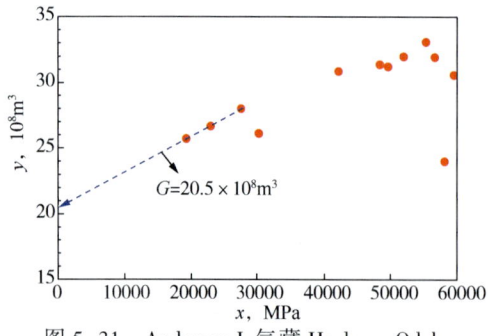

图 5-31 Anderson L 气藏 Havlena-Odeh 方法分析结果

绘制 $x-y$ 曲线，截距即为动态储量 G（Havlena，1963，1964）。Elsharkawy（1996）方法与之类似，只是斜率项包含内容不同，较式（5-63）增加了泥岩中的水侵项。

例 5-14：美国 Anderson L 高压气藏生产数据如附表 3-2 所示（Duggan，1971）。试用 Havlena-Odeh 方法计算该气藏的动态储量。

解：首先根据已知数据计算 x、y，如表 5-12 所示。绘制 $x-y$ 曲线，如图 5-31 所示，动态储量为 20.5×10⁸m³。

表 5-12　例 5-14 计算数据表

G_p, 10⁸m³	p, MPa	Z	p/Z, MPa	Δp, MPa	B_g	x, MPa	y, 10⁸m³
0.00	65.55	1.440	45.52	0.0000	0.003060		
0.12	64.07	1.418	45.18	1.4824	0.003083	64531.25	15.81
0.49	61.85	1.387	44.59	3.7025	0.003124	58010.91	24.07
0.97	59.26	1.344	44.09	6.2881	0.003159	63485.74	30.82
1.28	57.45	1.316	43.65	8.1014	0.003191	61903.20	31.11
1.65	55.22	1.282	43.07	10.3284	0.003234	59428.48	30.65
2.26	52.42	1.239	42.31	13.1277	0.003292	56530.50	32.00
2.62	51.06	1.218	41.92	14.4860	0.003323	55182.05	33.16
3.15	48.28	1.176	41.05	17.2715	0.003393	51860.77	32.05
3.52	46.34	1.147	40.40	19.2089	0.003448	49542.42	31.29
3.83	45.06	1.127	39.98	20.4913	0.003484	48325.41	31.45
5.16	39.74	1.048	37.92	25.8072	0.003673	42088.23	30.93
6.84	32.86	0.977	33.63	32.6882	0.004141	30228.30	26.18
8.39	29.61	0.928	31.91	35.9357	0.004365	27535.81	28.06
9.69	25.86	0.891	29.02	39.6934	0.004800	22810.77	26.73
10.93	22.39	0.854	26.21	43.1614	0.005314	19153.01	25.78

该方法起初用于计算水驱油气藏的动态储量，此例用于计算高压气藏的动态储量，其优势是不需要知道水体大小和岩石压缩系数，其缺点是计算结果对原始地层压力和早期数据很敏感。如果气藏是封闭气藏，可同时计算动态储量和岩石压缩系数。

六、单位累计压降产气量分析方法

（一）单位累计压降产气量

如第四章所述，单位累计压降产气量定义为从原始地层压力条件降到目前地层压力条件下的累计产气量与地层压力累计压降的比值。

$$C = -\frac{1}{G}\left(\frac{dG}{dp}\right)_T \tag{5-64}$$

分离变量积分，有

$$G_p = G\int_p^{p_i} C dp = (G\bar{C})(p_i - p) \tag{5-65}$$

式中　$G\bar{C}$——单位累计压降产气量，10⁸m³/MPa。

当地层压力降至 0.101325MPa 时，有

$$G_p = G = (G\bar{C})p_i \tag{5-66}$$

即当地层压力降至标准大气压下，无量纲单位累计压降产气量的数值为原始地层压力的倒数。如图 4-5 所示，单位累计压降产气量与累计压降关系曲线在早中期呈线性关系，后期逐渐变缓，变缓幅度与偏差系数有关。

例 5-15：假设地层压力为 40MPa，天然气相对密度为 0.6。试分析定容气藏温度分别为 333.15K、373.15K、413.15K 情形下的单位累计压降产气量随地层压力下降的变化情况。

解：

根据式(4-12)计算定容气藏单位累计压降产气量，结果如图 5-32 所示。从图中可以看出，单位累计压降产气量与累计压降关系曲线在早中期呈线性关系，将线性关系延长与纵轴相交，单位累计压降产气量与交点数值的比值 a 约等于偏差系数的最小值(图 5-32)。图 5-32(a)温度为 333.15K 情形，$a=0.025/0.0284=0.88\approx 0.85$，两者相对误差为 3.6%；图 5-32(b)温度为 373.15K 情形，$a=0.025/0.0264=0.95\approx 0.94$，两者相对误差为 1.1%；图 5-32(c)温度为 413.15K 情形，$a=0.025/0.0267=0.94\approx 0.96$，两者相对误差为 2.1%。

(a) 温度为 333.15K

(b) 温度为 373.15K

(c) 温度为 413.15K

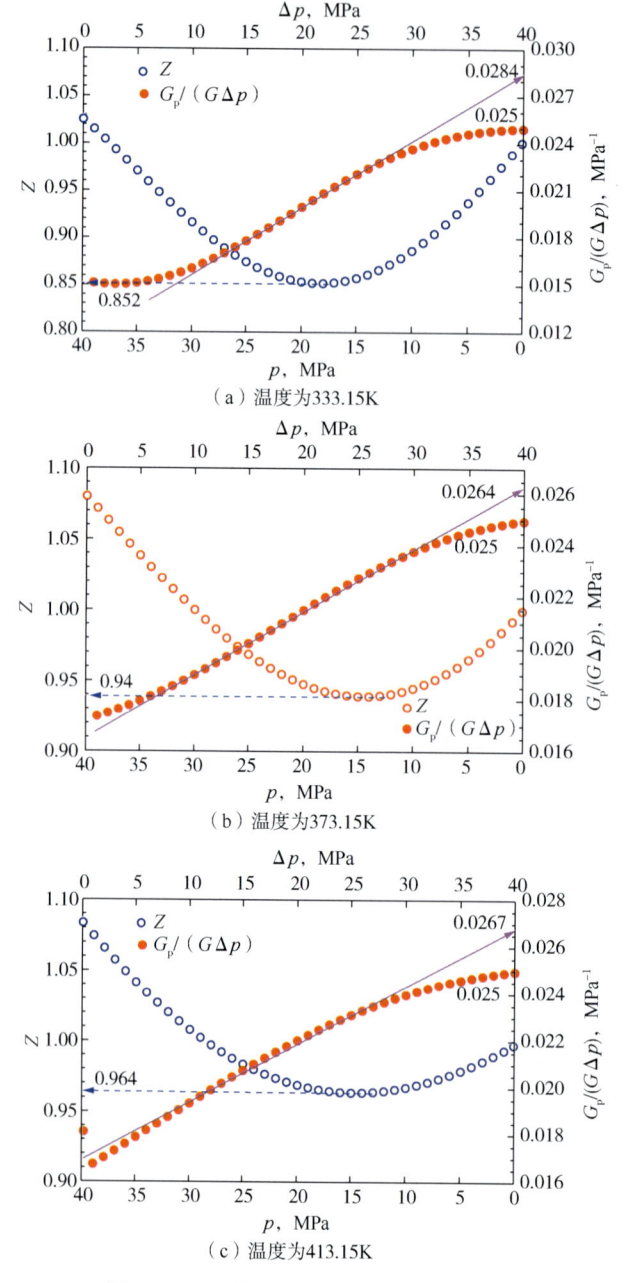

图 5-32　温度对累计压降产气量的影响

天然气偏差系数最小值取决于拟临界性质，如图5-33所示。当拟对比温度大于1.9时，天然气偏差系数最小值在0.90以上。

例5-16：封闭气藏原始压力为74MPa，温度为377.15K，天然气相对密度为0.568，原始含水饱和度为0.32，初始岩石压缩系数为$2.5\times10^{-3}\text{MPa}^{-1}$，地层水压缩系数为$5.6\times10^{-4}\text{MPa}^{-1}$（例4-2）。试绘制该气藏的单位累计压降产气量曲线并分析其特征。

解：

根据数据表4-3绘制该气藏的单位累计压降产气量曲线，如图5-34所示。其特征与定容情形相同。$a=0.0135/0.0141=0.957\approx0.935$，两者相对误差为2.3%。

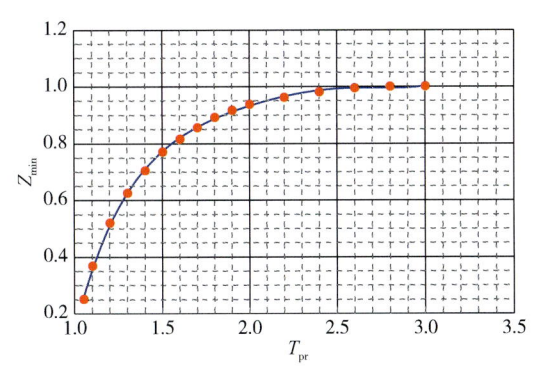

图5-33 不同拟对比温度情形偏差系数最小值　　图5-34 封闭气藏单位累计压降产气量曲线

（二）分析方法

该方法主要分析步骤如下：

（1）绘制单位累计压降产气量与累计压降（$G_p/\Delta p$—Δp）直角坐标图，进行线性回归，并将直线延长与纵轴相交，记录交点坐标；

（2）根据温度、天然气物性参数，查图5-33确定偏差系数最小值；

（3）原始地层压力、交点数值与偏差系数最小值的乘积即为动态储量。

例5-17：美国Anderson L高压气藏生产数据如附表3-2所示（Duggan，1971）。试用单位累计压降产气量方法计算该气藏的动态储量。

解：

首先根据已知数据计算单位累计压降产气量，如表5-13所示。绘制$G_p/\Delta p$—Δp曲线，大气压条件下，单位累计压降产气量数值为$0.31\times10^8\text{m}^3/\text{MPa}$，如图5-35所示；根据天然气相对密度0.665，算得偏差系数最小值为0.934；因此动态储量为$18.96\times10^8\text{m}^3$。若不进行修正，数值为$20.30\times10^8\text{m}^3$。若直接用压降指示曲线法计算，计算结果为$26.6\times10^8\text{m}^3$，如图5-36所示，远高于容积法储量。

表5-13　例5-17计算数据表

序号	G_p，10^8m^3	p，MPa	Δp，MPa	Z	p/Z，MPa	$G_p/\Delta p$，$10^8\text{m}^3/\text{MPa}$
1	0.000	65.55	0.00	1.440	45.52	
2	0.118	64.07	1.48	1.418	45.18	0.079
3	0.492	61.85	3.70	1.387	44.59	0.133
4	0.966	59.26	6.29	1.344	44.09	0.154

续表

序号	G_p, $10^8 m^3$	p, MPa	Δp, MPa	Z	p/Z, MPa	$G_p/\Delta p$, $10^8 m^3/MPa$
5	1.276	57.45	8.10	1.316	43.65	0.157
6	1.647	55.22	10.33	1.282	43.07	0.160
7	2.257	52.42	13.13	1.239	42.31	0.172
8	2.620	51.06	14.49	1.218	41.92	0.181
9	3.146	48.28	17.27	1.176	41.05	0.182
10	3.519	46.34	19.21	1.147	40.40	0.183
11	3.827	45.06	20.49	1.127	39.98	0.187
12	5.163	39.74	25.81	1.048	37.92	0.200
13	6.836	32.86	32.69	0.977	33.63	0.209
14	8.389	29.61	35.94	0.928	31.91	0.233
15	9.689	25.86	39.69	0.891	29.02	0.244
16	10.931	22.39	43.16	0.854	26.21	0.253

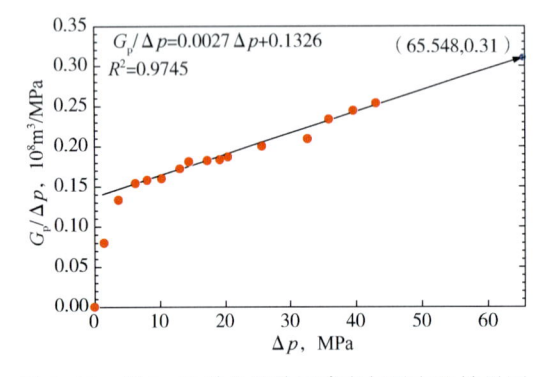

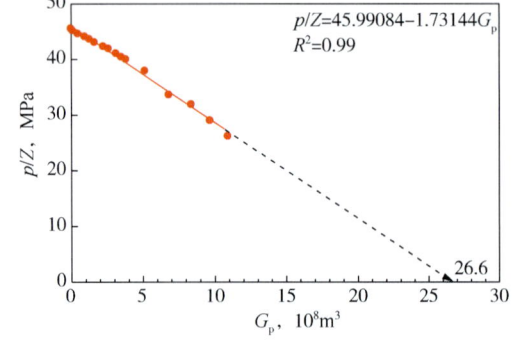

图 5-35 例 5-17 单位累计压降产气量方法结果图

图 5-36 例 5-17 压降法结果图

例 5-18：M2 气藏原始地层压力为 74.22MPa，地层水压缩系数为 $5.6 \times 10^{-4} MPa^{-1}$，假设地层水体积系数为 1.0，原始含水饱和度为 0.32，气藏温度为 100℃，容积法储量为 $2400 \times 10^8 m^3$。生产数据如附表 17-1 所示。试用单位累计压降产气量方法计算 M2 气藏的动态储量。

解：由例 5-11 分析结果，该气藏是水驱气藏。首先根据已知数据计算单位累计压降产气量，结果如表 5-14 所示。绘制 $G_p/\Delta p$—Δp 曲线，如图 5-37 所示，从第 6 点开始，曲线上翘明显，说明已发生水侵。根据天然气高压物性，偏差系数最小值为 0.93。按第一阶段数据计算动态储量为 $1933 \times 10^8 m^3$；若按第二阶段数据计算，动态储量为 $2899 \times 10^8 m^3$。直接采用压降法计算，动态储量为 $2468 \times 10^8 m^3$，如图 5-38 所示。

表 5-14 例 5-18 计算数据表

序号	G_p, $10^8 m^3$	W_p, $10^4 m^3$	p, MPa	Z	p/Z, MPa	Δp, MPa	$G_p/\Delta p$, $10^8 m^3/MPa$
1	0.00	0.00	74.22	1.450	51.27	0.0000	
2	2.14	0.00	73.98	1.450	51.00	0.2400	8.9167
3	34.61	0.37	72.92	1.446	50.43	1.3000	26.6231

续表

序号	G_p, $10^8 m^3$	W_p, $10^4 m^3$	p, MPa	Z	p/Z, MPa	Δp, MPa	$G_p/\Delta p$, $10^8 m^3$/MPa
4	118.72	2.11	69.97	1.442	48.52	4.2500	27.9348
5	228.32	4.65	65.80	1.438	45.76	8.4200	27.1158
6	345.40	7.50	61.32	1.434	42.76	12.9000	26.7749
7	457.91	10.93	57.60	1.430	40.28	16.6200	27.5516
8	553.39	16.61	54.99	1.426	38.56	19.2300	28.7776
9	614.31	18.40	53.30	1.422	37.48	20.9200	29.3647
10	689.23	21.11	51.21	1.418	36.11	23.0100	29.9533
11	769.08	23.60	49.00	1.414	34.65	25.2200	30.4948
12	839.48	26.42	47.06	1.413	33.31	27.1600	30.9088
13	901.98	29.52	45.37	1.412	32.13	28.8500	31.2643
14	958.96	35.67	43.86	1.411	31.08	30.3600	31.5864
15	1029.23	39.10	42.05	1.411	29.81	32.1700	31.9935
16	1095.80	46.26	40.39	1.410	28.64	33.8300	32.3914
17	1157.65	57.22	38.87	1.410	27.57	35.3500	32.7482

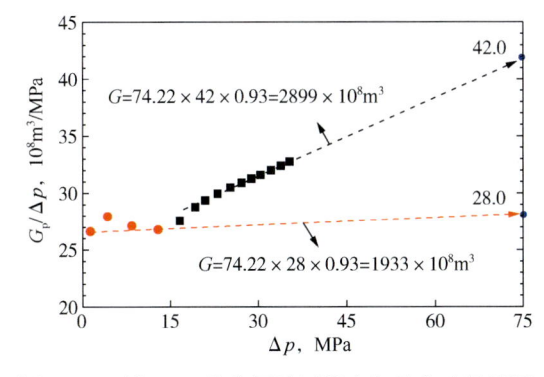

图 5-37 例 5-18 单位累计压降产气量方法结果图

图 5-38 例 5-18 压降法结果图

该方法优点是仅用产量和压力数据进行分析，对于定容和封闭气藏计算结果相对准确，但对于强水驱气藏，应多方法结合使用，否则计算结果偏差较大。

第三节 非线性回归分析方法

非线性回归方法基本原理是将物质平衡方程式表示为不同的非线性形式，通过多元或非线性回归方法进行动态储量评价，主要有二元回归法（陈元千，1993）、非线性回归法（Gonzales，2008；郑琴，2011；Jiao，2017；孙贺东，2019）。

一、二元回归法

如第四章所述，封闭气藏的物质平衡方程式（Ramagost，1981）可以表示为

$$\frac{p}{Z}(1-C_e\Delta p) = \frac{p_i}{Z_i}\left(1-\frac{G_p}{G}\right) \qquad (5-67)$$

进一步整理（Bourgoyne，1972；李大昌，1985；陈元千，1993），有

$$G_p = G - \frac{G(1-C_e p_i)}{p_i/Z_i}\left(\frac{p}{Z}\right) - \frac{GC_e}{p_i/Z_i}\left(\frac{p^2}{Z}\right) \qquad (5-68)$$

$$y = a_0 + a_1 x_1 + a_2 x_2 \qquad (5-69)$$

其中

$$y = G_p \qquad x_1 = \frac{p}{Z} \qquad x_2 = \frac{p^2}{Z}$$

$$a_0 = G \qquad a_1 = -\frac{G(1-C_e p_i)}{p_i/Z_i} \qquad a_2 = -\frac{GC_e}{p_i/Z_i}$$

根据压力、累计产量数据及天然气偏差系数，采用二元回归方法确定系数（分析原理见附录27），其中 a_0 为动态储量；根据系数 a_1、a_2 可计算有效压缩系数，有

$$C_e = \frac{a_2}{a_1 + a_2 p_i} \qquad (5-70)$$

例 5-19：美国路易斯安那 Offshore 高压气藏生产数据如附表 2-1 所示（Ramagost，1981），原始含水饱和度为 0.22，地层水压缩系数为 $4.41\times10^{-4}\mathrm{MPa}^{-1}$，岩石压缩系数为 $3.325\times10^{-3}\mathrm{MPa}^{-1}$。试用二元回归方法计算该气藏的动态储量。

解：

首先根据式(5-69)分别计算 x_1、x_2，如表 5-15 所示，可利用 Excel 软件进行二元回归分析，其中自变量为 x_1、x_2，因变量为 G_p，拟合结果如图 5-39 所示，$a_0 = 129.99$，$a_1 = -1.7467$，$a_2 = -9.69\times10^{-3}$，即动态储量为 $130.0\times10^8\mathrm{m}^3$；根据式(5-70)计算有效压缩系数为

$$C_e = \frac{a_2}{a_1 + a_2 p_i} = \frac{9.69\times10^{-3}}{1.7467 + 9.69\times10^{-3}\times78.90} = 38.58\times10^{-4}\mathrm{MPa}^{-1}$$

表 5-15 例 5-19 计算数据表

G_p, $10^8\mathrm{m}^3$	p, MPa	Z	p/Z, MPa	p^2/Z, MPa^2
0.00	78.90	1.496	52.74	4161.66
2.81	73.60	1.438	51.18	3766.50
8.11	69.85	1.397	50.00	3492.60
15.18	63.80	1.330	47.97	3060.19
22.00	59.12	1.280	46.18	2730.24
28.72	54.51	1.230	44.32	2415.72
34.09	50.88	1.192	42.69	2172.05
41.07	47.21	1.154	40.91	1931.19

续表

G_p, $10^8 m^3$	p, MPa	Z	p/Z, MPa	p^2/Z, MPa^2
45.49	44.04	1.122	39.25	1728.94
51.64	40.18	1.084	37.06	1489.03
56.00	37.29	1.057	35.28	1315.84
61.08	34.47	1.033	33.37	1150.49
66.76	31.03	1.005	30.87	957.82
69.64	28.75	0.988	29.10	836.66

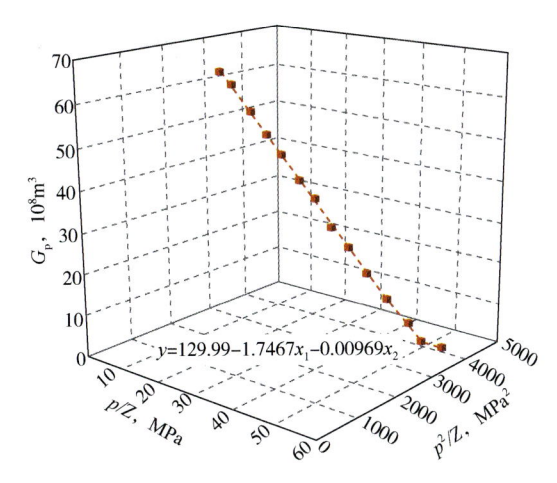

图 5-39 例 5-19 二元回归结果图

二、非线性回归法

对于压缩系数为变量的封闭气藏物质平衡方程式(Fetkovich, 1998)可以表示为

$$\frac{p}{Z}[1-\overline{C}_e(p)(p_i-p)] = \frac{p_i}{Z_i}\left(1-\frac{G_p}{G}\right) \tag{5-71}$$

其中，$\overline{C}_e(p)$ 为累计有效压缩系数值，定义为

$$\overline{C}_e(p) = \frac{1}{1-S_{wi}}[S_{wi}\overline{C}_{wi}+\overline{C}_f+M(\overline{C}_w+\overline{C}_f)] \tag{5-72}$$

（一）$\overline{C}_e(p)(p_i-p)$—G_p 线性关系式

高压、超高压气藏物质平衡方程关键问题是 $\overline{C}_e(p)(p_i-p)$—G_p 的关系，Gonzales(2008) 提出如下近似线性关系式

$$\overline{C}_e(p)(p_i-p) \approx \lambda G_p \tag{5-73}$$

将式(5-73)代入式(5-71)，有

$$p_D = \frac{p/Z}{p_i/Z_i} = \frac{1-G_p/G}{1-\lambda G_p} = \frac{1-aG_p}{1-bG_p} \tag{5-74}$$

其中，式(5-74)的系数 a 和 b ($a=1/G$，$b=\lambda$) 可通过非线性回归的方式(Jiao，2017)得到。若 $bG_p \ll 1$，根据泰勒级数展开式有

$$\frac{1}{1-bG_p} = 1 + bG_p + b^2 G_p^2 + \cdots \tag{5-75}$$

将式(5-75)代入式(5-74)，即可得到抛物型(Gonzales，2008)及三次型(郑琴，2011)关系式

$$p_D = 1 + (b-a)G_p - ab G_p^2 \tag{5-76}$$

$$p_D = 1 + (b-a)G_p + b(b-a)G_p^2 - ab^2 G_p^3 \tag{5-77}$$

式(5-74)是抛物型及三次型关系式的极限形式，当 $bG_p \ll 1$ 条件不成立时，式(5-76)、式(5-77)计算的结果偏大，式(5-74)非线性回归结果具有较好的精度。

例 5-20：封闭气藏原始压力为 74MPa，气藏温度为 377.15K，天然气相对密度为 0.568，原始含水饱和度为 0.32，初始岩石压缩系数为 $2.5 \times 10^{-3} \text{MPa}^{-1}$，地层水压缩系数为 $5.6 \times 10^{-4} \text{MPa}^{-1}$（例 4-2）。试绘制 G_p/G—λ 关系曲线。

解：

根据式(5-71)和式(5-73)，有

$$\lambda = \left[1 - \frac{p_i/Z_i}{p/Z}\left(1 - \frac{G_p}{G}\right)\right]\frac{B_{gi}}{(G_p/G)} \tag{5-78}$$

根据表 4-2 绘制 G_p/G—λ 关系曲线，如图 5-40 所示，G_p/G—λ 可近似用线性函数表示。因此，将 λ 设置为 G_p/G 的线性函数是合理的。

由式(5-78)绘制该气藏的单位累计压降产气量曲线，如图 5-34 所示。其特征与定容情形相同。$a = 0.0135/0.0140 = 0.957 \approx 0.935$，相对误差为 2.3%。

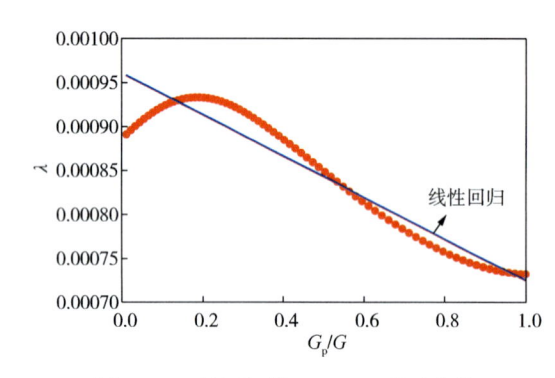

图 5-40 封闭气藏 G_p/G—λ 关系曲线

例 5-21：美国 Anderson L 高压气藏生产数据如附表 3-2 所示（Duggan，1971），气藏温度为 130℃。试用二项式及非线性回归方法计算该气藏的动态储量并计算 λ。

解：分别根据式(5-74)、式(5-76)进行回归，对比结果如图 5-41 所示；根据式(5-78)计算 λ，λ 随动态储量数值的增加而减小，如图 5-42 所示。根据非线性回归结果，$\lambda = 0.02025$。由二项式回归方法，计算动态储量为 $21.0 \times 10^8 \text{m}^3$，回归公式为

$$p_D = 1 - 0.02939 G_p - 8.52869 \times 10^{-4} G_p^2$$

由非线性回归方法，计算动态储量为 $19.8 \times 10^8 \text{m}^3$，回归公式为

$$p_D = \frac{1 - 0.05047 G_p}{1 - 0.02025 G_p} \tag{5-79}$$

两种方法动态储量结果相差 6%。

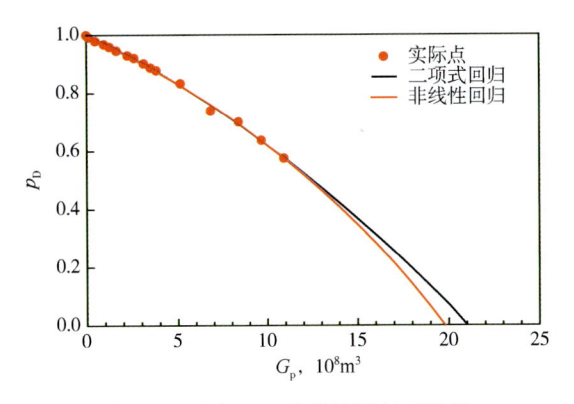

图 5-41 例 5-21 非线性回归对比图

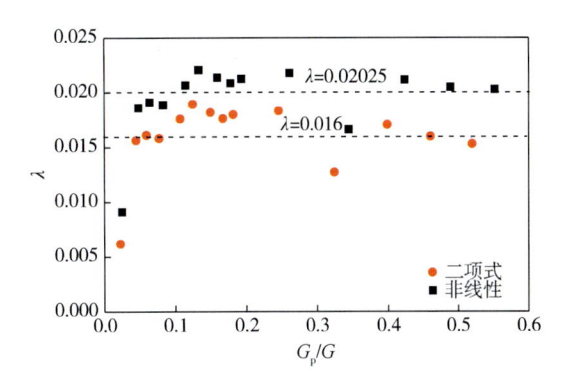

图 5-42 λ 结果对比图

例 5-22：M4 气藏是一个典型的水驱气藏（Jiao，2017），原始地层压力为 74.48MPa，气藏温度为 100℃，容积法储量为 2091.5×10⁸m³。生产数据如附表 19-1 所示。试用二项式及非线性回归方法计算该气藏的动态储量。

解：分别根据式（5-74）、式（5-76）进行回归，对比结果如图 5-43 所示。由二项式回归方法，计算动态储量为 2760×10⁸m³，与静态储量相差 25.9%，回归公式为

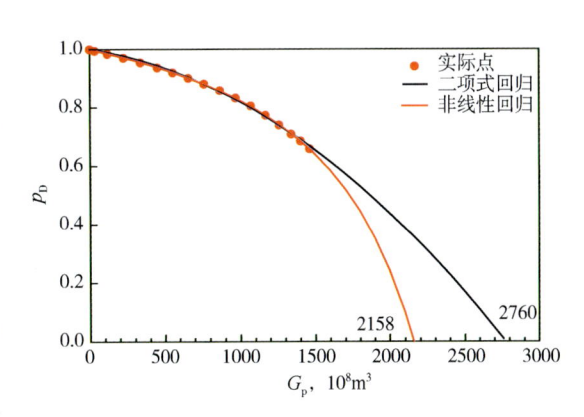

图 5-43 例 5-22 非线性回归对比图

$$p_D = 1 - 7.95488 \times 10^{-5} G_p - 1.01514 \times 10^{-7} G_p^2$$

由非线性回归方法，计算动态储量为 2158.3×10⁸m³，与静态储量相差 1.5%，回归公式为

$$p_D = \frac{1 - 4.63328 \times 10^{-4} G_p}{1 - 3.4874 \times 10^{-4} G_p} \tag{5-80}$$

两种方法动态储量结果相差 27.9%。因此，尽量选用非线性回归方法进行分析。

（二）$\overline{C}_e(p)(p_i-p)$—G_p 幂函数关系式

若假设

$$\overline{C}_e(p)(p_i-p) \approx b G_p^c \tag{5-81}$$

将式（5-81）代入式（5-71），有

$$p_D = \frac{1 - a G_p}{1 - b G_p^c} \tag{5-82}$$

首先根据式（5-74）用非线性回归法确定附录 1 至附录 14 中 20 个气藏动态储量；绘制 $\overline{C}_e(p)(p_i-p)$—G_p/G 关系双对数曲线，如图 5-44 所示，c 的经验值为 1.02847，即

$$p_D = \frac{1-aG_p}{1-bG_p^{1.02847}} \quad (5-83)$$

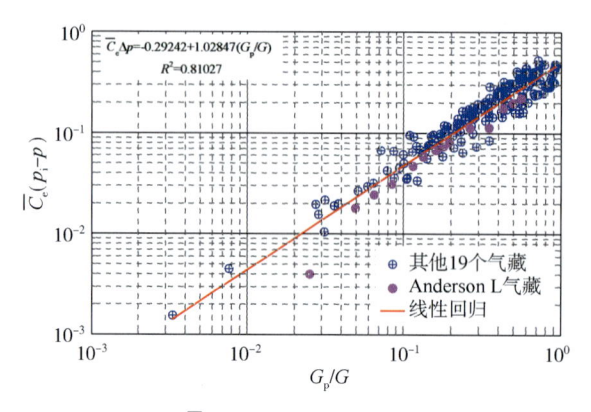

图 5-44　国外 20 个气藏 $\overline{C}_e(p)(p_i-p)$—G_p/G 关系曲线（孙贺东，2019）

例 5-23：试用式(5-83)计算 M4 气藏(Jiao，2017)的动态储量。

解：根据式(5-83)进行非线性回归，结果如图 5-45 所示；动态储量为 $2120.0 \times 10^8 \mathrm{m}^3$，与静态储量相差 1.4%，回归公式为

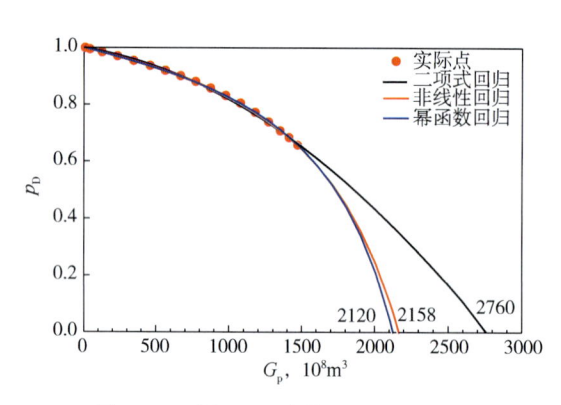

$$p_D = \frac{1-4.71656\times10^{-4}G_p}{1-2.9436\times10^{-4}G_p^{1.02847}} \quad (5-84)$$

图 5-45　例 5-23 非线性回归对比图

三、关于非线性回归法起算点

分别用式(5-83)计算的国外 20 个已开发高压、超高压气藏的动态储量如表 5-16 所示，除了序号 6、12、14、17 号气藏外，式(5-83)计算结果与其余方法基本一致，比二项式非线性回归方法略小（Gonzalez，2008）。序号 6、12、14、17 号气藏各种方法计算结果存在较大的差异，视压力衰竭程度是主要影响因素。统计分析结果表明，以 Gan-Blasingame (2001) 方法为代表的直线两段式方法，拐点出现的时间点对应的视压力衰竭程度为 0.14~0.38，平均为 0.23，如图 5-10 所示；第二直线段可计算动态储量时间点对应的视压力衰竭程度为 0.23~0.50，平均为 0.33，如图 5-46 所示；对应的采出程度为 0.33~0.65，平均为 0.45，如图 5-47 所示。

表 5-16 国外 20 个已开发高压、超高压气藏各种计算方法结果比较（孙贺东，2019）

序号	气藏名称	数据来源	视压力衰竭程度 $1-p_D$	容积法 $10^8 m^3$	文献方法及动态储量	动态储量 $10^8 m^3$	Gan $10^8 m^3$	Gonzalez $10^8 m^3$	式(5-83) $10^8 m^3$
1	Reservoir197	附录4	0.70		外推	4.11	4.13	3.88	4.17
2	SE Texas	附录13	0.57	61.73	Guehria	59.75	75.89	74.36	64.22
3	Reservoir 70	附录4	0.76		外推	3.11	3.43	3.34	3.32
4	Reservoir41	附录5	0.39		Hammerlindl	11.61	13.76	13.96	10.22
5	Reservoir33	附录6	0.84		Hammerlindl	61.45	60.91	59.15	57.74
6	Reservoir268	附录7	0.27		Hammerlindl	8.64	9.2	8.55	5.32
7	Reservoir195	附录8	0.79		Hammerlindl	15.04	14.64	14.22	14.06
8	Reservoir117	附录9	0.46		Hammerlindl	159.28	130.63	142.55	114.42
9	ROB43-1	附录11	0.50		Roach	28.6	30.47	33.13	26.83
10	Cajun	附录14	0.82		Roach	62.3	60.6	58.79	57.94
11	Louisiana	附录12	0.43	28.32	Guehria	30.87	36.39	38.79	32.12
12	GOM	附录5	0.27		Ramagost	6.34	4.36	4.28	3.48
13	Field38	附录9	0.49		Roach	22.68	19.82	19.48	19.71
14	Example4	附录8	0.16		Havlena-Odeh	13.62	10.28	15.23	9.42
15	GOM Case2	附录10	0.63		Roach	40.21	46.3	51.2	46.82
16	Stafford	附录6	0.51		Ramagost	7.08	6.46	6.65	5.5
17	North Ossun	附录1	0.24	32.28	Bourgoyne	33.41	25.37	24.49	24.58
18	South LA	附录7	0.38		Bourgoyne	4.53	3.91	3.77	2.91
19	Offshore LA	附录2	0.45		Ramagost	133.09	140.88	125.05	122.4
20	Anderson L	附录3	0.42	19.68	Ramagost	20.39	21.38	20.81	19.37

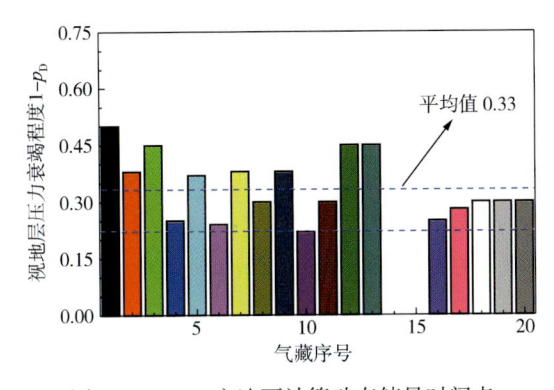

图 5-46 Gan 方法可计算动态储量时间点

图 5-47 Gan 方法误差小于 10% 时间点的采出程度

式(5-83)非线性回归方法统计分析结果表明，若以动态储量计算结果与所有点计算结果相差 10% 为标准，对应的视压力衰竭程度为 0.16~0.62，平均为 0.33，如图 5-48 所示；对应的采出程度为 0.28~0.62，平均为 0.48，如图 5-49 所示。

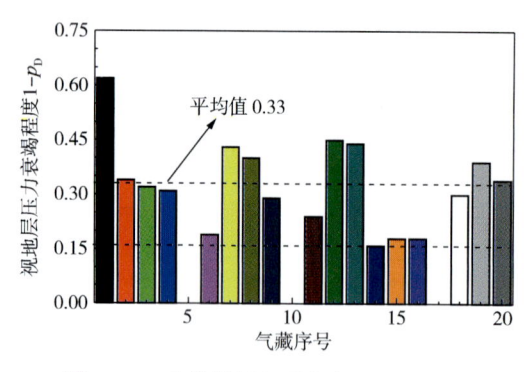

图 5-48 非线性回归误差小于 10% 时间点统计图

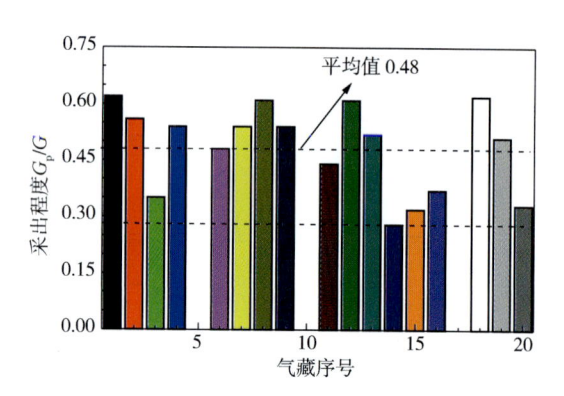

图 5-49 非线性回归误差小于 10% 时间点采出程度统计图

对于裂缝性应力敏感气藏，由于裂缝压缩系数难以确定，亦可用非线性回归方法进行天然气储量评价。

例 5-24：气藏基质束缚水饱和度为 0.25，裂缝含水饱和度为 0，水相压缩系数为 $4.35 \times 10^{-4} \mathrm{MPa}^{-1}$，基质压缩系数为 $2.90 \times 10^{-3} \mathrm{MPa}^{-1}$，裂缝孔隙度为 0.01，裂缝储容比为 0.5。气藏开发数据详见附表 20-1。试采用不同方法计算该气藏的动态储量。

解：分别采用式 (5-74)、式 (5-76)、式 (5-83) 进行非线性回归，结果依次为 $46.7 \times 10^8 \mathrm{m}^3$、$45.6 \times 10^8 \mathrm{m}^3$ 和 $45.3 \times 10^8 \mathrm{m}^3$，与原文 (Aguilera, 2008) 计算结果 $48.14 \times 10^8 \mathrm{m}^3$ 接近；若忽略裂缝压缩系数的影响，对前面 4 个数据点进行线性回归并外推，得到天然气储量为 $58.3 \times 10^8 \mathrm{m}^3$，导致天然气储量计算值过高，如图 5-50 所示。图 5-51 表明，当视地层压力衰竭程度大于 0.35 后，采用式 (5-83) 计算的储量结果较接近，此临界点与前述统计结果 0.33 基本一致。

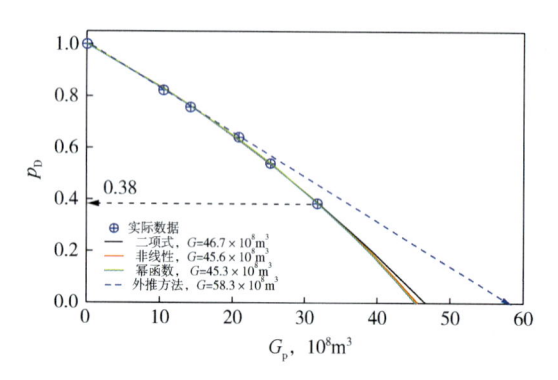

图 5-50 例 5-24 气藏 p_D—G_p 回归曲线图

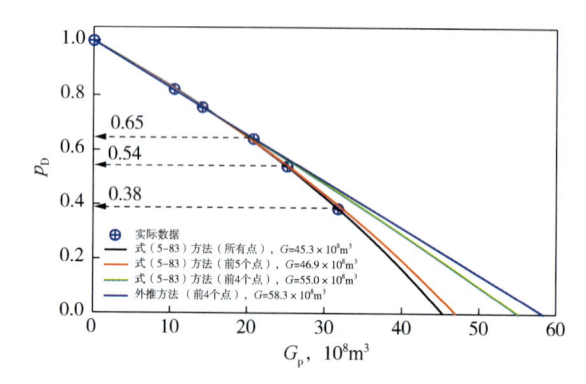

图 5-51 视地层压力衰竭程度敏感性分析图

若假设式中 $\overline{C}_\mathrm{e}(p)(p_\mathrm{i}-p)$ 与 G_p 符合线性关系，引入无量纲视地层压力 p_D、无量纲采出程度 G_pD 和无量纲线性系数 λ_D，式 (5-74) 表示为

$$p_\mathrm{D} = \frac{p/Z}{p_\mathrm{i}/Z_\mathrm{i}} \approx \frac{1-G_\mathrm{p}/G}{1-\lambda G_\mathrm{p}} = \frac{1-G_\mathrm{pD}}{1-\lambda_\mathrm{D} G_\mathrm{pD}} \tag{5-85}$$

式中，$G_\mathrm{pD} = G_\mathrm{p}/G$，$\lambda_\mathrm{D} = \lambda G$。

由于偏离 p_D—G_p 曲线早期直线段的起始点无解析解，因此无法通过理论计算得到。根据式(5-85),绘制出 p_D—G_{pD} 关系曲线图版(图 5-52),采用图解法求取该点,先将 p_D—G_{pD} 早期数据点进行线性回归,进而确定线性回归曲线的斜率和截距,然后根据以下两个判别条件来共同判定拐点所处的位置,分别为:(1)p_D—G_{pD} 线性回归曲线的截距值与 1.0 的相对误差小于 0.25%;(2)拐点横坐标 G_{pD} 对应的 p_D 线性回归拟合值和拐点实际 p_D 值的相对误差小于 0.50%。λ_D 取值不同,p_D—G_{pD} 曲线偏离早期直线段的起始点位置差异明显,其对应的视地层压力衰竭程度 $(1-p_D)$ 介于 0.06~0.38。对国内外 22 个已开发高压、超高压气藏进行统计,发现 λ_D 介于 0.20~0.75,偏离早期直线段的起始点对应的 $(1-p_D)$ 介于 0.14~0.38,与采用的图解法计算结果较一致。

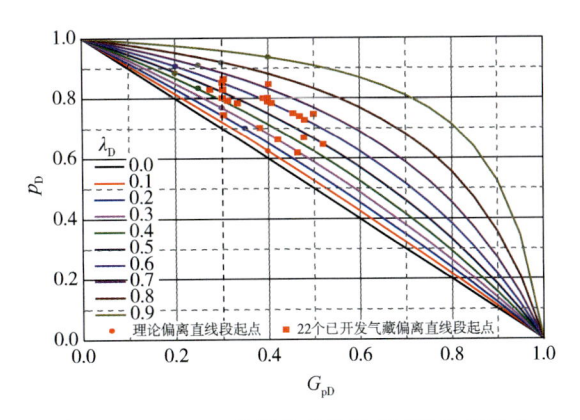

图 5-52 p_D—G_{pD} 曲线偏离早期直线段的起始点分布示意图(孙贺东,2020)

由图 5-52 所知,对于处在试采前期评价阶段的高压超高压大型气藏,即使试采时间长达 1 年、压降幅度达到原始地层压力的 3%~5% 甚至更高,偏离早期直线段的起始点也未出现,远远不能达到物质平衡法计算动态储量的起算条件。如果采用这些数据点线性回归计算动态储量,必然造成计算结果偏大,以至于无法准确确定开发方案的合理产能规模,误导开发决策。根据图 5-52 中不同 λ_D 情形偏离早期直线段起始点,确定相应的 G/G_a 数值;绘制的 λ_D—G/G_a 关系曲线如图 5-53(a)所示。若采用线性回归,经验公式为

$$G/G_a = 1.03242 - 0.96207\lambda_D \tag{5-86}$$

若采用非线性回归,经验公式为

$$\frac{G}{G_a} = \frac{1.0 - 0.97602\lambda_D}{1.0 - 0.18793\lambda_D} \tag{5-87}$$

统计分析国内外 20 个高压、超高压气藏开发数据,得到 λ_D—G/G_a 关系,如图 5-53(b)所示,G/G_a 不是一个常数,而是 λ_D 的函数,与理论曲线变化趋势基本一致。

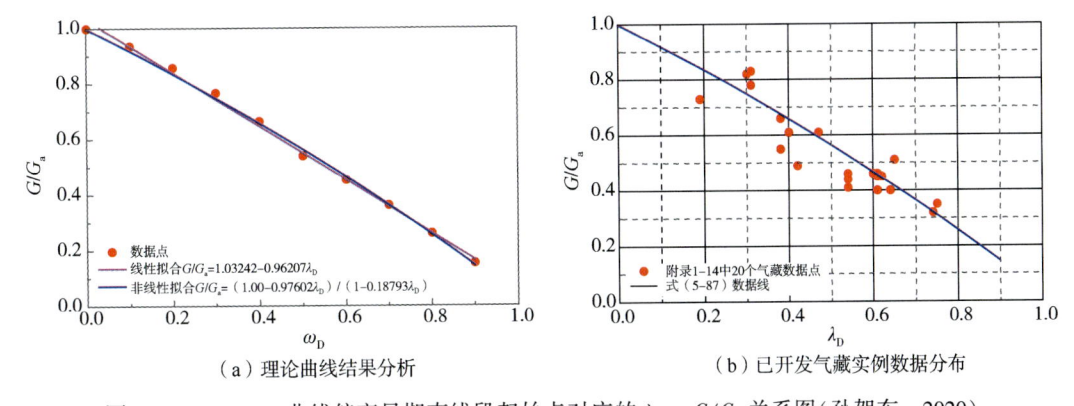

(a)理论曲线结果分析

(b)已开发气藏实例数据分布

图 5-53 p_D—G_{pD} 曲线偏离早期直线段起始点对应的 λ_D—G/G_a 关系图(孙贺东,2020)

综上所述，非线性回归法计算天然气储量时避开了岩石有效压缩系数、含水层体积及水侵量等不确定性参数，具有计算过程简单、实用性较好的优势。因此，建议采用不需要压缩系数的非线性回归法进行高压、超高压气藏动态储量评价。采用非线性回归法计算动态储量的起算点无法通过理论方法计算得到，基于图解法的统计结果表明不同 λ_D 情形下起算点对应的 $(1-p_D)$ 介于 $0.06\sim0.38$。

第四节　典型曲线拟合分析方法

典型曲线分析方法是由 Agarwal（1970）引入石油行业的（见附录21）。单对数、双对数典型曲线拟合分析方法不仅在试井分析方面得到了广泛的应用，在物质平衡法动态储量评价方面也得到了应用。该方法根据物质平衡方程式建立单对数或双对数图版，通过曲线拟合的方式求取动态储量和有效压缩系数等参数，主要有 Ambastha 图版拟合法（1991）、Fetkovich 拟合分析法（1998）、Gonzales 拟合分析法（2008）、单对数拟合分析法（孙贺东，2020）以及多井现代产量递减分析法（Marhaendrajana，2001）。

一、Ambastha 图版及其改进分析法

如本章第三节所述，封闭气藏的物质平衡方程式可以表示为（Bourgoyne，1972）

$$G_p = G - \frac{G(1-C_e p_i)}{p_i/Z_i}\left(\frac{p}{Z}\right) - \frac{GC_e}{p_i/Z_i}\left(\frac{p^2}{Z}\right)$$

将其无量纲化（Ambastha，1991），有

$$G_{pD} = 1 - (1-C_D)p_D - C_D Z_D p_D^2 \tag{5-88}$$

其中

$$G_{pD} = G_p/G \qquad p_D = (p/Z)/(p_i/Z_i) \qquad C_D = C_e p_i \qquad Z_D = Z/Z_i$$

若已知气藏原始压力、温度和天然气性质，便可计算 Z_D，进而可以建立典型曲线。如 Cajun 超高压气藏，原始地层压力为 79.0MPa，气藏温度为 401.3K，天然气相对密度为 0.6，根据附录22中式（A22-1）原始条件下偏差系数为 1.4795。该气藏的典型曲线图版如图 5-54 所示。

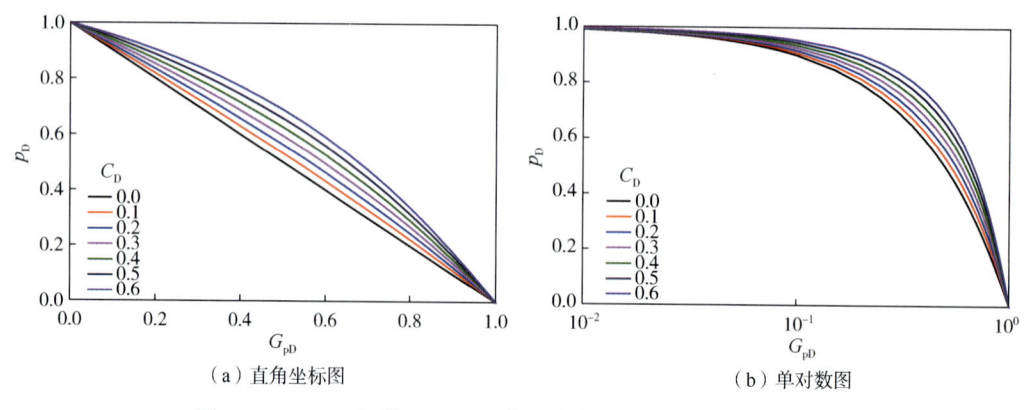

（a）直角坐标图　　（b）单对数图

图 5-54　Cajun 气藏 Ambastha 典型曲线图版（Ambastha，1991）

Ambastha(1991)根据图 5-54(a)建立了一套基于直角坐标的数据拟合分析方法,但该方法需要将无量纲数据进一步处理,结果具有很大的不确定性,如该气藏对于 C_D 为 0~0.6 都能实现较好拟合。若将横坐标取对数,图版如图 5-54(b)所示。此时可用单对数图版拟合的方法进行分析,分析步骤如下:

(1)基于实际生产数据,在 p_D—G_p 半对数曲线图上绘制出系列数据点(G_p, p_D),将其叠放在 p_D—G_{pD} 半对数典型曲线图版[图 5-54(b)]上;

(2)上下移动数据点,使纵坐标轴对齐,然后左右移动数据点,使其与 p_D—G_{pD} 半对数典型曲线图版中某 C_D 对应的曲线拟合上,从而确定 C_D,在此基础上,任取一点并分别读取其在 p_D—G_p、p_D—G_{pD} 半对数曲线图上的坐标值(G_p, p_D)、(G_{pD}, p_D),进而根据式(5-88)计算得到 G 和 C_e。

例 5-25:试用 Ambastha 单对数拟合分析图版计算 Cajun 气藏的动态储量,生产数据如附表 22-1 所示。

解:首先绘制 p_D—G_p 曲线如图 5-55 所示,将图 5-55 叠置在图 5-54(b)上进行数据拟合,如图 5-56 所示,读取拟合点。拟合点理论图版曲线坐标值为(0.3, 0.7);实际曲线坐标值为(4.0, 0.7),动态储量为 $13.3 \times 10^8 m^3$;根据 C_D 拟合值 0.3,确定有效压缩系数值为 $3.8 \times 10^{-3} MPa^{-1}$。

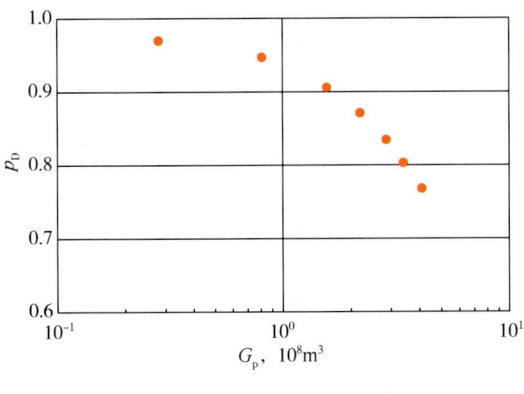

图 5-55 例 5-25 实际曲线 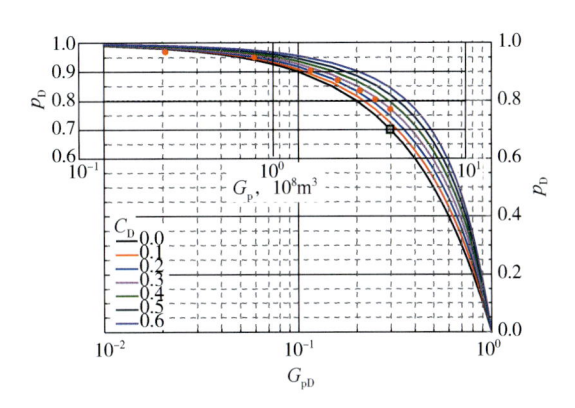　　　　　例 5-56 例 5-25 拟合曲线

该方法图版是偏差系数的函数,分析特定气藏数据时,需建立该气藏的理论图版曲线;拟合过程中,由于曲线形状相似,具有很大的不确定性,尤其是视地层压力降低幅度很小的情况。

二、Fetkovich 拟合分析方法

如第四章所述,对于束缚水饱和度为 S_{wi}、水体倍数为 M 的封闭型超高压气藏,若不考虑水侵量及注气量,考虑水溶气的物质平衡方程式(Fetkovich,1998)为

$$\frac{p}{Z}[1-\overline{C}_e(p)(p_i-p)] = \frac{p_i}{Z_i}\left(1-\frac{G_p}{G}\right) \tag{5-89}$$

$$\overline{C}_e(p) = \frac{1}{1-S_{wi}}[S_{wi}\overline{C}_w + \overline{C}_f + M(\overline{C}_w + \overline{C}_f)] \tag{5-90}$$

式中,地层水的累计有效压缩系数用式(5-91)表示,有

$$\overline{C}_w(p) = \frac{B_{tw} - B_{twi}}{B_{twi} \Delta p} \tag{5-91}$$

式(5-91)考虑了溶解气的逸出,所述水包括束缚水、非储层中的水及有限水体中的水。

$$B_{tw} = B_w + (R_{swi} - R_{sw}) B_g \tag{5-92}$$

地层水体积系数和天然气在地层水中的溶解度可用式(3-67)和式(3-72)计算。

非储层水体倍数 M 表示非储层和有限水体孔隙体积之和与储层孔隙体积的比值,用式(5-93)表示,有

$$M = \frac{M_{\text{非储层体积}} + M_{\text{有限水体体积}}}{M_{\text{储层孔隙体积}}} \tag{5-93}$$

该方法可用于分析气藏动态储量、累计有效压缩系数和非储层水体倍数,分析步骤如下:

(1) 在同一张图上绘制 p/Z—G_p 和 p—G_p 曲线,确定 G 的最大值和最小值;

(2) 假定系列 G 值,根据式(5-94)反求累计有效压缩系数,并绘制 $\overline{C}_e(p)$—p 曲线;

$$\overline{C}_e(p) = \left[1 - \frac{p_i/Z_i}{p/Z}\left(1 - \frac{G_p}{G}\right)\right]\frac{1}{(p_i - p)} \tag{5-94}$$

(3) 根据经验公式确定地层水体积系数和天然气溶解度;假定系列 M 值,根据式(5-90)计算累计有效压缩系数,并在同一张图上绘制 $\overline{C}_e(p)$—p 曲线;

(4) 两种方法曲线进行拟合,最终确定 M 值和 G 值。

例 5-26:美国 Anderson L 高压气藏生产数据如附表 3-2 所示(Duggan,1971),原始地层压力为 65.55MPa,气藏温度为 130.0℃,原始含水饱和度为 0.35,地层水压缩系数为 4.351×10^{-4}MPa^{-1},岩石压缩系数为 4.64×10^{-4}MPa^{-1}(Fetkovich,1998)。试用 Fetkovich 方法计算该气藏的动态储量及非储层水体倍数。

解:

(1) 绘制 p/Z—G_p 和 p—G_p 曲线,如图 5-57 所示,粗略估计 G 范围为 $(18 \sim 25) \times 10^8 \text{m}^3$;

(2) 假设储量分别为 $18 \times 10^8 \text{m}^3$、$20.4 \times 10^8 \text{m}^3$ 和 $25 \times 10^8 \text{m}^3$,根据式(5-94)反求累计有效压缩系数,并绘制 $\overline{C}_e(p)$—p 曲线,如图 5-58 所示。根据储层物性参数所算 $\overline{C}_e(p)$—p 如图 5-58 中实线所示。因此,该气藏非储层水体倍数为 2.25,储量为 $20.4 \times 10^8 \text{m}^3$。根据上述参数采用 Ramagost-Farshad 压力校正法预测的动态储量为 $21.52 \times 10^8 \text{m}^3$,其中包含 $1.12 \times 10^8 \text{m}^3$ 的溶解气,如图 5-59 所示。

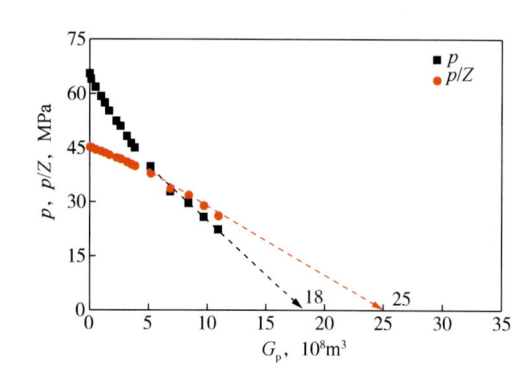

图 5-57 例 5-26 储量范围估算

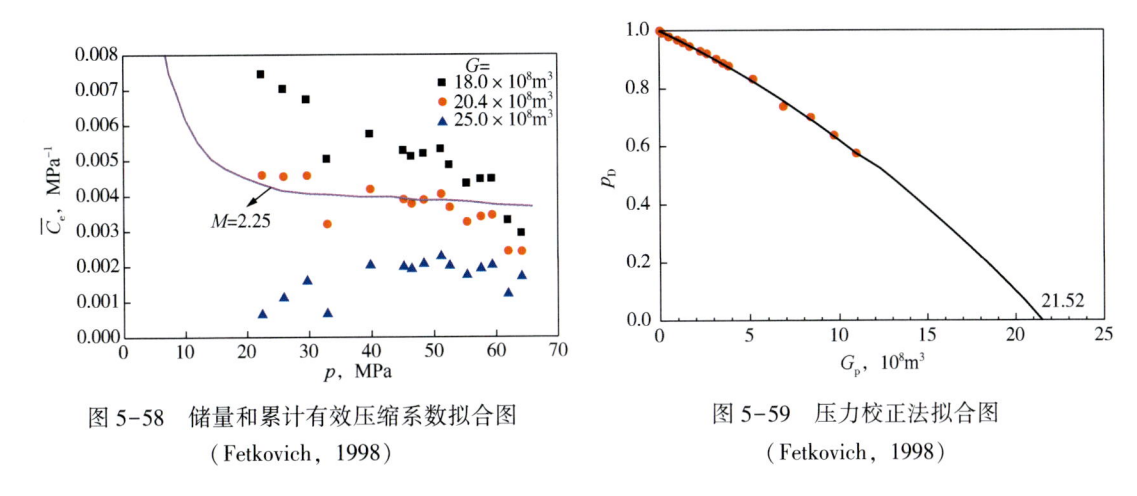

图 5-58 储量和累计有效压缩系数拟合图
（Fetkovich，1998）

图 5-59 压力校正法拟合图
（Fetkovich，1998）

该方法需要计算天然气在水中的溶解度、地层水体积系数等参数，可用第三章介绍的经验公式(3-67)、式(3-72)进行计算，结果如图 5-60 和图 5-61 所示，当压力高于 10MPa 时，$\overline{C}_w(p)$ 缓慢变化；当压力低于 6.89MPa 时，$\overline{C}_w(p)$ 基本按 $1/p$ 的规律变化。

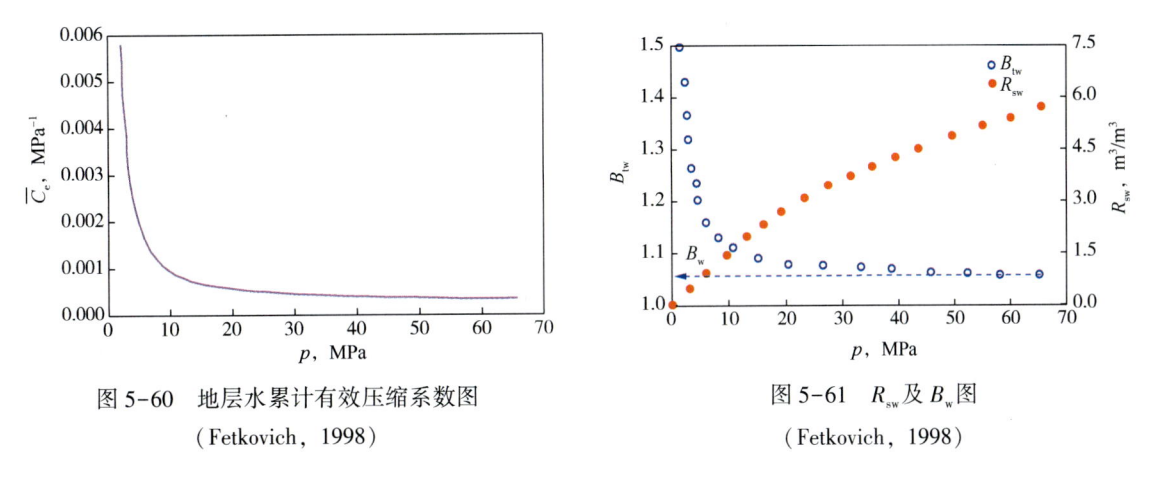

图 5-60 地层水累计有效压缩系数图
（Fetkovich，1998）

图 5-61 R_{sw} 及 B_w 图
（Fetkovich，1998）

例 5-26 计算结果表明，对于高压气藏，非储层中溶解于水中天然气的逸出也是一项重要的驱动能量，其储量可能占纯气区的 2%~10%，其值取决于非储层的水体倍数 M 及天然气在水中的溶解度；对于高含 CO_2 气藏，比例可能更高，如 Ellenburger 气藏（天然气组分中，CO_2 摩尔含量占比 28%），溶解气储量占比 15% 以上(Fetkovich，1998)。

三、Gonzales 拟合分析方法

如式(5-74)所示的物质平衡方程二项式展开式，有

$$p_D = 1 - (1-\lambda_D)G_{pD} - \lambda_D G_{pD}^2 \tag{5-95}$$

定义压力积分函数 p_{Di}，有

$$p_{Di} = \frac{1}{G_{pD}} \int_0^{G_{pD}} (1-p_D)\,dG_{pD} \tag{5-96}$$

将式(5-95)代入式(5-96)，有

$$p_{\text{Di}} = 1 - \frac{(1-\lambda_{\text{D}})G_{\text{pD}}}{2} - \frac{\lambda_{\text{D}} G_{\text{pD}}^2}{3} \tag{5-97}$$

若将式(5-74)代入式(5-96),积分后有

$$p_{\text{Di}} = 1 - \frac{\lambda_{\text{D}} G_{\text{pD}} + (1-\lambda_{\text{D}}) \ln(1-\lambda_{\text{D}} G_{\text{pD}})}{\lambda_{\text{D}}^2 G_{\text{pD}}} \tag{5-98}$$

若将 $\ln(1-\lambda_{\text{D}} G_{\text{pD}})$ 展开,取其前三项,有

$$\ln(1-\lambda_{\text{D}} G_{\text{pD}}) \approx (\lambda_{\text{D}} G_{\text{pD}}) \left(1 + \frac{\lambda_{\text{D}} G_{\text{pD}}}{2} + \frac{\lambda_{\text{D}}^2 G_{\text{pD}}^2}{3}\right) \tag{5-99}$$

将式(5-99)代入式(5-98),有

$$p_{\text{Di}} = 1 - \frac{(1-\lambda_{\text{D}})G_{\text{pD}}}{2} - \frac{\lambda_{\text{D}} G_{\text{pD}}^2}{3} - \frac{\lambda_{\text{D}}^2 G_{\text{pD}}^2}{3} \approx 1 - \frac{(1-\lambda_{\text{D}})G_{\text{pD}}}{2} - \frac{\lambda_{\text{D}} G_{\text{pD}}^2}{3} \tag{5-100}$$

若忽略 $(\lambda_{\text{D}}^2 G_{\text{pD}}^2/3)$ 项,式(5-100)与式(5-97)一致。

Gonzales-Ilk-Blasingame 双对数分析图版如图 5-62 所示,可用其进行双对数拟合分析或用于其他方法的验证;若用式(5-74)和式(5-98)绘制,图版如图 5-63 所示;两种方法图版如图 5-64 所示。式(5-95)表明,当 $\lambda_{\text{D}} > 0.43$ 时,二项式近似法开始出现较大偏差(>10%),如图 5-65 所示。

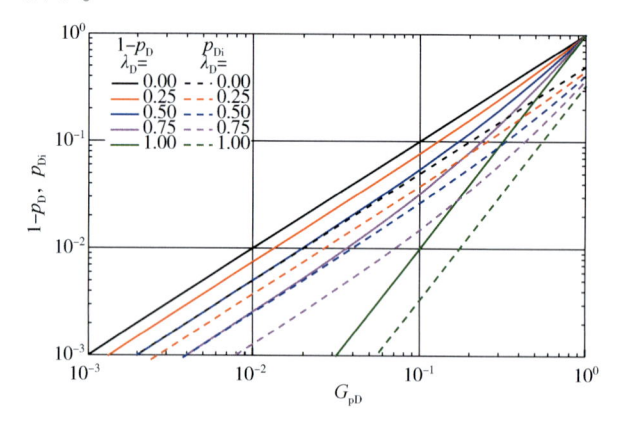

图 5-62 Gonzales 双对数图版(2008)

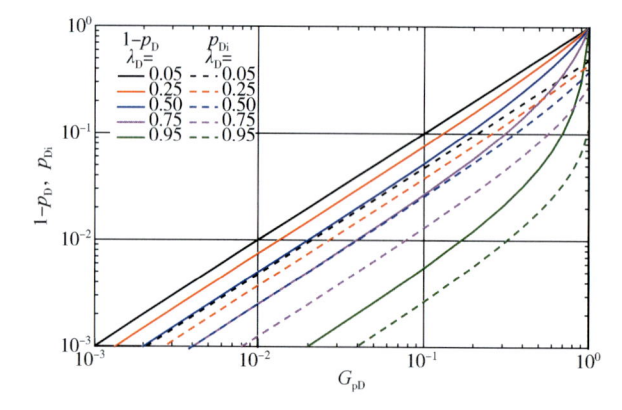

图 5-63 Gonzales 极限形式双对数图版

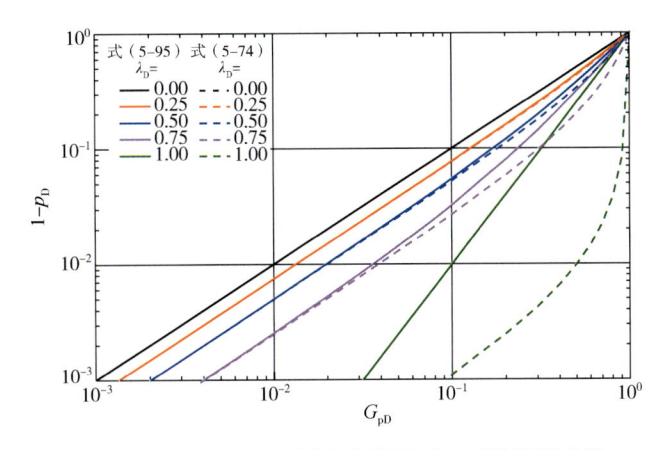

图 5-64　Gonzales 二项式与极限形式双对数图版比较

根据前述非线性回归等动态储量分析方法的结果，可用 Gonzales-Ilk-Blasingame 双对数分析图版验证分析结果的可靠性，还可结合 $\Delta(p/Z)—G_p$、$\Delta(p/Z)/G_p—G_p$ 等图版进一步验证。

例 5-27：试根据例 5-21 结果，用 Gonzales-Ilk-Blasingame 双对数分析图版验证 Anderson L 高压气藏分析结果的可靠性。

解：

例 5-2 动态储量分析结果为 19.8×10^8 m³，$\lambda = 0.02025$，$\lambda_D = 0.02025/0.05047 = 0.40$，二项式和极限形式回归结果相差仅有 6%。双对数图版数据拟合结果如图 5-66 所示，实际数据点与典型曲线拟合良好，说明动态储量计算结果合适。

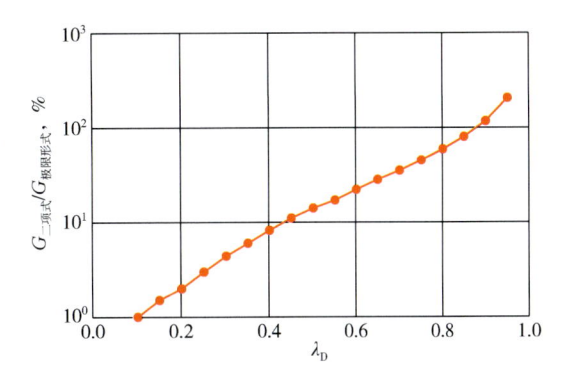

图 5-65　二项式与极限形式结果比较

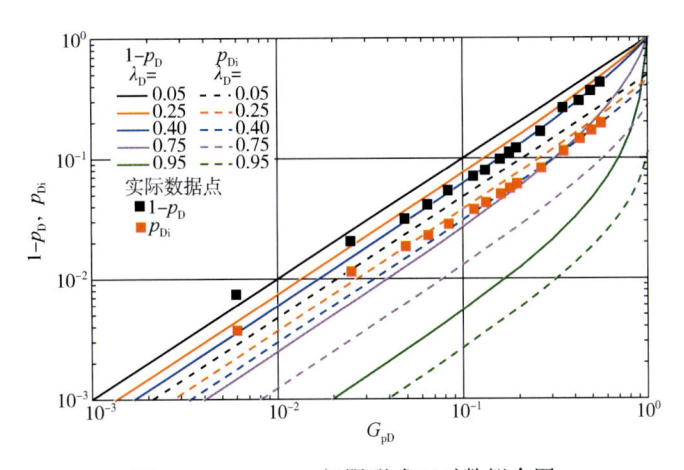

图 5-66　Gonzales 极限形式双对数拟合图

例 5-28：试根据例 5-22 结果，用 Gonzales-Ilk-Blasingame 双对数分析图版验证 M4 高压气藏分析结果的可靠性。

解：

例 5-22 非线性回归方法动态储量为 $2158.3 \times 10^8 \mathrm{m}^3$，$\lambda = 3.4874 \times 10^{-4}$，$\lambda_D = 0.7527$。根据图 5-65 可知，此例不宜用二项式方法近似。若用二项式近似图版，结果如图 5-67 所示，拟合效果差；采用式(5-74)绘制的图版进行数据拟合，结果如图 5-68 所示，数据拟合良好。

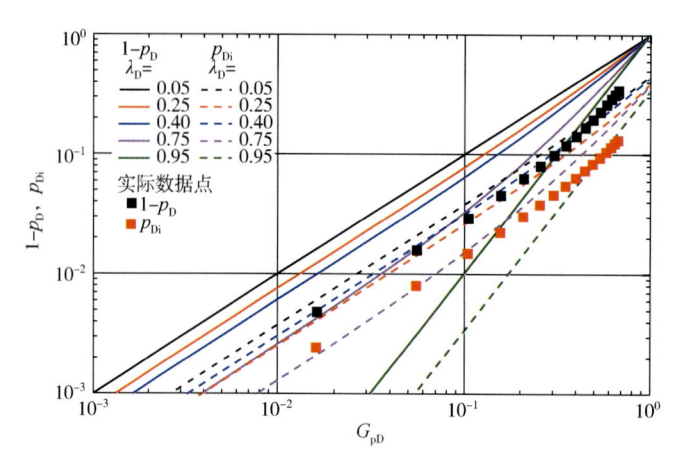

图 5-67 二项式形式典型曲线双对数拟合图

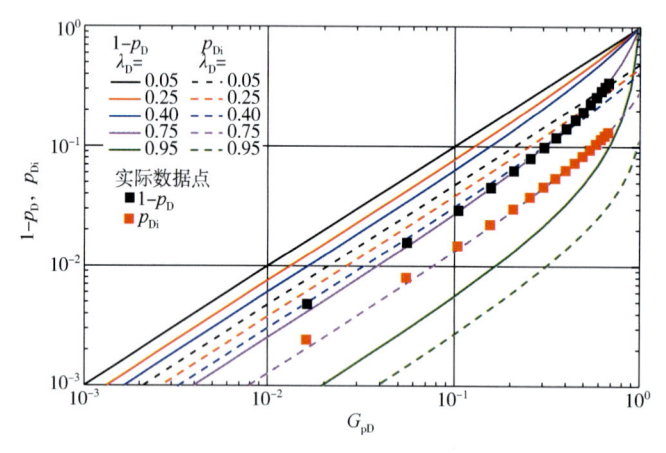

图 5-68 极限形式典型曲线双对数拟合图

四、单对数拟合分析方法

如第三节所述，封闭气藏的物质平衡方程式可以用式(5-85)表示，若将图 5-52 横坐标改为对数形式，如图 5-69 所示。

借助试井双对数分析原理(附录 21)，可采用图版拟合分析方法进行动态储量评价。主要分析步骤如下：

(1) 绘制实际生产数据 p_D—G_p 半对数曲线，将实际数据曲线叠在理论图版图 5-69 上；

(2) 首先上下移动实际曲线，将两图版的 p_D 数据轴刻度对齐；然后左右移动实际数据曲线图版，进行曲线拟合；充分拟合后，在理论图版上读取 $[\omega_D]_M$ 值；最后，任取一点分别在理论和实际图版上读取相应的拟合点数值 $[G_{pD}, p_D]_M$ 和 $[G_p, p_D]_M$。

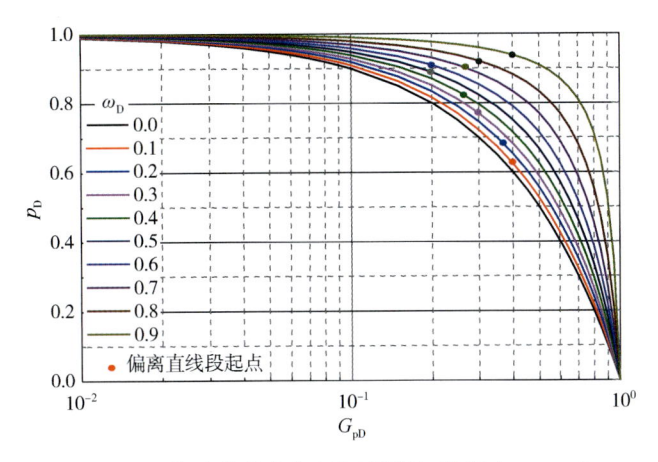

图 5-69 单对数形式典型曲线图版(孙贺东,2020)

（3）根据横坐标拟合点确定动态储量 G 和 ω，即 $G=\dfrac{[G_p]_M}{[G_{pD}]_M}$ 和 $\omega=\dfrac{[\omega_D]_M}{G}$。

（4）若生产时间较短，还可线性回归 p_D—G_p 曲线（横坐标为正常刻度），得到视地质储量 G_a；由步骤（2）读取的 $[\omega_D]_M$ 拟合值和式（5-86）或（5-87）确定 G/G_a，进而计算 G。

例 5-29：试用单对数拟合分析方法计算 Anderson L 高压气藏的动态储量。

解：

该气藏视地层压力衰竭程度（$1-p_D$）为 0.43，满足采用物质平衡法计算超高压气藏动态储量的起算条件。采用非线性回归法得到的动态储量为 $19.9\times10^8\mathrm{m}^3$，如图 5-70 所示。采用半对数典型曲线拟合法进行拟合，如图 5-71 所示，λ_D 拟合结果为 0.4，在 p_D—G_p 半对数曲线图上选取点 $M(2.0\times10^8, 0.8)$，该点在 p_D—G_{pD} 半对数曲线图上的坐标为（0.1，0.8），动态储量计算结果为 $20.0\times10^8\mathrm{m}^3$，计算过程为

$$G=\dfrac{G_p}{G_{pD}}=\dfrac{2.0\times10^8}{0.1}=20.0\times10^8$$

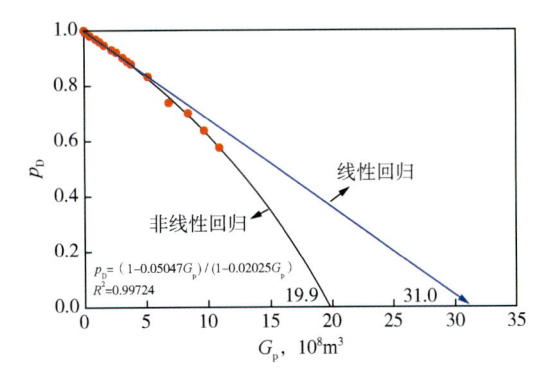

图 5-70 Anderson L 气藏线性与非线性回归结果

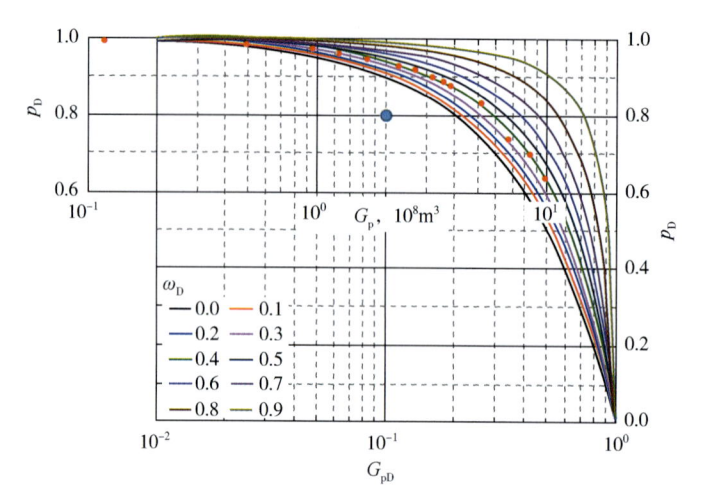

图 5-71 Anderson L 气藏典型曲线拟合结果

结合 λ_D 的拟合结果 0.4，代入式(5-87)计算 $G/G_a = 0.659$，然后将 p_D—G_p 曲线图中早期数据点进行线性回归，G_{app} 为 $31.0 \times 10^8 \text{m}^3$，$G$ 为 $20.4 \times 10^8 \text{m}^3$。

例 5-30：M6 气藏原始地层压力为 105.89MPa，气藏温度为 132℃，容积法储量为 $1704 \times 10^8 \text{m}^3$；目前地层压力为 79.04MPa，累计产气 $426 \times 10^8 \text{m}^3$。生产数据详见附录 23。试用单对数拟合分析方法计算 M5 高压气藏的动态储量。

解：

该气藏无量纲视地层压力下降 11.2%，不满足物质平衡法动态储量评价的起算条件，视地质储量为 $3750 \times 10^8 \text{m}^3$，如图 5-72 所示。半对数拟合结果如图 5-73 所示。$[G_{pD}, p_D]_M$ 理论拟合点为 $[0.10, 0.80]_M$，$[G_p, p_D]_M$ 实际数据拟合点为 $[175, 0.8]_M$，$[\lambda_D]_M$ 拟合线为 0.60。动态储量计算结果为 $G = \dfrac{[G_p]_M}{[G_{pD}]_M} = \dfrac{175.0}{0.1} = 1750.0 \times 10^8 \text{m}^3$。

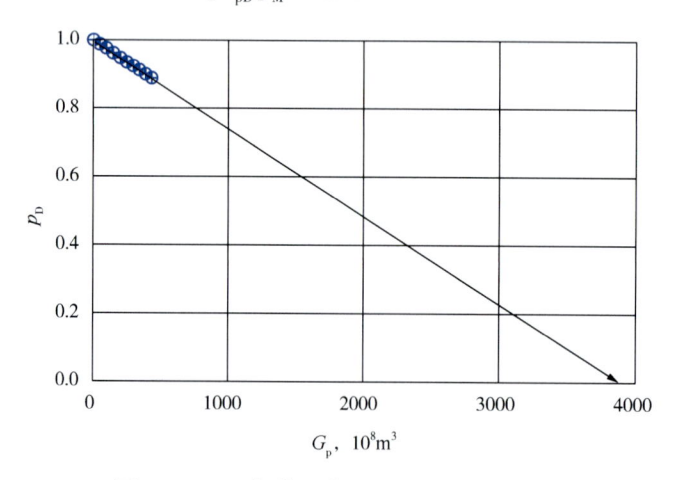

图 5-72 M6 气藏压降指示曲线线性回归图

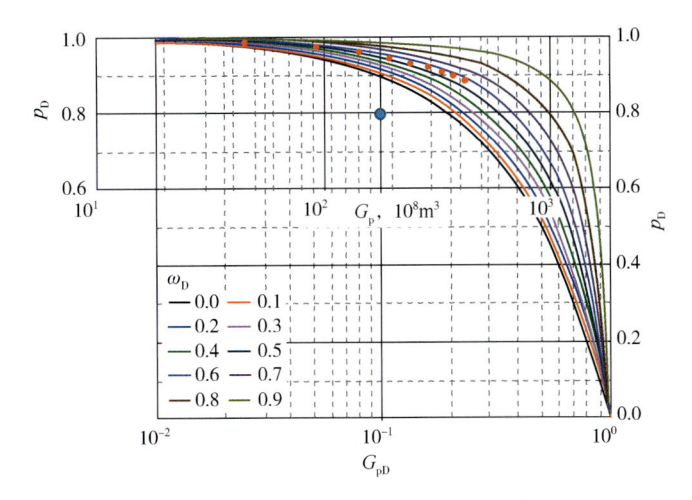

图 5-73　M6 气藏半对数典型曲线拟合图

根据 $[\lambda_D]_M$ 拟合结果，有

$$\frac{G}{G_a}=\frac{1.0-0.97602\lambda_D}{1.0-0.18793\lambda_D}=\frac{1.0-0.97602\times0.60}{1.0-0.18793\times0.60}=0.467$$

根据上述比例关系，$G=0.467G_a=0.467\times3750=1751.3\times10^8\mathrm{m}^3$。该数值与容积法储量基本一致。

五、多井现代产量递减分析方法

假设条件是圆形封闭气藏中心一口井以定产量生产。Blasingame(1993)在建立典型递减曲线图版时引入了规整拟压力、规整拟压力规整化产量（$q/\Delta p_p$，简称为压力规整化产量）和物质平衡时间 t_{ca} 来考虑定产条件下变井底流压生产情况和气体的 PVT 性质随地层压力变化。为了提高曲线拟合精度，基于压力规整化产量又引伸出压力规整化产量积分、压力规整化产量积分导数和 β 导数图版（Ilk，2007；Mattar，2011，2015），如图 5-74 所示。引入 β 导数曲线后，判断是否进入边界控制流时间可以提前 1/2 对数周期，显著降低了解释结果的多解性。压力规整化产量曲线在早期不稳定流阶段为一簇不同的 r_e/r_{wa} 曲线，边界流阶段数据汇聚成一条调和递减曲线。

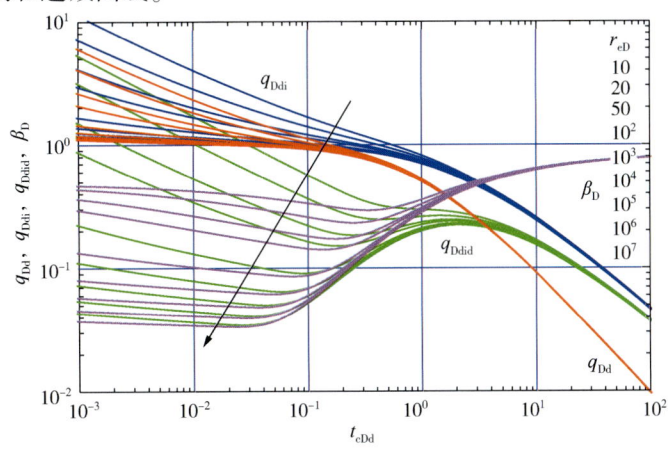

图 5-74　Blasingame 典型曲线图版

规整拟压力定义为

$$p_p = \frac{\mu_{gi} Z_i}{p_i} \int_0^p \frac{p}{\mu_g Z} dp \tag{5-101}$$

式中 Z——天然气偏差系数；
Z_i——初始条件下天然气偏差系数；
μ_g——气体黏度，mPa·s；
μ_{gi}——初始条件下气体黏度，mPa·s。

规整拟压力规整化产量(简称压力规整化产量)定义为

$$\frac{q}{\Delta p_p} = \frac{q}{p_{p_i} - p_{p_{wf}}} \tag{5-102}$$

其中

$$\Delta p_p = p_{p_i} - p_{p_{wf}}$$

$$p_{p_{wf}} = \frac{\mu_{gi} Z_i}{p_i} \int_0^{p_{wf}} \frac{p}{\mu_g Z} dp$$

p_{p_i}、$p_{p_{wf}}$——原始地层压力和流动压力所对应的规整拟压力；
q、$p_{p_{wf}}$——产量、压力，为时间 t 的函数。

压力规整化产量积分定义为

$$\left(\frac{q}{\Delta p_p}\right)_i = \frac{1}{t_{ca}} \int_0^{t_{ca}} \frac{q(\tau)}{\Delta p_p(\tau)} d\tau \tag{5-103}$$

压力规整化产量积分导数定义为

$$\left(\frac{q}{\Delta p_p}\right)_{id} = -\frac{d\left(\frac{q}{\Delta p_p}\right)_i}{d\ln t_{ca}} \tag{5-104}$$

β 导数定义为

$$\beta = \frac{\left(\frac{q}{\Delta p_p}\right)_{id}}{d\left(\frac{q}{\Delta p_p}\right)_i} \tag{5-105}$$

物质平衡拟时间定义为

$$t_{ca} = \frac{\mu_{gi} C_{ti}}{q(t)} \int_0^t \frac{q(\tau)}{\bar{\mu}_g \bar{C}_t} d\tau \tag{5-106}$$

对于多井情形，定义为

$$t_{ca} = \frac{\mu_{gi} C_{ti}}{q(t)} \int_0^t \frac{q_t(\tau)}{\bar{\mu}_g \bar{C}_t} d\tau \tag{5-107}$$

式中 $q(t)$——随时间变化的气井产量，$10^4\mathrm{m}^3/\mathrm{d}$；
$q_t(t)$——整个连通单元内所有井随时间变化的气井产量，$10^4\mathrm{m}^3/\mathrm{d}$；
C_{ti}——初始条件下岩石与流体综合压缩系数，MPa^{-1}；
t——生产时间，d。

在气藏衰竭式开采过程中，气体的 PVT 性质变化很大，因此在物质平衡等效时间函数中应该考虑到气体黏度和压缩系数变化（利用 t 时刻平均地层压力下黏度和压缩系数计算）。

图版中，无量纲时间定义为

$$t_{caDd}=\frac{0.0864Kt_{ca}}{\phi\mu_i C_{ti}r_{wa}^2}\frac{1}{(r_{eD}^2-1)}\frac{1}{\frac{1}{2}\left(\ln r_{eD}-\frac{1}{2}\right)} \quad (5-108)$$

无量纲产量定义为

$$q_{Dd}=\frac{q}{q_i}=q_D\left[\ln\left(\frac{r_e}{r_{wa}}\right)-\frac{1}{2}\right] \quad (5-109)$$

$$q_D=\frac{1.842\times 10^4 qB_{gi}\mu}{Kh(p_{p_i}-p_{p_{wf}})} \quad (5-110)$$

无量纲规整化产量积分定义为

$$q_{Ddi}=\frac{1}{t_{caDd}}\int_0^{t_{caDd}}q_{Dd}(\tau)\mathrm{d}\tau \quad (5-111)$$

无量纲规整化产量积分导数定义为

$$q_{Ddid}=-\frac{\mathrm{d}q_{Ddi}}{\mathrm{d}\ln t_{caDd}} \quad (5-112)$$

无量纲 β_D 导数定义为

$$\beta_D=\frac{q_{Ddid}(t_{Dd})}{q_{Ddi}(t_{Dd})} \quad (5-113)$$

Blasingame 方法在同一张图版上有 4 组曲线同时拟合：

第一组：规整化产量曲线拟合，即 q_{Dd}—t_{caDd} 同 $\frac{q}{\Delta p_p}$—t_{ca} 拟合；

第二组：规整化产量积分曲线拟合，即 q_{Ddi}—t_{caDd} 同 $\left(\frac{q}{\Delta p_p}\right)_i$—$t_{ca}$ 拟合；

第三组：规整化产量积分导数曲线拟合，即 q_{Ddid}—t_{caDd} 同 $\left(\frac{q}{\Delta p_p}\right)_{id}$—$t_{ca}$ 拟合；

第四组：β 导数曲线拟合，即 β_D—t_{caDd} 同 β—t_{ca} 拟合。

物质平衡拟时间 t_{ca} 的计算步骤如下：

（1）根据气体性质（组成）计算下列关系数据表。

表 5-17 关系数据表

p	Z	μ	C_g	p/Z	$p/(\mu Z)$	p_p
…	…	…	…	…	…	…

（2）绘制 p/Z—p 及 $p/(\mu Z)$—p 关系曲线。

（3）假定一个初始储量值 G。

（4）对每一个生产段 G_p—t 数据，并由 $\dfrac{\bar{p}}{\bar{Z}}=\dfrac{p_i}{Z_i}\left(1-\dfrac{G_p}{G}\right)$ 计算 $\dfrac{\bar{p}}{\bar{Z}}$，再通过 p/Z—p 关系确定每一个生产段 $\bar{p}$，进而得到对应的 $\bar{\mu}$、$\bar{C}_g$ 及规整拟压力 $\bar{p}_p$。

（5）对每一个生产段，计算 $t_{ca}=\dfrac{\mu_{gi}C_{ti}}{q(t)}\displaystyle\int_0^t \dfrac{q_t(\tau)}{\bar{\mu}\bar{C}_g}\mathrm{d}\tau$ 及 $(p_{p_i}-p_{\bar{p}})$，相关计算过程和结果如表 5-18 所示。

表 5-18 Blasingame 方法计算数据表

已知量				中间变量				计算结果		
t	q	p_{wf}	$\bar{p}$	$p_{p_i}-p_{\bar{p}}$	Δp_p	t_{ca}	$\dfrac{q}{\Delta p_p}$	$\left(\dfrac{q}{\Delta p_p}\right)_i$	$\left(\dfrac{q}{\Delta p_p}\right)_{id}$	β
…	…	…	…	…	…	…	…	…	…	…

（6）绘制 $\left(\dfrac{p_{p_i}-p_{\bar{p}}}{q}\right)$—$t_{ca}$ 曲线，回归得到斜率 $slope$；

（7）由斜率 $slope$ 计算 G，$G=\dfrac{1}{C_{ti}\times slope}$；$C_{ti}=\dfrac{C_t}{1-S_{wi}}$；

（8）将 G 作为第（4）步的输入值，重复步骤（4）至步骤（7），直到收敛为止。此时所得 t_{ca}、G 为所求。（注：此时的 G 值可直接用于下一个时点 t_{ca} 的计算，不必再迭代。确定 G 还可选用较长的时间段做迭代）。

计算各时间点对应的 $\dfrac{q}{\Delta p_p}$、$\left(\dfrac{q}{\Delta p_p}\right)_i$、$\left(\dfrac{q}{\Delta p_p}\right)_{id}$，在双对数图版中绘制 $\dfrac{q}{\Delta p_p}$—t_{ca}；$\left(\dfrac{q}{\Delta p_p}\right)_i$—$t_{ca}$；$\left(\dfrac{q}{\Delta p_p}\right)_{id}$—$t_{ca}$；$\beta$—$t_{ca}$ 曲线。

进行曲线拟合，计算相关参数。由曲线拟合可得 r_{eD} 及拟合点 M 的值：$\left[\dfrac{q}{\Delta p_p}\right]_M$、$[q_{Dd}]_M$、$[t_{ca}]_M$、$[t_{Dd}]_M$，进而计算下列参数：

$$K=\dfrac{1.842\times 10^4 \mu_i B_{gi}}{h}\left[\dfrac{q/\Delta p_p}{q_{Dd}}\right]_M\left(\ln r_{eD}-\dfrac{1}{2}\right)$$

$$r_{wa}=\sqrt{\dfrac{0.1728K}{\phi C_{ti}\mu_i(r_{eD}^2-1)\left(\ln r_{eD}-\dfrac{1}{2}\right)}\left[\dfrac{t_{ca}}{t_{Dd}}\right]_M}$$

$$S=\ln\left(\dfrac{r_w}{r_{wa}}\right)$$

$$r_e = r_{eD} \times r_{wa}$$

$$G = \frac{B_{gi}}{C_{ti}} \frac{1}{\left(1-\dfrac{1}{r_{eD}^2}\right)} \left[\frac{q/\Delta p_p}{q_{Dd}}\right]_M \left[\frac{t_{ca}}{t_{Dd}}\right]_M \approx \frac{B_{gi}}{C_{ti}} \left[\frac{q/\Delta p_p}{q_{Dd}}\right]_M \left[\frac{t_{ca}}{t_{Dd}}\right]_M$$

例 5-31：M7 气藏长为 2km，宽为 1km，有效厚度为 10m，孔隙度为 0.1，原始地层压力为 120MPa，气藏温度为 180℃，容积法储量为 $8.3 \times 10^8 \text{m}^3$。有两口生产井，第一口以 $50 \times 10^4 \text{m}^3/\text{d}$ 的产量生产 365d，第二口井从 101d 起以同样的产量生产，生产数据见附表 24-1 所示。试用多井 Blasingame 方法计算气藏的动态储量。

解：按本节介绍的步骤计算，若仅按第一口井压力、产量计算，规整化产量曲线向下弯曲（邻井影响），曲线拟合结果如图 5-75 所示；若考虑邻井的影响，数据拟合良好，如图 5-76 所示，计算动态储量结果为 $8.3 \times 10^8 \text{m}^3$。

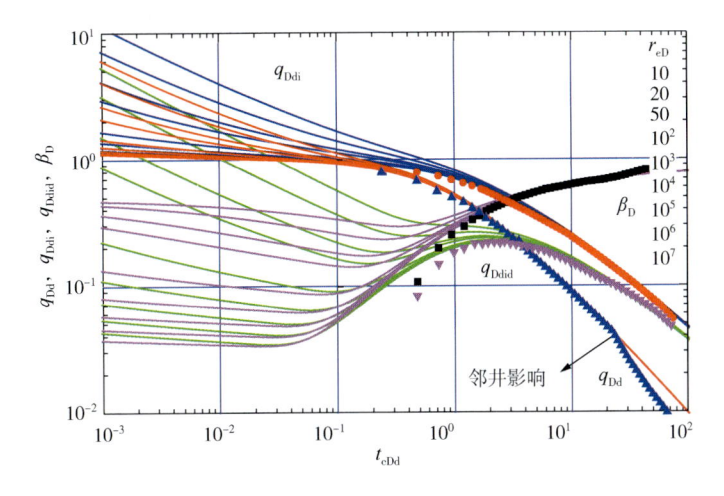

图 5-75 单井拟合结果

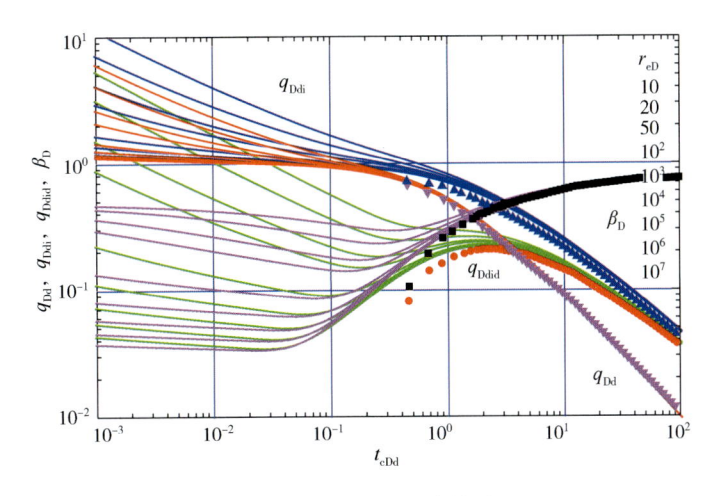

图 5-76 两口井拟合结果

在连通性好的气藏中，由于井间干扰的影响，单井的 Blasingame 产量曲线在边界控制流阶段也将向内弯曲，产生类似超高压气藏物质平衡曲线的特征，如图 5-75 所示。实际上整个气藏的物质平衡曲线表现为定容气藏特征，此时不能简单地将单井动态储量的叠加（其值往往偏大）作为气藏的动态储量。应考虑多井干扰的影响，只需重新定义基于系统的物质平衡时间进行井组的现代产量递减分析即可。该分析方法需要用到总压缩系数，由于计算过程比较复杂，可用相应的商业软件计算。

第五节　试凑分析方法

一、试凑分析方法原理

对于考虑水溶气情形的物质平衡方程，可用试凑分析法求解（Walsh，1998），物质平衡方程式可以表示为

$$F = G_{fgi}E_t + W_e \tag{5-114}$$

$$F = G_p B_g + W_p (B_w - R_{sw} B_g) \tag{5-115}$$

$$E_t = E_g + E_w \left[\frac{B_{gi}(S_{wi}+M)}{B_{wi}(1-S_{wi})} \right] + E_f \left[\frac{B_{gi}(1+M)}{1-S_{wi}} \right] \tag{5-116}$$

$$E_g = B_g - B_{gi} \tag{5-117}$$

$$E_w = B_{tw} - B_{twi} \tag{5-118}$$

$$B_{tw} = B_w + B_g (R_{swi} - R_{sw}) \tag{5-119}$$

$$E_f = C_f (p_i - p) \tag{5-120}$$

$$W = \frac{G_{fgi} B_{gi} (S_{wi}+M)}{B_{wi}(1-S_{wi})} \tag{5-121}$$

$$G = G_{fgi} + W R_{swi} \tag{5-122}$$

式中　B_g——天然气体积系数，m^3/m^3；

B_w——地层水体积系数，m^3/m^3；

E_f——岩石膨胀量，m^3/m^3；

E_g——天然气膨胀量，m^3/m^3；

E_w——地层水膨胀量，m^3/m^3；

E_t——总膨胀量，m^3/m^3；

F——流体产出量，$10^8 m^3$；

G_{fgi}——原始自由气量，$10^8 m^3$；

G_p——累计产气量，$10^8 m^3$；

M——水体倍数；

R_{sw}——天然气在水中的溶解度，m^3/m^3；

S_{wi}——原始含水饱和度；

W——原始水相体积，$10^8 m^3$；

W_e——水侵量，$10^8 m^3$；

W_p——累计产水量，$10^8 m^3$。

若忽略水侵量，$F—E_t$ 关系曲线是一条过原点的直线，其斜率为 G_{fgi}。与用 Havlena 方法确定气顶大小类似，M 影响曲线的形状，M 太小曲线向上弯曲，反之向下弯曲，（图 5-77）。式(5-114)也可表示为式(5-123)的形式，但是由于水相膨胀远小于气相膨胀，结果可能失真，因此不推荐使用该方法进行分析

$$\frac{F}{E_w+B_{wi}E_f}=G_{fgi}\left(\frac{E_g+B_{gi}E_f}{E_w+B_{wi}E_f}\right)+W \tag{5-123}$$

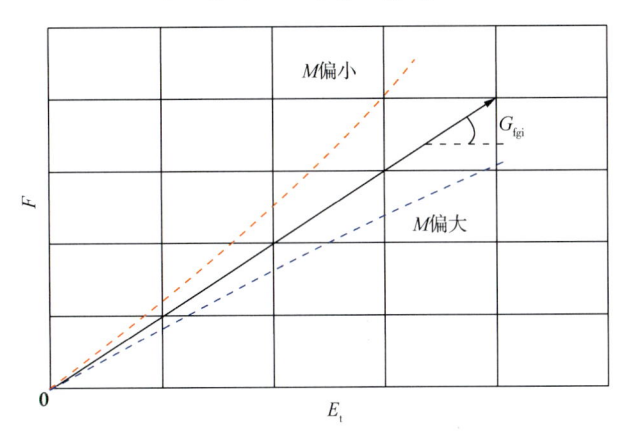

图 5-77 M 对曲线形态的影响（Walsh，1998）

二、计算实例

例 5-32：试用试凑分析方法计算 Anderson L 高压气藏的动态储量。数据见附录 3。

解：

首先根据附表 3-2 和附表 3-3 计算变量 F 和 E_t，结果如表 5-19 所示，最终拟合结果（$M=2.25$）如图 5-78 所示，$G_{fgi}=20.7\times10^8 m^3$。

表 5-19 例 5-32 计算数据表

p, MPa	B_w	R_{sw}, m^3/m^3	B_g, m^3/m^3	B_{tw}	F	E_g	E_w	E_f	$E_t(M=2.25)$
65.55	1.0560	5.6497	0.00282	1.0559	0.0000	0.00000	0.0000	0.0000	0.0000
64.07	1.0564	5.5958	0.00287	1.0566	0.0004	0.00005	0.0007	0.0007	6.865×10^{-4}
61.85	1.0569	5.5103	0.00294	1.0576	0.0016	0.00012	0.0017	0.0017	1.598×10^{-4}
59.26	1.0576	5.4035	0.00300	1.0587	0.0033	0.00018	0.0028	0.0029	2.523×10^{-4}
57.45	1.0581	5.3240	0.00304	1.0594	0.0044	0.00022	0.0035	0.0038	3.111×10^{-4}
55.22	1.0586	5.2212	0.00308	1.0602	0.0057	0.00026	0.0043	0.0048	3.794×10^{-4}
52.42	1.0594	5.0838	0.00314	1.0613	0.0080	0.00032	0.0054	0.0061	4.639×10^{-4}
51.06	1.0597	5.0138	0.00317	1.0618	0.0093	0.00035	0.0059	0.0067	5.063×10^{-4}
48.28	1.0604	4.8637	0.00323	1.0629	0.0114	0.00041	0.0070	0.0080	5.999×10^{-4}
46.34	1.0609	4.7539	0.00328	1.0637	0.0129	0.00046	0.0078	0.0089	6.732×10^{-4}
45.06	1.0612	4.6789	0.00332	1.0643	0.0142	0.00050	0.0084	0.0095	7.266×10^{-4}

续表

p, MPa	B_w	R_{sw}, m³/m³	B_g, m³/m³	B_{tw}	F	E_g	E_w	E_f	$E_t(M=2.25)$
39.74	1.0625	4.3476	0.00354	1.0668	0.0202	0.00072	0.0109	0.0120	1.005×10^{-3}
32.86	1.0641	3.8701	0.00400	1.0711	0.0299	0.00118	0.0152	0.0152	1.559×10^{-3}
29.61	1.0649	3.6257	0.00432	1.0736	0.0391	0.00149	0.0178	0.0167	1.9217×10^{-3}
25.86	1.0658	3.3276	0.00478	1.0771	0.0495	0.00194	0.0212	0.0184	2.440×10^{-3}
22.39	1.0666	3.0380	0.00530	1.0808	0.0614	0.00247	0.0249	0.0200	3.027×10^{-3}

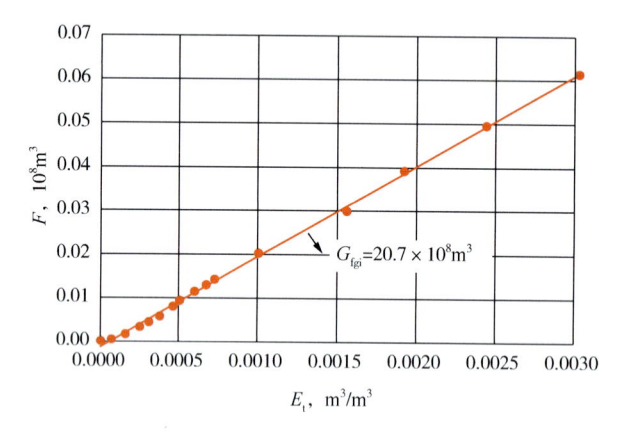

图 5-78 例 5-32 拟合结果（Walsh，1998）

根据式（5-121），有

$$W=\frac{G_{fgi}B_{gi}(S_{wi}+M)}{B_{wi}(1-S_{wi})}=\frac{20.7\times0.00282\times(2.25+0.35)}{1.056\times(1-0.35)}=0.22\times10^8 \text{m}^3$$

根据式（5-122），有

$$G=G_{fgi}+WR_{swi}=20.7+0.22\times5.6497=21.9\times10^8 \text{m}^3$$

溶解气占比为 5.5%，与 Fetkovich 方法的计算结果（5.3%）基本一致。

例 5-33：试用试凑分析方法计算 Ellenburger 气藏的动态储量。数据见附录 25。该气藏原始地层压力为 46.02MPa，气藏温度为 93.3℃，孔隙度为 5%，原始含水饱和度为 0.35，天然气组分中 CO_2 摩尔含量为 28%，岩石压缩系数为 $9.42\times10^{-4}\text{MPa}^{-1}$。

解：

首先根据附表 25-1 和附表 25-2 计算变量 F 和 E_t，结果如表 5-20 所示，最终拟合结果（$M=3.3$）如图 5-79 所示，$G_{fgi}=905\times10^8\text{m}^3$。采用非线性回归法计算的动态储量为 $1017\times10^8\text{m}^3$（图 5-80）。

表 5-20 例 5-33 计算数据表

p, MPa	B_w	R_{sw}, m³/m³	B_g, m³/m³	B_{tw}	F	E_g	E_w	E_f	$E_t(M=3.3)$
46.00	1.0761	12.0183	0.00290	1.0846	0.0000	0.00000	0.0000	0.0000	0.000
35.60	1.0768	10.7482	0.00336	1.0864	0.5490	0.00046	0.0017	0.0098	6.784×10^{-4}
30.84	1.0769	10.0542	0.00395	1.0911	1.0941	0.00104	0.0065	0.0143	1.426×10^{-3}

续表

p, MPa	B_w	R_{sw}, m³/m³	B_g, m³/m³	B_{tw}	F	E_g	E_w	E_f	$E_t(M=3.3)$
29.89	1.0769	9.9057	0.00405	1.0917	1.2456	0.00113	0.0071	0.0152	1.550×10^{-3}
28.75	1.0770	9.7225	0.00416	1.0923	1.3773	0.00124	0.0077	0.0163	1.688×10^{-3}
27.98	1.0770	9.5955	0.00423	1.0926	1.4652	0.00131	0.0080	0.0170	1.776×10^{-3}
26.81	1.0770	9.3976	0.00433	1.0930	1.6388	0.00141	0.0084	0.0181	1.905×10^{-3}
24.62	1.0769	9.0053	0.00453	1.0937	1.8917	0.00161	0.0091	0.0202	2.156×10^{-3}
23.87	1.0769	8.8629	0.00461	1.0940	2.1322	0.00169	0.0093	0.0209	2.253×10^{-3}
23.04	1.0769	8.7023	0.00471	1.0944	2.1496	0.00178	0.0097	0.0216	2.372×10^{-3}
21.89	1.0768	8.4686	0.00487	1.0951	2.4316	0.00194	0.0105	0.0227	2.568×10^{-3}
19.44	1.0766	7.9341	0.00537	1.0982	2.9153	0.00244	0.0135	0.0250	3.156×10^{-3}
18.55	1.0766	7.7238	0.00562	1.1000	3.2725	0.00269	0.0154	0.0259	3.454×10^{-3}
16.80	1.0763	7.2852	0.00627	1.1051	3.8796	0.00332	0.0205	0.0275	4.211×10^{-3}
15.71	1.0762	6.9900	0.00680	1.1096	4.4254	0.00385	0.0249	0.0286	4.830×10^{-3}
13.53	1.0758	6.3505	0.00822	1.1224	5.5920	0.00525	0.0377	0.0306	6.482×10^{-3}
13.38	1.0757	6.3018	0.00835	1.1235	5.9323	0.00537	0.0389	0.0308	6.625×10^{-3}
12.28	1.0755	5.9480	0.00930	1.1325	6.8432	0.00631	0.0479	0.0318	7.738×10^{-3}
11.26	1.0752	5.5968	0.01036	1.1427	7.8769	0.00735	0.0580	0.0327	8.966×10^{-3}
10.22	1.0749	5.2205	0.01160	1.1549	9.0145	0.00858	0.0702	0.0337	1.041×10^{-2}
9.66	1.0747	5.0065	0.01236	1.1624	9.8517	0.00932	0.0777	0.0343	1.129×10^{-2}
9.58	1.0746	4.9752	0.01247	1.1635	10.1193	0.00944	0.0789	0.0343	1.143×10^{-2}
9.25	1.0745	4.8482	0.01294	1.1682	10.5916	0.00990	0.0835	0.0346	1.197×10^{-2}
8.85	1.0744	4.6853	0.01356	1.1744	11.2108	0.01051	0.0898	0.0350	1.269×10^{-2}
8.76	1.0743	4.6521	0.01369	1.1757	11.4304	0.01064	0.0910	0.0351	1.284×10^{-2}
8.27	1.0741	4.4489	0.01450	1.1838	12.2736	0.01143	0.0992	0.0356	1.378×10^{-2}
8.02	1.0740	4.3445	0.01492	1.1881	12.7920	0.01185	0.1035	0.0358	1.427×10^{-2}
7.60	1.0739	4.1663	0.01566	1.1956	13.5771	0.01258	0.1110	0.0362	1.514×10^{-2}
7.10	1.0736	3.9450	0.01662	1.2054	14.5401	0.01352	0.1207	0.0367	1.625×10^{-2}
6.59	1.0734	3.7152	0.01764	1.2159	15.6645	0.01453	0.1312	0.0371	1.744×10^{-2}

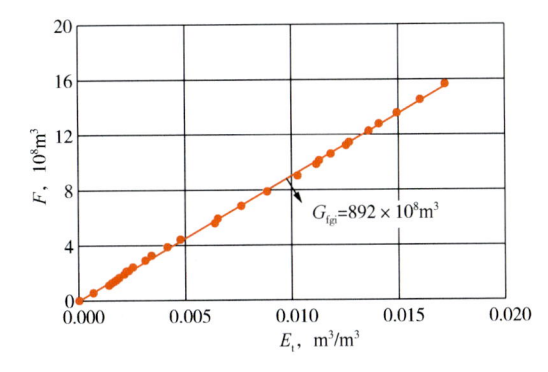

图 5-79 例 5-33 试凑法拟合结果 $G_{fgi}=892\times10^8 m^3$

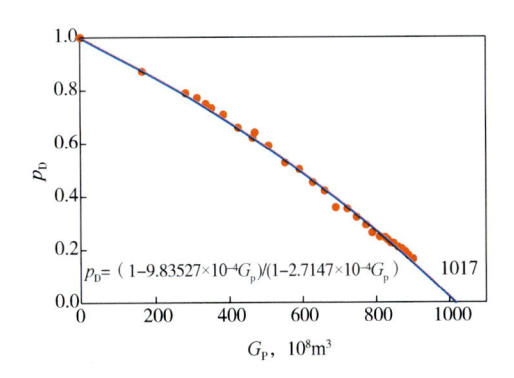

图 5-80 例 5-33 非线性回归法拟合结果 $p_D=(1-9.83527\times10^{-4}G_p)/(1-2.7147\times10^{-4}G_p)$ 1017

根据式(5-121)，有

$$W = \frac{G_{fgi}B_{gi}(S_{wi}+M)}{B_{wi}(1-S_{wi})} = \frac{892 \times 0.0029 \times (3.3+0.35)}{1.0761 \times (1-0.35)} = 13.50 \times 10^8 \text{m}^3$$

根据式(5-122)，有

$$G = G_{fgi} + WR_{swi} = 892 + 13.50 \times 12.02 = 1054 \times 10^8 \text{m}^3$$

气藏总动态储量为 $1054 \times 10^8 \text{m}^3$，与非线性回归方法接近。其中，溶解气占比为 15.4%，与 Fetkovich 方法的计算结果(14.9%)基本一致。在低压情形，(高含 CO_2)水溶气的弹性膨胀是重要的驱动能量。本例中由于产水量未知，动态储量计算结果与文献计算结果($1048 \times 10^8 \text{m}^3$)略有差异。

例 5-34：试用试凑分析方法计算 Duck Lake 气藏的动态储量。数据见附录26。该气藏原始地层压力为 40.0MPa，气藏温度为 115.7℃，孔隙度为 25%，原始含水饱和度为 0.18，天然气相对密度为 0.65，岩石压缩系数为 $4.93 \times 10^{-4} \text{MPa}^{-1}$。

解：

该例没有提供流体物性参数变化规律，选用第三章中经验公式进行计算，计算结果如附表 26-2 所示，非线性回归方法计算结果如图 5-81 所示，动态储量为 $189.8 \times 10^8 \text{m}^3$；试凑法气藏总动态储量计算结果为 $195.1 \times 10^8 \text{m}^3$，与非线性回归方法接近，如图 5-82 所示；溶解气占比为 9.5%。

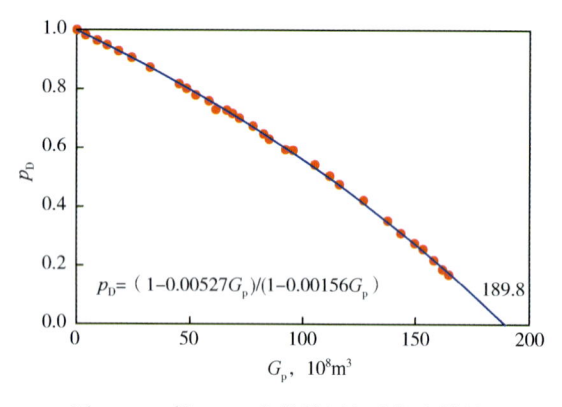

图 5-81 例 5-34 非线性回归法拟合结果

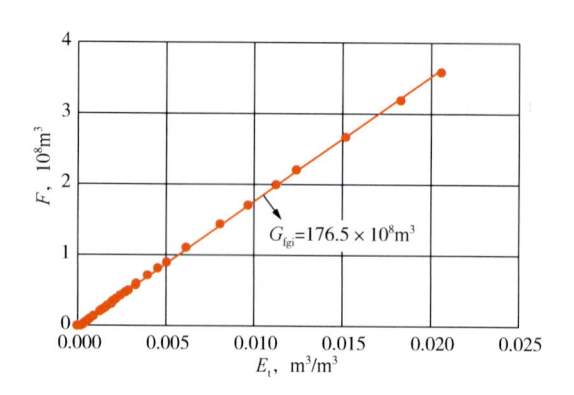

图 5-82 例 5-34 试凑法拟合结果

根据式(5-121)，有

$$W = \frac{G_{fgi}B_{gi}(S_{wi}+M)}{B_{wi}(1-S_{wi})} = \frac{176.5 \times 0.00355 \times (6.5+0.18)}{1.0463 \times (1-0.18)} = 18.64 \times 10^8 \text{m}^3$$

根据式(5-122)，有

$$G = G_{fgi} + WR_{swi} = 176.5 + 18.64 \times 3.82 = 195.1 \times 10^8 \text{m}^3$$

第六节 高压气藏动态储量分析流程

一、计算方法汇总

本章前 5 节分别介绍了经典两段式分析方法、线性回归分析方法、非线性回归分析方法和典型曲线拟合分析方法、试凑法，总计 5 类 22 种方法，每种方法各有优缺点（表 5-21）。从表 5-21 看出，不考虑压缩系数的方法占绝对优势。

表 5-21 各种高压气藏动态储量评价汇总表

序号	分析方法			需要压缩系数	压降指示曲线拐点是否敏感	假设条件及优缺点
1	经典两段式方法	Hammerlindl 方法	平均压缩系数方法	√	×	数据点压力系数在 1.13 以上
2			修正储层体积方法	√	×	
3		陈元千方法		√	√	定容封闭气藏，假定拐点处压力系数为 1.2~1.3
4		Gan-Blasingame 分析方法		×	√	无须压缩系数，曲线拐点是否出现均可计算
5	线性回归方法	Ramagost-Farshad 压力校正法		√	√	封闭气藏，已知压缩系数
6		Roach 分析方法		×	×	可反算压缩系数，但对原始压力数据敏感
7		Poston-Chen-Akhtar 改进的 Roach 方法		×	√	水驱气藏，可计算水侵前的动态储量、水侵量的大小及有效压缩系数
8		Becerra-Arteaga 方法		×	√	需要已知压力系数
9		Havlena-Odeh 方法		×	×	水侵气藏，对原始压力和早期数据敏感；若为封闭气藏，可计算岩石压缩系数
10		单位累计压降产气量方法		×	×	已知天然气偏差系数变化，不能排除水能量的影响
11		二元回归法		×	×	已知天然气偏差系数变化，可计算动态储量和压缩系数
12	非线性回归方法	非线性回归法	二项式近似	×	√	当 $\lambda_D < 0.4$ 时，可用二项式近似
13			三项式近似	×	√	曲线形态不易控制，可能造成大的误差
14			极限形式	×	√	封闭气藏结果相对准确
15			幂函数形式	×	√	封闭气藏结果相对准确

163

续表

序号	分析方法		需要压缩系数	压降指示曲线拐点是否敏感	假设条件及优缺点
16		Ambastha 图版及其改进分析法	×	√	封闭气藏,图版制作已知原始压力和温度,多解性强
17	典型曲线拟合方法	Fetkovich 拟合分析方法	×	×	考虑非储层溶解气的影响,反算压缩系数和水体大小
18		Gonzales 拟合分析方法 二项式形式	×	×	主要用于其他方法结果的验证,建议采用极限形式图版
19		极限形式	×	×	
20		单对数拟合分析方法	×	√	封闭气藏,可计算动态储量和有效压缩系数
21		多井现代产量递减分析方法	√	进入边界控制流	未考虑水侵的影响,仅能计算连通井组的动态储量
22		试凑分析方法	√	×	分离计算水溶气储量

除了上述介绍的方法外,还有基于岩石压缩系数变化的方法,如 Begland(1989)、Yale(1993)、Guehria(1996)等方法,本书不再赘述。

二、分析方法推荐

优选高压气藏动态储量计算方法时需考虑如下因素:

(1)压缩系数:由于压缩系数与储量成反比且敏感性强,而压缩系数通过实验难以准确确定,且气藏不同位置处压缩系数也存在较大的差异(图 4-28)。因此,不推荐考虑压缩系数的计算方法。

(2)原始地层压力:Roach 方法、Ambastha 图版及其改进分析法对原始压力十分敏感,不推荐此类方法。

(3)采出程度:压降程度较低时不宜采用 Gan-Blasingame 分析方法、二元回归等方法。

(4)非线性回归:二项式近似、三项式近似方法虽然简单、方便,但其具有一定的应用条件,且曲线形态不易控制,可能会产生较大的误差。因此,不推荐这两种方法。

(5)水侵判断:建议采用 Poston-Chen-Akhtar 改进的 Roach 方法。

综上所述,本书推荐采用仅依靠压力数据和产量数据进行动态储量计算的方法,如单位累计压降产气量方法(方法 10,适用于开发各个阶段)、非线性回归方法(方法 14、方法 15,适用于开发中后期)、单对数拟合分析(方法 20,适用于开发中后期)、Poston-Chen-Akhtar 改进的 Roach 方法(方法 7,适用于存在水驱的气藏)。在实际应用过程中,各种方法应有机结合、互相约束、相辅相成,同时结合静态研究成果,以降低储量评价的不确定性。

三、分析流程建议

分析流程如下:

(1)计算平均地层压力和偏差系数;整理压力与累计产量数据,绘制 $p/Z—G_p$ 压降指示曲线,分析曲线是否具有向下弯曲特征;

(2)至少保留历史生产数据的 10%~20%,以验证所选方法的可靠性;

(3)采用Poston-Chen-Akhtar改进的Roach方法、Havlena-Odeh方法判断是否有水侵特征，判断水侵影响拐点；

(4)若有水侵特征，可采用Poston-Chen-Akhtar改进的Roach方法、Fetkovich拟合分析方法计算；或采用水侵影响拐点前的数据用其他方法计算；若未发现水侵特征，可根据数据条件，采用方法10或方法14、方法15进行计算；

(5)采用非线性回归方法预测动态储量，$p/Z—G_p$压降指示曲线必须出现向下弯曲特征，建议采用极限形式(方法14)或幂函数形式(方法15)的非线性回归方法计算；

(6)若$p/Z—G_p$压降指示曲线未出现向下弯曲特征，可采用单位累计压降产气量(方法10)进行计算，采用Gonzales极限形式拟合分析方法、单对数拟合分析方法进行验证。

上述分析流程如图5-83所示。

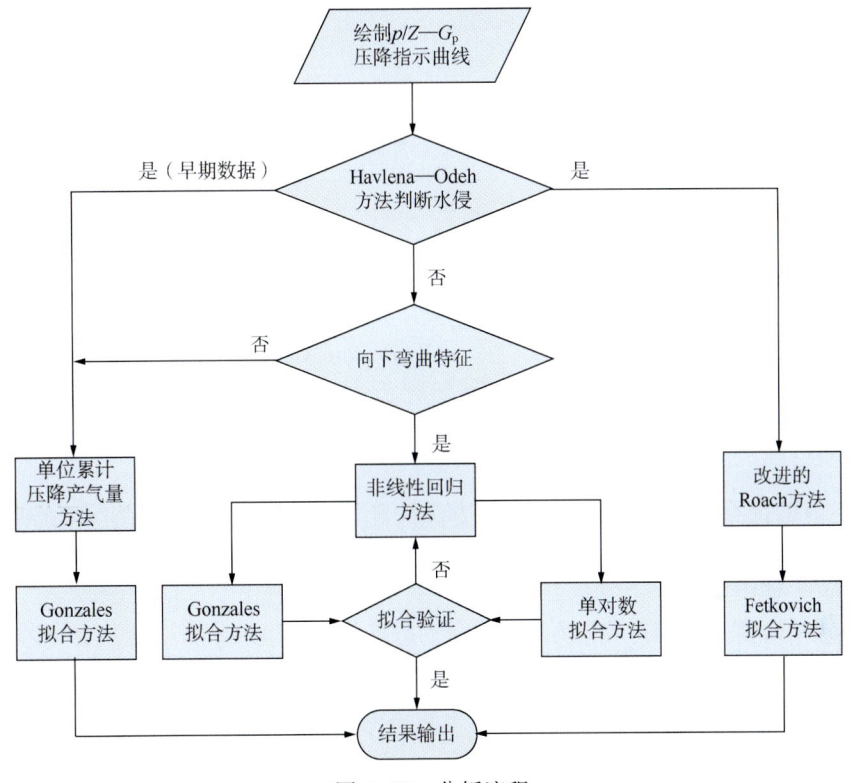

图5-83 分析流程

四、基础数据准备

主要收集气藏物性参数、井下温压测试及日常生产数据，具体如表5-22所示。

表5-22 动态储量分析基础参数数据表

储层性质	气藏面积、孔隙度、有效厚度、岩石压缩系数、总压缩系数、原始含水饱和度
天然气物性	PVT报告、体积系数、偏差系数、黏度、压缩系数、天然气相对密度、天然气组分
地层水物性	体积系数、天然气在水中的溶解度、黏度、压缩系数
平均压力相关	测点压力、储层中深、原始地层压力、气藏温度、井口静止温度、井口静压
日产数据	井口油套压数据、油气水产量数据、流压梯度测试数据、静压梯度测试数据
累计产量数据	累计产气量、累计产水量、累计产凝析油量

动态储量数据分析过程中常见的问题汇总如表5-23所示，在进行生产数据分析之前，了解这些问题及其对动态储量计算结果的影响程度非常重要。

表5-23 动态储量分析常见的问题及其影响

问题		影响程度
压力	无压力测量数据	严重
	计算的原始压力值不正确	严重
	p_{ts}—p_{ws} 转换存在问题	中等
	井筒积液（影响 p_{ts}—p_{ws} 转换）	中等
	压力测量位置不正确	非常严重
产量	累计产气量计量不准	非常严重
	累计产水量计量不准	中等
一般性问题	压缩系数不准	非常严重
	偏差系数不准	非常严重
	时间、压力和产量同步性差	中等/严重
	时间、压力和产量相关性差	非常严重

五、结果对比分析

下面以 Anderson L 气藏和 M2 气藏为例对计算结果进行评价分析。

例 5-35，试对比分析 Anderson L 气藏采用 Poston-Chen-Akhtar 方法（例5-7）、单位累计压降产气量方法（例5-17）、非线性回归分析方法（例5-21）、单对数拟合分析方法（例5-29）的动态储量结果。已知容积法储量为 $19.6 \times 10^8 m^3$。

解：

按照本节的推荐分析流程，采用4种方法计算气藏的动态储量，结果如下所示：

（1）Poston-Chen-Akhtar 方法：用临界斜率线上方6个数据点线性回归，求得储量为 $22.40 \times 10^8 m^3$，如图 5-84(a) 所示。

（2）采用单位累计压降产气量方法：求得动态储量为 $18.96 \times 10^8 m^3$，如图 5-84(b) 所示。

（3）采用极限形式非线性回归方法：求得动态储量为 $19.8 \times 10^8 m^3$，如图 5-84(c) 所示。

（4）采用单对数拟合分析方法：计算 Anderson L 高压气藏的动态储量为 $20.0 \times 10^8 m^3$，拟合结果如图 5-84(d) 所示。

4种方法计算结果接近，Poston-Chen-Akhtar 方法相对误差最大，为 13.7%；其余3种方法相对误差均在 5.0% 以内。

例 5-36，试对比分析 M2 气藏采用 Poston-Chen-Akhtar 方法（例5-11）、单位累计压降产气量方法（例5-18）、非线性回归分析方法、单对数拟合分析方法的动态储量结果。已知容积法储量为 $2400 \times 10^8 m^3$。

解：

按照本节推荐分析流程，采用4种方法计算气藏的动态储量，结果如下：

（1）Poston-Chen-Akhtar 方法：用临界斜率线上方5个数据点线性回归，求得储量为 $2100 \times 10^8 m^3$，如图 5-85(a) 所示。

（2）采用单位累计压降产气量方法：求得动态储量为 $1933 \times 10^8 m^3$，如图 5-85(b) 所示。

（3）压降指示曲线未出现向下弯曲趋势，不能用非线性回归方法和单对数拟合分析方法进行计算。若采用前期生产数据线性回归，求得动态储量为 $2100 \times 10^8 m^3$，如图 5-85(c) 所示。

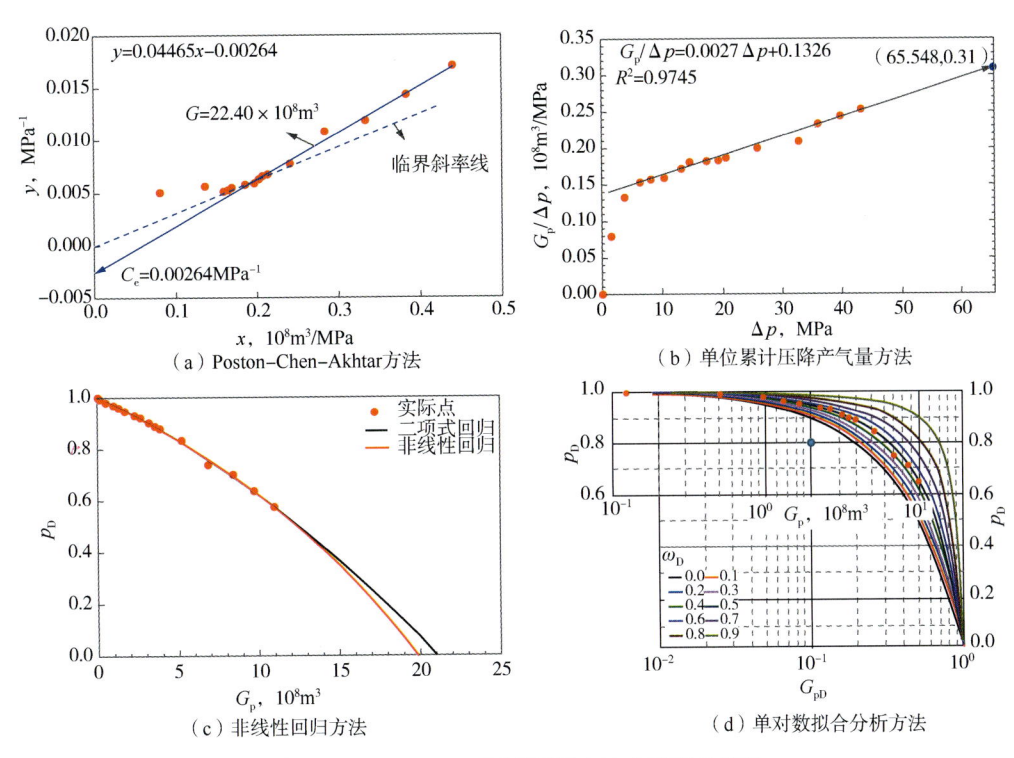

图 5-84 Anderson L 气藏不同方法动态储量结果

该气藏在开发早期已有水的影响，水气比呈逐年上升趋势，如图 5-85（d）所示，因此 $2100 \times 10^8 \mathrm{m}^3$ 为上限值。综上所述，本气藏动态储量取值 $1933 \times 10^8 \mathrm{m}^3$。

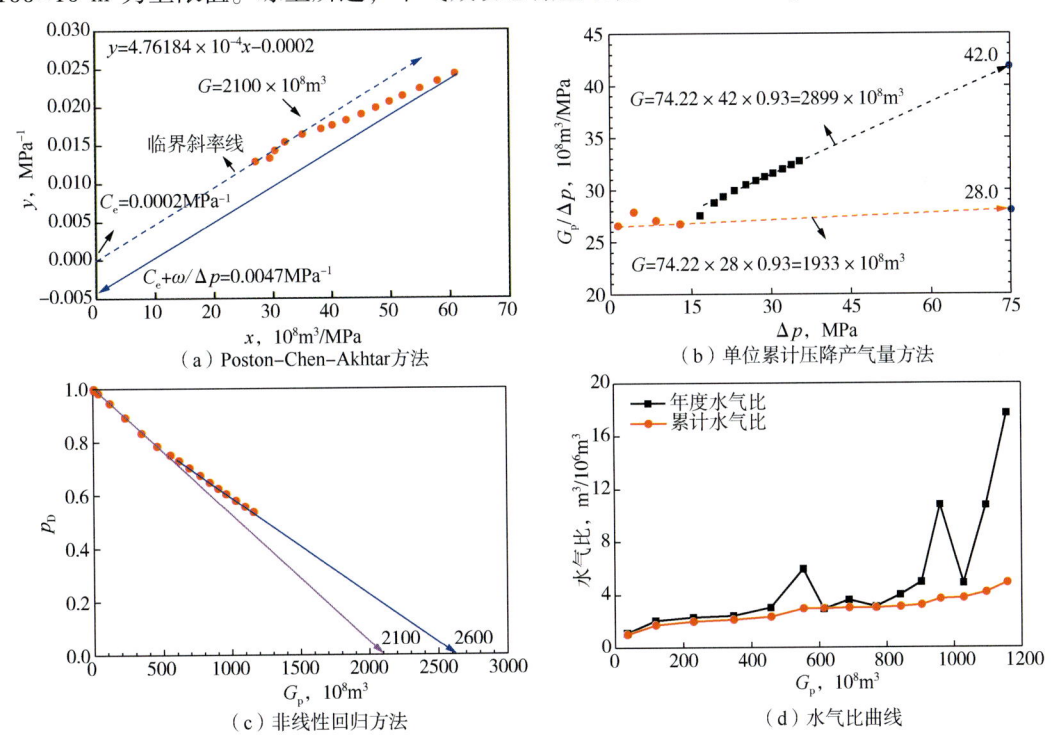

图 5-85 M2 气藏不同方法动态储量评价及水气比曲线

附　录

附录1 NS2B气藏基础数据概况

NS2B气藏位于美国路易斯安那州Lafayette县North Ossun油田，它是一个有限水体的封闭气藏，有关的气藏资料如附表1-1所示，生产数据如附表1-2所示（Harville，1969），原始条件下和露点条件下的岩石压缩系数和体积膨胀系数如附表1-3所示。

附表1-1 NS2B气藏基本数据表（Harville，1969）

气藏埋深，m	3810	渗透率，$10^{-3}\mu m^2$	200
原始压力，MPa	61.51	生产井数，口	4
压力梯度，MPa/100m	1.64	露点压力，MPa	47.71
气藏温度，K	392.2	初始气油比，m^3/m^3	1113
气水界面高度，m	3810	凝析油相对密度	0.7927
气层厚度，m	30.48	原始条件下偏差系数	1.472
孔隙度	0.235	容积法地质储量，$10^8 m^3$	32.28
原始含水饱和度	0.34	原始条件下天然气压缩系数，MPa^{-1}	4.35×10^{-3}
临界压力，MPa	4.199	临界温度，K	263.89
天然气相对密度	0.65		

附表1-2 NS2B气藏生产数据表（Harville，1969）

p，MPa	Z	p/Z，MPa	G_p，$10^8 m^3$
61.51	1.47	41.76	0.00
60.98	1.47	41.63	0.19
57.38	1.40	40.98	0.93
51.14	1.29	39.70	2.94
47.44	1.22	38.91	4.41
41.81	1.13	37.00	6.79
37.85	1.08	35.21	7.89
32.96	0.97	34.09	9.54
28.30	0.89	31.90	11.36

附表1-3 NS2B气藏原始压力和露点压力下的参数数据表（Harville，1969）

压力条件	C_f，MPa^{-1}	C_g，MPa^{-1}	E_g
原始压力	3.18×10^{-3}	4.35×10^{-3}	302.5
露点压力		7.06×10^{-3}	281.5

附录2 Offshore气藏基础数据概况

美国路易斯安那Offshore高压气藏生产数据如附表2-1所示（Ramagost，1981），气藏埋深为4055m，原始地层压力为78.90MPa，气藏温度为128.4℃，天然气相对密度为0.6，原始含水饱和度为 0.22，地层水压缩系数为 $4.41\times10^{-4}\text{MPa}^{-1}$。

附表 2-1 Offshore 高压气藏生产数据历史（Ramagost，1981）

序号	时间(年.月.日)	G_p，10^8m^3	p，MPa	Z	p/Z，MPa
0	1966.01.25	0.00	78.90	1.496	52.74
1	1967.02.01	2.81	73.60	1.438	51.18
2	1968.02.01	8.11	69.85	1.397	50.00
3	1969.06.01	15.18	63.80	1.330	47.97
4	1970.06.01	22.00	59.12	1.280	46.18
5	1971.06.01	28.72	54.51	1.230	44.32
6	1972.06.01	34.09	50.88	1.192	42.69
7	1973.09.01	41.07	47.21	1.154	40.91
8	1974.08.01	45.49	44.04	1.122	39.25
9	1975.08.01	51.64	40.18	1.084	37.06
10	1976.08.01	56.00	37.29	1.057	35.28
11	1977.08.01	61.08	34.47	1.033	33.37
12	1978.08.01	66.76	31.03	1.005	30.87
13	1979.08.01	69.64	28.75	0.988	29.10

附录 3 Anderson L 气藏基础数据概况

美国 Anderson L 砂岩气藏是复杂断层背斜构造，构造轴的走向为 NNE—SSW，构造长 8.45km，宽 5.63km，储层埋深为 3810m，压力系数为 1.91，原始地层压力为 65.55MPa，气藏温度为 130.0℃，原始含水饱和度为 0.35，有效厚度为 22.86m，地层水压缩系数为 $4.351\times10^{-4}\text{MPa}^{-1}$，孔隙度为 0.24，岩石压缩系数为 $2.828\times10^{-3}\text{MPa}^{-1}$，露点压力为 42.18MPa，原始条件下天然气相对密度为 0.665，凝析油相对密度为 0.7624，容积法地质储量为 $19.68\times10^8\text{m}^3$。开发初期天然气组分构成如附表 3-1 所示。生产数据如附表 3-2 所示（Duggan，1971）。气藏流体物性变化规律如附表 3-3 所示（Fetkovich，1991）。

附表 3-1 Anderson L 气藏开发初期天然气组成（Duggan，1971）

组分	CO_2	N_2	C_1	C_2	C_3	i-C_4	n-C_4	i-C_5	n-C_5	C_6	C_{7+}	合计
y_i	0.5	0.24	79.79	6.5	3.36	1.33	1.11	0.73	0.45	0.91	5.08	100

附表 3-2 Anderson L 气藏生产数据（Duggan，1971）

序号	时间(年.月.日)	G_p，10^8m^3	W_p，10^4m^3	p，MPa	Z	p/Z，MPa
1	1965.12.22	0.000	0.00	65.55	1.440	45.52
2	1966.3.1	0.118	0.48	64.07	1.418	45.18
3	1966.6.22	0.492	1.96	61.85	1.387	44.59
4	1966.9.29	0.966	3.83	59.26	1.344	44.09
5	1966.11.17	1.276	5.04	57.45	1.316	43.65

续表

序号	时间(年.月.日)	G_p, $10^8 m^3$	W_p, $10^4 m^3$	p, MPa	Z	p/Z, MPa
6	1966.12.30	1.647	6.47	55.22	1.282	43.07
7	1967.3.23	2.257	8.92	52.42	1.239	42.31
8	1967.5.15	2.620	10.35	51.06	1.218	41.92
9	1967.7.31	3.146	12.35	48.28	1.176	41.05
10	1967.9.14	3.519	13.74	46.34	1.147	40.40
11	1967.10.19	3.827	14.95	45.06	1.127	39.98
12	1968.3.5	5.163	19.48	39.74	1.048	37.92
13	1968.9.4	6.836	25.69	32.86	0.977	33.63
14	1969.3.19	8.389	30.42	29.61	0.928	31.91
15	1969.9.29	9.689	33.96	25.86	0.891	29.02
16	1970.3.31	10.931	36.70	22.39	0.854	26.21

附表 3-3 Anderson L 气藏流体物性变化规律(Fetkovich, 1991)

p, MPa	B_w	R_{sw}, m^3/m^3	Z	B_g, m^3/m^3	B_{tw}	C_{tw}, $10^{-4} MPa^{-1}$
65.57	1.056	5.66	1.4401	0.00282	1.056	3.4809
62.05	1.057	5.52	1.3923	0.00288	1.057	3.5244
55.16	1.059	5.20	1.2991	0.00303	1.060	3.6404
48.26	1.060	4.84	1.2072	0.00322	1.063	3.8435
41.37	1.062	4.45	1.1176	0.00347	1.066	4.0320
34.47	1.064	4.01	1.0325	0.00385	1.070	4.3221
27.58	1.065	3.49	0.9562	0.00446	1.075	4.7572
20.68	1.067	2.87	0.8977	0.00558	1.083	5.5984
13.79	1.068	2.10	0.8744	0.00815	1.097	7.5274
10.34	1.069	1.66	0.8832	0.01098	1.113	9.7029
6.89	1.069	1.21	0.9078	0.01693	1.145	14.4311
5.17	1.069	0.89	0.9258	0.02302	1.179	19.2898
3.45	1.069	0.59	0.9472	0.03533	1.249	29.3553
1.72	1.069	0.28	0.9708	0.07242	1.459	59.7548
0.69	1.069	0.09	0.9835	0.18341	2.092	151.1710
0.10	1.069	0.00	1	1.2686	8.254	1041.1554

附录4 Gulf Goast 等气藏基础数据概况

在 SPE16861 一文中,Prasad 给出了 Gulf Goast 的 7 个高压气藏的历史生产数据,Ronald Gunawan Gan(2001)将其数字化,现摘录如下,见附表 4-1 至附表 4-7。

附表 4-1 Reservoir-33 气藏开发数据表(Gan, 2001)

p/Z, MPa	G_p, $10^8 m^3$	p/Z, MPa	G_p, $10^8 m^3$	p/Z, MPa	G_p, $10^8 m^3$
40.33	0.00	25.41	28.83	9.28	49.51
37.47	6.03	22.45	32.96	7.62	50.82
37.47	6.09	17.32	39.17	6.27	52.07
36.65	9.31	15.59	41.24	6.75	52.78
35.46	12.53	11.03	44.93	6.25	53.43
34.03	15.97	10.89	47.01		
31.05	20.05	9.11	48.86		

附表 4-2 Reservoir-41 气藏开发数据表(Gan, 2001)

G_p, $10^8 m^3$	p/Z, MPa	G_p, $10^8 m^3$	p/Z, MPa	G_p, $10^8 m^3$	p/Z, MPa
0	43.44	2.69	39.08	5.08	32.58
0.32	42.54	3.02	37.48	5.2	30.76
0.75	43.25	3.44	36.74	5.65	29.74
0.9	42.53	3.67	39.78	6.13	29.36
1.19	41.22	4.19	35.35	6.2	27.77
1.29	38.82	4.28	33.97	6.62	26.53
2.29	39.45	4.5	32.67		
2.34	38.51	4.72	30.85		

附表 4-3 Reservoir-70 气藏开发数据表(Gan, 2001)

p/Z, MPa	47.78	44.28	39.07	34.39	26.77	20.42	11.31
G_p, $10^8 m^3$	0.00	0.20	0.78	1.06	1.65	2.04	2.66

附表 4-4 Reservoir-117 气藏开发数据表(Gan, 2001)

p/Z, MPa	G_p, $10^8 m^3$	p/Z, MPa	G_p, $10^8 m^3$	p/Z, MPa	G_p, $10^8 m^3$
47.33	0	42.45	19.89	35.76	53.57
47.25	0.4	43.32	21.84	36.71	56.58
46.59	1.99	42.38	24.59	33.29	65.97
46.16	6.16	41.87	27.43	32.49	66.77
44.56	7.13	40.85	27.51	29.96	71.46
44.85	10.5	40.71	31.06	30.46	73.15
46.66	13.16	40.12	38.41	27.85	74.83
43.91	15.82	39.76	42.23	27.78	76.6
44.34	18.65	37.51	46.12	25.46	81.56
43.54	19.01	38.96	49.58		

附表 4-5　Reservoir-195 气藏开发数据表（Gan，2001）

p/Z, MPa	47.92	47.45	43.66	40.98	36.88	30.73	23.54	14.47	14.42	11.67	10.42	7.52	10.16
G_p, $10^8 m^3$	0.00	0.44	1.96	2.90	4.04	6.72	8.56	10.11	11.08	11.76	11.93	11.94	12.24

附表 4-6　Reservoir-197 气藏开发数据表（Gan，2001）

p/Z, MPa	46.81	43.09	22.99	13.98
G_p, $10^8 m^3$	0.00	0.44	2.09	2.97

附表 4-7　Reservoir-268 气藏开发数据表（Gan，2001）

p/Z, MPa	46.82	46.46	45.65	43.04	39.56	36.59	34.05
G_p, $10^8 m^3$	0.00	0.15	0.65	1.32	2.42	2.94	3.36

附录 5　GOM 气藏基础数据概况

Ronald Gunawan Gan(2001)在其硕士论文中给出了 GOM 气藏的生产数据，现摘录如下。该气藏原始地层压力为 84.46MPa，气藏温度为 130℃，压力系数为 2.13，原始含水饱和度为 0.35，天然气相对密度为 0.875，开发数据如附表 5-1 所示。

附表 5-1　GOM 气藏开发数据表（Gan，2001）

p/Z, MPa	50.07	49.42	48.42	47.46	46.32	45.86	44.93	44.38	42.30	41.10	39.82	38.84	36.62
G_p, $10^8 m^3$	0.00	0.11	0.24	0.38	0.52	0.65	0.77	0.93	1.08	1.23	1.38	1.51	1.70

附录 6　Stafford 气藏基础数据概况

Ronald Gunawan Gan(2001)在其硕士论文中给出了 Stafford 气藏的生产数据，现摘录如下。该气藏原始地层压力为 49.64MPa，气藏温度为 121.1℃，压力系数为 1.80，天然气相对密度为 0.65，开发数据如附表 6-1 所示。

附表 6-1　Stafford 气藏开发数据表（Gan，2001）

p, MPa	G_p, $10^8 m^3$	Z	p/Z, MPa
49.64	0.00	0.00	41.93
48.09	0.20	1.18	41.21
46.34	0.43	1.17	40.37
44.33	0.70	1.15	39.37
42.97	0.94	1.13	38.65
43.05	1.04	1.11	38.68
40.93	1.21	1.11	37.52
39.43	1.47	1.09	36.65

续表

p, MPa	G_p, $10^8 m^3$	Z	p/Z, MPa
36.87	1.72	1.08	35.11
31.18	2.35	1.05	31.21
25.31	3.01	1.00	26.48
21.48	3.47	0.96	22.98
19.55	3.73	0.94	21.06
19.49	3.83	0.93	21.00
19.12	3.90	0.93	20.62
19.05	3.97	0.93	20.55

附录 7　South Louisiana 气藏基础数据概况

Bourgoyne(1990)在论文中给出了 South Louisiana 气藏的生产数据，现摘录如下。该气藏埋深为 3962.4m，原始地层压力为 75.73MPa，气藏温度为 120.2℃，压力系数为 1.91，露点压力为 49.64MPa，天然气相对密度为 0.665，凝析油相对密度为 0.7927。开发数据如附表 7-1 所示。

附表 7-1　South Louisiana 气藏开发数据表(Bourgoyne，1990)

p, MPa	G_p, $10^8 m^3$	Z	p/Z, MPa
75.73	0.00	1.49	50.86
57.32	0.82	1.27	45.06
48.70	1.55	1.17	41.49
43.09	1.77	1.17	36.83
33.96	2.12	1.08	31.50

附录 8　Example-4 气藏基础数据概况

Wang(1999)在论文中给出了 Example-4 气藏的开发数据如附表 8-1 所示。

附表 8-1　Example-4 气藏开发数据表(Wang，1999)

p/Z, MPa	50.98	50.48	48.40	47.17	46.62	44.66	42.83
G_p, $10^8 m^3$	0.00	0.12	1.06	1.67	1.93	2.77	3.20

附录 9　Field-38 气藏基础数据概况

Poston(1989)在论文中给出了 Field-38 气藏的开发数据如附表 9-1 所示。

附表 9-1　Field-38 气藏开发数据表（Poston，1989）

p/Z, MPa	44.98	32.14	30.61	26.48	24.68	23.16
G_p, $10^8 m^3$	0.00	6.88	8.32	10.05	10.71	11.31

附录 10　Gulf of Mexico 气藏基础数据概况

Poston(1989)在论文中给出了 Gulf of Mexico 气藏的开发数据如附表 10-1 所示。

附表 10-1　Gulf of Mexico 气藏开发数据表（Poston，1989）

p/Z, MPa	39.30	34.60	32.71	25.81	22.70	23.30	21.62	19.93	16.29	14.68
G_p, $10^8 m^3$	0.00	9.58	12.59	22.11	26.88	27.64	28.95	31.52	34.26	35.07

附录 11　ROB43-1 气藏基础数据概况

Poston(1989)在论文中给出了 ROB43-1 气藏的开发数据，如附表 11-1 所示。

附表 11-1　ROB43-1 气藏开发数据表（Poston，1989）

p/Z, MPa	55.16	45.20	39.27	35.02	29.83	27.41
G_p, $10^8 m^3$	0.00	10.58	14.53	16.67	19.45	20.00

附录 12　Louisiana 气藏基础数据概况

Guehria(1996)在论文中给出了 Louisiana 气藏的开发数据，如附表 12-1 所示。

附表 12-1　Louisiana 气藏开发数据表（Guehria，1996）

p/Z, MPa	51.02	49.50	47.34	46.06	44.82	42.06	40.64	39.30	37.71	34.96	33.58	31.06	28.96
G_p, $10^8 m^3$	0.00	1.92	4.68	8.08	9.62	11.13	13.01	13.94	16.07	17.43	19.17	20.63	21.76

附录 13　SE Texas 气藏基础数据概况

Guehria(1996)在论文中给出了 SE Texas 气藏的开发数据，如附表 13-1 所示。

附表 13-1　SE Texas 气藏开发数据表（Guehria，1996）

p, MPa	97.22	89.98	84.46	77.91	71.02	61.16	52.26	41.71
G_p, $10^8 m^3$	0.00	9.41	17.12	27.96	30.81	39.36	44.21	50.48

附录 14　Cajun 气藏基础数据概况

Becerra-Arteaga(1993)在其博士论文中给出了 Cajun 气藏的开发数据，如附表 14-1

所示。

附表 14-1　Cajun 气藏开发数据表（Becerra-Arteaga，1993）

p/Z, MPa	G_p, $10^8 m^3$	p/Z, MPa	G_p, $10^8 m^3$	p/Z, MPa	G_p, $10^8 m^3$
53.72	0	34.65	27.88	12.51	48.47
51.57	5.72	30.84	32.34	11.36	50.37
50.43	8.62	23.98	38.53	10.78	51.01
48.13	12.52	21.24	40.63	10.14	51.83
46.62	15.78	16.69	44.46	9.7	52.55
42.37	19.79	14.31	47.01		

附录 15　国外 20 个已开发气藏 Gan-Blasingame 方法拐点统计表

在 SPE71514 一文中，Ronald Gunawan Gan 和 Blasingame（2001）利用他们建立的方法，对 20 个已开发气藏的动态储量进行了评价，拐点出现时间点如附表 15-1 所示，生产数据见附录 1 至附录 14。

附表 15-1　国外 20 个已开发气藏拐点时间点统计表（Gan，2001）

序号	气藏	G_a, $10^8 m^3$	G, $10^8 m^3$	G_D	p_{DA}
1	Anderson L	33.33	21.17	0.64	0.79
2	GOM Resv	7.87	4.32	0.55	0.80
3	North Ossun	43.61	28.63	0.66	0.86
4	Off. Louisiana	185.79	123.37	0.66	0.70
5	South Louisiana	8.35	3.87	0.46	0.81
6	Stafford	12.80	6.39	0.50	0.86
7	Example-4/Wang	21.32	10.18	0.48	0.85
8	Field-38	25.34	19.63	0.77	0.62
9	Gulf of Mexico	76.34	45.84	0.60	0.65
10	Louisiana	81.78	36.03	0.44	0.81
11	Cajun	141.05	60.00	0.43	0.89
12	ROB43-1	58.59	30.17	0.51	0.76
13	Reservoir-117	250.80	129.34	0.52	0.76
14	Reservoir-195	22.00	14.50	0.66	0.73
15	Reservoir-197	5.55	3.87	0.70	0.69
16	Reservoir-268	16.68	9.11	0.55	0.86
17	Reservoir-33	104.77	60.31	0.58	0.79
18	Reservoir-41	25.71	13.63	0.53	0.86
19	Reservoir-70	4.42	3.39	0.77	0.78
20	SE Texas	140.11	75.14	0.54	0.78

附录16　M1气藏基础数据概况

M1气藏埋藏深度为3750m,原始地层压力为74.35MPa,地层水压缩系数为$5.645\times10^{-4}\text{MPa}^{-1}$,原始含水饱和度为0.32,天然气相对密度为0.568,容积法储量为$2833\times10^8\text{m}^3$。开发数据如附表16-1所示(夏静,2007)。

附表16-1　M1气藏开发数据表(夏静,2007)

p, MPa	G_p, 10^8m^3	Z	p/Z, MPa
74.35	0.00	1.44	51.56
72.73	58.78	1.42	51.05
70.67	150.89	1.40	50.40
68.09	258.20	1.37	49.54
65.32	365.80	1.34	48.58
62.47	473.11	1.31	47.55
56.70	687.73	1.25	45.30
50.61	902.64	1.19	42.68
44.82	1117.26	1.12	39.90
39.16	1332.18	1.06	36.86

附录17　M2气藏基础数据概况

M2气藏原始地层压力为74.22MPa,地层水压缩系数为$5.6\times10^{-4}\text{MPa}^{-1}$,原始含水饱和度为0.32,气藏温度为100℃,容积法储量为$2400\times10^8\text{m}^3$。开发数据如附表17-1所示。

附表17-1　M2气藏开发数据表

序号	G_p, 10^8m^3	W_p, 10^4m^3	p, MPa	Z	p/Z, MPa	Δp, MPa
1	0.00	0.00	74.22	1.450	51.27	0.0000
2	2.14	0.00	73.98	1.450	51.00	0.2400
3	34.61	0.37	72.92	1.446	50.43	1.3000
4	118.72	2.11	69.97	1.442	48.52	4.2500
5	228.32	4.65	65.80	1.438	45.76	8.4200
6	345.40	7.50	61.32	1.434	42.76	12.9000
7	457.91	10.93	57.60	1.430	40.28	16.6200
8	553.39	16.61	54.99	1.426	38.56	19.2300
9	614.31	18.40	53.30	1.422	37.48	20.9200
10	689.23	21.11	51.21	1.418	36.11	23.0100
11	769.08	23.60	49.00	1.414	34.65	25.2200
12	839.48	26.42	47.06	1.413	33.31	27.1600

续表

序号	G_p, $10^8 m^3$	W_p, $10^4 m^3$	p, MPa	Z	p/Z, MPa	Δp, MPa
13	901.98	29.52	45.37	1.412	32.13	28.8500
14	958.96	35.67	43.86	1.411	31.08	30.3600
15	1029.23	39.10	42.05	1.411	29.81	32.1700
16	1095.80	46.26	40.39	1.410	28.64	33.8300
17	1157.65	57.22	38.87	1.410	27.57	35.3500

附录18 M3气藏基础数据概况

M3气藏是一个典型的强水驱气藏(Wang,1987),原始地层压力为29.25MPa,地层水压缩系数为$4.5\times10^{-4}MPa^{-1}$,原始含水饱和度为0.32,气藏温度为94℃,容积法储量为$230.8\times10^8 m^3$。开发数据如附表18-1所示。

附表18-1 M3气藏开发数据表(Wang,1987)

时间, d	G_p, $10^8 m^3$	W_p, $10^4 m^3$	p, MPa	Z	p/Z, MPa	Δp, MPa
0	0.00	0.00	29.25	0.9718	30.10	0.0000
283	6.64	0.00	28.72	0.9676	29.68	0.5378
452	8.30	0.01	28.32	0.9651	29.35	0.9308
799	16.24	0.15	27.13	0.9566	28.36	2.1236
1296	28.97	0.44	25.92	0.9486	27.33	3.3302
2172	47.00	0.91	24.39	0.9395	25.96	4.8608
2607	53.84	1.00	23.67	0.9357	25.30	5.5847
2966	64.05	1.24	23.50	0.9348	25.14	5.7571
3298	74.54	1.48	22.97	0.9322	24.64	6.2880
3663	84.36	1.88	21.91	0.9275	23.62	7.3429
4028	92.77	2.76	21.64	0.9264	23.35	7.6187
4390	99.91	3.20	21.37	0.9253	23.10	7.8807
4767	104.83	3.30	21.06	0.9242	22.78	8.1979
5156	109.65	3.83	21.22	0.9248	22.95	8.0324
5414	118.10	4.88	20.22	0.9214	21.95	9.0321
5504	120.31	5.04	20.11	0.9211	21.83	9.1424
5579	122.72	5.46	19.97	0.9207	21.69	9.2803
5809	127.38	6.98	19.82	0.9202	21.54	9.4320
5940	131.78	7.28	19.35	0.9190	21.06	9.9009
6293	147.80	10.61	17.21	0.9146	18.82	12.0451
6501	155.55	13.70	16.24	0.9142	17.76	13.0173
6807	163.04	18.35	15.86	0.9143	17.34	13.3965
6875	164.55	19.80	15.80	0.9143	17.28	13.4585

附录19 M4气藏基础数据概况

M4气藏是一个典型的水驱气藏(Jiao,2017),原始地层压力为74.48MPa,气藏温度为100℃,容积法储量为2091.5×10^{8}m^3。开发数据如附表19-1所示。

附表19-1 M4气藏开发数据表(Jiao,2017)

p, MPa	Z	G_p, 10^{8}m^3	p/Z, MPa	p_D
74.48	1.4037	0.0	53.06	1.0000
74.42	1.4031	2.6	53.04	0.9996
73.77	1.397	35.0	52.81	0.9952
72.15	1.3814	119.7	52.23	0.9843
70.14	1.3616	226.5	51.52	0.9708
67.74	1.3372	338.6	50.66	0.9547
65.20	1.3108	451.0	49.74	0.9374
62.74	1.2848	555.3	48.83	0.9203
60.15	1.2572	659.5	47.85	0.9017
57.49	1.2287	764.0	46.79	0.8818
54.59	1.1978	868.2	45.57	0.8589
51.52	1.1656	970.4	44.20	0.8330
48.53	1.1349	1069.8	42.76	0.8058
45.28	1.1027	1169.6	41.06	0.7738
42.17	1.0734	1260.3	39.29	0.7404
39.51	1.0498	1341.2	37.64	0.7093
37.62	1.0338	1403.5	36.39	0.6857
35.58	1.0176	1462.5	34.96	0.6589

附录20 M5气藏基础数据概况

M5气藏是一个典型的裂缝性应力敏感气藏(Aguilera,2008),原始地层压力为17.31MPa,基质束缚水饱和度为0.25,裂缝含水饱和度为0,水相压缩系数为4.35×10^{-4} MPa^{-1},基质压缩系数为2.90×10^{-3}MPa^{-1},裂缝孔隙度为0.01,裂缝储容比为0.5。开发数据如附表20-1所示。

附表20-1 M5气藏开发数据表(Aguilera,2008)

p, MPa	p/Z, MPa	G_p, 10^{8}m^3	Δp, MPa
17.31	19.75	0.00	0.00
14.27	16.25	10.48	3.03
13.18	14.96	14.16	4.12
11.27	12.67	20.81	6.03
9.59	10.66	25.15	7.72
7.00	7.60	31.71	10.31

附录21 图版拟合分析方法基本原理

典型曲线是流动方程理论解的图形表示，通常以无量纲变量表示（如无量纲压力 p_D、无量纲时间 t_D、无量纲半径 r_D、无量纲井筒储集系数 C_D 等），而不是用实际变量表示（如 Δp、t、r、C）。典型曲线分析是指当产量或压力发生变化时，将实测数据的图形叠置在典型曲线图上，寻找一条可"拟合"测试井和储层实际响应的理论典型曲线，然后根据拟合结果计算储层和井参数（Tarek，2019；孙贺东，2021）。

任何变量与具有其量纲倒数的一组常数相乘时，都可以变成是无量纲的，这组常数的选择取决于所解决问题的类型。例如，要创建无量纲压力 p_D，以 MPa 为单位的实际压差 Δp 与 MPa^{-1} 为单位的参数团 A 相乘，即 $p_D = A\Delta p$。

使变量无量纲化的参数团 A 来自描述储层流体流动的方程式。下面以径向、不可压缩流体稳定流动方程为例介绍这一概念，Darcy 方程为

$$q = \frac{0.5428Kh\Delta p}{\mu B[\ln(r_e/r_{wa}) - 0.5]} \tag{A21-1}$$

其中，r_{wa} 为有效半径，定义为 $r_{wa} = r_w e^{-S}$。将式（A21-1）变形，可得参数团 A 表达式，有

$$\ln(r_e/r_{wa}) - 0.5 = \left(\frac{0.5428Kh}{q\mu B}\right)\Delta p = A\Delta p$$

上式等号左边是无量纲的，因此右边也是无量纲的，则 p_D 定义为

$$p_D = \left(\frac{0.5428Kh}{q\mu B}\right)\Delta p \tag{A21-2}$$

式（A21-2）两边取对数，有

$$\lg p_D = \lg\left(\frac{0.5428Kh}{q\mu B}\right) + \lg\Delta p = \lg A + \lg\Delta p \tag{A21-3}$$

式（A21-3）表明，对于定产生产情形，p_D 与 Δp 在双对数图上只相差一个常数

$$\lg\left(\frac{0.5428Kh}{q\mu B}\right) = \lg A$$

同理，可定义无量纲时间，有

$$t_D = \left(\frac{3.6\times10^{-3}K}{\phi\mu C_t r_w^2}\right)\Delta t$$

两边取对数，有

$$\lg t_D = \lg\left(\frac{3.6\times10^{-3}K}{\phi\mu C_t r_w^2}\right) + \lg\Delta t = \lg D + \lg\Delta t \tag{A21-4}$$

因此，$\lg\Delta p$—$\lg\Delta t$ 曲线和 $\lg p_D$—$\lg t_D$ 曲线具有相同的形状，垂向上相距 $\lg A$，水平方向

距离为 lgD，如图 A21-1 所示。这两条曲线不仅具有相同的形状，而且如果它们彼此相对移动直到它们重合或匹配，则实现匹配所需的垂直和水平位移与式（A21-3）和（A21-4）中的这些常数有关。一旦根据垂直和水平位移确定了这些常数，就可以估算储层和井的参数，例如渗透率和表皮系数。通过垂直和水平位移匹配两条曲线并确定储层或井参数的过程称为典型曲线拟合。

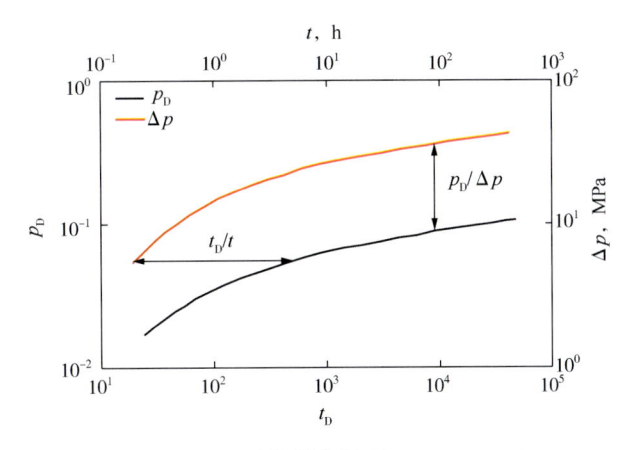

图 A21-1 双对数拟合原理（Tarek，2019）

如扩散方程的 Ei 函数解可以表示为

$$p(r,\ t) = p_i + \left(\frac{0.9209q\mu B}{Kh}\right) \text{Ei}\left(-\frac{\phi\mu C_t r^2}{14.4\times 10^{-3}Kt}\right)$$

转换为无量纲形式，有

$$\frac{p_i - p(r,\ t)}{\left(\dfrac{q\mu B}{0.5428Kh}\right)} = -\frac{1}{2}\text{Ei}\left(-\frac{\phi\mu C_t (r/r_w)^2}{4\times \dfrac{3.6\times 10^{-3}Kt}{\phi\mu C_t r_w^2}}\right)$$

若用无量纲量表示，有

$$p_D = -\frac{1}{2}\text{Ei}\left(-\frac{r_D^2}{4t_D}\right) \tag{A21-5}$$

当 $t_D/r_D^2 > 25$ 时，式（A21-5）近似表示为

$$p_D = -\frac{1}{2}\left[\ln\left(\frac{t_D}{r_D^2}\right) + 0.80907\right]$$

$$\frac{t_D}{r_D^2} = \frac{3.6\times 10^{-3}Kt}{\phi\mu C_t r^2}$$

两边取对数，有

$$\lg\left(\frac{t_D}{r_D^2}\right) = \lg\left(\frac{3.6\times 10^{-3}K}{\phi\mu C_t r^2}\right) + \lg t \tag{A21-6}$$

式（A21-3）和式（A21-6）表明，$\lg\Delta p$—$\lg t$ 曲线和 $\lg p_D$—$\lg(t_D/r_D^2)$ 曲线具有相同的形状，垂向上相距 $\lg A$，水平方向距离为 $\lg D$。当两条曲线拟合完毕时，有

$$\left[\frac{p_D}{\Delta p}\right]_M = \frac{0.5428Kh}{q\mu B} \quad (A21\text{-}7)$$

$$\left[\frac{t_D/r_D^2}{t}\right]_M = \frac{3.6\times10^{-3}K}{\phi\mu C_t r^2} \quad (A21\text{-}8)$$

下标 M 代表拟合点。将扩散方程（A21-5）绘制成 p_D—t_D/r_D^2 曲线形式，如图 A21-2 所示，该图可用于干扰试井中观测井的压力响应分析。

利用图 A21-2 进行典型曲线拟合步骤如下：

（1）选择正确的典型曲线，如图 A21-2。

（2）将描图纸放在图 A21-2 上，描绘一个与典型曲线相同尺寸的双对数刻度图。

（3）在描图纸上绘制 $\lg\Delta p$—$\lg t$ 曲线。

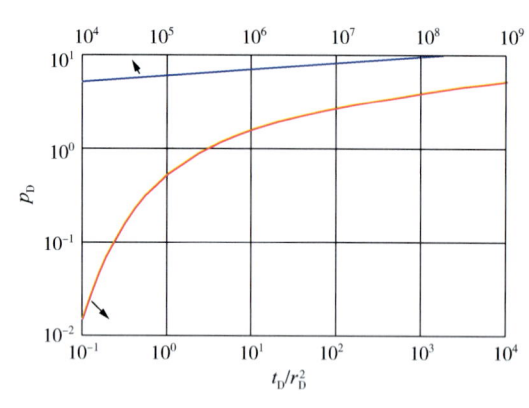

图 A21-2　指数积分函数解曲线（Earlougher，1977）

（4）将描图纸覆盖在典型曲线上，然后移动 $\lg\Delta p$—$\lg t$ 图，使两个图的横轴和纵轴保持平行，直到 $\lg\Delta p$—$\lg t$ 曲线与 p_D—t_D/r_D^2 曲线重合或匹配。

（5）选择任意拟合点，例如主网格线的交点，并从 $\lg\Delta p$—$\lg t$ 图中记录拟合点坐标数据 $[\Delta p, t]_M$，典型曲线上记录 $[p_D, t_D/r_D^2]_M$。

（6）利用拟合点数据，计算相关参数。

图 A21-3 为 $\lg\Delta p$—$\lg t$ 曲线与典型曲线拟合图。选取任意拟合点，如理论图版拟合值为 $[50, 0.8]_M$，相应的实测数据拟合点为 $[100, 0.07]_M$。根据式（A21-7），有

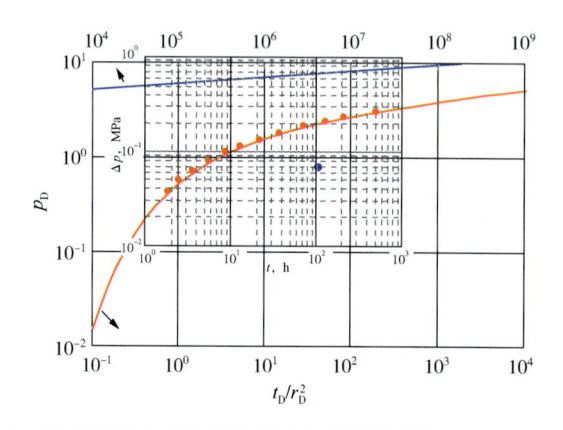

图 A21-3　利用典型曲线进行干扰试井分析示意图（Earlougher，1977）

$$K = \frac{q\mu B}{0.5428h}\left[\frac{p_D}{\Delta p}\right]_M = \frac{27.03\times1.3\times1.0}{0.5428\times13.7}\times\left[\frac{0.80}{0.07}\right]_M = 41.5\times10^{-3}\,\mu m^2$$

根据式（A21-8），有

$$\phi = \frac{3.6 \times 10^{-3} K}{\left[\frac{t_D/r_D^2}{t}\right]_M \mu C_t r^2} = \frac{3.6 \times 10^{-3} \times 41.5}{\left[\frac{50}{100}\right]_M \times 1.3 \times 1.31 \times 10^{-3} \times 36.3^2} = 0.13$$

附录22 Cajuna气藏基础数据概况

Cajuna气藏开发数据如附表22-1所示。原始地层压力为79.0MPa，气藏温度为401.3K，天然气相对密度为0.6（Ambastha，1991），天然气偏差系数为

$$Z = 1.56871 \times 10^{-8} p^4 - 4.1861 \times 10^{-6} p^3 + 4.27663 \times 10^{-4} p^2 - 0.00938 p + 1.00438 \quad (A22-1)$$

附表22-1 Cajuna气藏开发数据表（Ambastha，1991）

p, MPa	p/Z, MPa	G_p, 10^8m^3	p_D
79.00	53.40	0.00	1.0000
73.70	51.79	0.28	0.9699
70.00	50.57	0.81	0.9471
63.90	48.39	1.57	0.9062
59.20	46.54	2.20	0.8716
54.60	44.56	2.87	0.8346
51.00	42.89	3.41	0.8032
47.30	41.02	4.10	0.7683

附录23 M6气藏基础数据概况

M6气藏原始地层压力为105.89MPa，气藏温度为132℃，容积法储量为$1704 \times 10^8 \text{m}^3$；目前地层压力为79.04MPa，累计产气$426 \times 10^8 \text{m}^3$。开发数据如附表23-1所示。

附表23-1 M6气藏开发数据表

G_p, 10^8m^3	0	45.2	93.5	143.2	196.4	242.3	289.2	334.5	380.3	426.4
p_D	1	0.988	0.977	0.962	0.947	0.935	0.924	0.912	0.900	0.888

附录24 M7气藏基础数据概况

M7气藏原始地层压力为120MPa，气藏温度为180℃，容积法储量为$8.3 \times 10^8 \text{m}^3$，两口井产量均为$50 \times 10^4 \text{m}^3/\text{d}$，第一口井生产365d，第二口井从第101d起开始，生产265d。模拟压力数据如附表24-1所示。

附表 24-1 M7 气藏压力数据表

t, d	p_{wf}, MPa	t, d	p_{wf}, MPa	t, d	p_{wf}, MPa	t, d	p_{wf}, MPa	t, d	p_{wf}, MPa
1	119.1	73	107.4	147	90.3	223	72.4	297	58.3
3	118.7	75	107.1	149	89.8	225	72.0	299	57.9
5	118.4	77	106.7	151	89.3	227	71.6	301	57.6
7	118.0	79	106.4	155	88.2	229	71.2	305	56.9
9	117.7	81	106.1	157	87.7	231	70.7	307	56.5
11	117.3	83	105.8	159	87.2	233	70.3	309	56.2
13	117.0	85	105.5	161	86.7	235	69.9	311	55.9
15	116.6	87	105.2	163	86.2	237	69.5	313	55.5
17	116.3	89	104.9	165	85.7	239	69.1	315	55.2
19	116.0	91	104.6	167	85.2	241	68.7	317	54.9
21	115.6	93	104.3	169	84.7	243	68.3	319	54.6
23	115.3	95	104.0	171	84.2	245	67.9	321	54.2
25	114.9	97	103.7	173	83.8	247	67.5	323	53.9
27	114.6	99	103.4	175	83.3	249	67.1	325	53.6
29	114.3	101	103.1	177	82.8	251	66.7	327	53.3
31	114.0	105	101.9	179	82.3	255	65.9	329	52.9
33	113.6	107	101.3	181	81.8	257	65.6	331	52.6
35	113.3	109	100.7	183	81.4	259	65.2	333	52.3
37	113.0	111	100.2	185	80.9	261	64.8	335	52.0
39	112.7	113	99.6	187	80.4	263	64.4	337	51.7
41	112.3	115	99.0	189	80.0	265	64.0	339	51.4
43	112.0	117	98.4	191	79.5	267	63.7	341	51.0
45	111.7	119	97.9	193	79.0	269	63.3	343	50.7
47	111.4	121	97.3	195	78.6	271	62.9	345	50.4
49	111.1	123	96.8	197	78.1	273	62.5	347	50.1
51	110.8	125	96.2	199	77.7	275	62.2	349	49.8
53	110.4	127	95.7	201	77.2	277	61.8	351	49.5
55	110.1	129	95.1	205	76.3	279	61.4	355	48.9
57	109.8	131	94.6	207	75.9	281	61.1	357	48.6
59	109.5	133	94.0	209	75.4	283	60.7	359	48.3
61	109.2	135	93.5	211	75.0	285	60.4	361	48.0
63	108.9	137	92.9	213	74.6	287	60.0	363	47.7
65	108.6	139	92.4	215	74.1	289	59.7	365	47.4
67	108.3	141	91.9	217	73.7	291	59.3		
69	108.0	143	91.3	219	73.3	293	58.9		
71	107.7	145	90.8	221	72.8	295	58.6		

附录25 Ellenburger气藏基础数据概况

Fetkovich在其论文SPE 22921-MS中列举了Ellenburger气藏考虑水溶气情形的动态储量计算实例。该气藏原始地层压力为46.02MPa，气藏温度为93.3℃，孔隙度为5%，原始含水饱和度为0.35，储层微裂缝发育，连通性好。天然气组分中CO_2摩尔含量为28%。该气田生产数据如附表25-1所示；岩石压缩系数为$9.42 \times 10^{-4} MPa^{-1}$，其他流体高压物性如附表25-2所示。

附表25-1 Ellenburger气藏生产数据（Fetkovich，1991）

G_p, $10^8 m^3$	p/Z, MPa	G_p, $10^8 m^3$	p/Z, MPa	G_p, $10^8 m^3$	p/Z, MPa
0.0	43.55	506.3	25.80	808.7	10.79
165.6	37.96	550.7	22.95	823.1	10.69
280.8	34.43	590.3	21.88	830.3	10.30
312.0	33.65	627.5	19.72	838.7	9.81
336.0	32.67	659.9	18.34	847.1	9.71
351.6	31.98	689.9	15.60	859.1	9.12
384.0	30.90	721.1	15.40	869.9	8.83
423.6	28.74	746.3	14.03	879.5	8.34
469.1	27.96	771.5	12.75	887.9	7.75
463.1	27.07	788.3	11.48	901.1	7.16

附表25-2 Ellenburger气藏流体物性变化规律（Fetkovich，1991）

p, MPa	B_w	R_{sw}, m^3/m^3	Z	B_g, m^3/m^3	B_{tw}	C_{tw}, $10^{-4} MPa^{-1}$
46.02	1.0761	12.02	1.0464	0.00292	1.076	3.9885
41.37	1.0765	11.49	0.9962	0.0031	1.078	4.1045
34.47	1.0768	10.60	0.9262	0.00345	1.082	4.5251
27.58	1.0770	9.53	0.8732	0.00407	1.087	5.5694
20.68	1.0767	8.21	0.8493	0.00528	1.097	7.5999
17.24	1.0764	7.39	0.8513	0.00635	1.106	9.5869
13.79	1.0758	6.43	0.8638	0.00805	1.121	12.8937
12.07	1.0754	5.88	0.8742	0.00932	1.133	15.4753
10.34	1.0749	5.27	0.8872	0.01103	1.149	19.0722
8.62	1.0743	4.59	0.9028	0.01347	1.174	24.4096
6.89	1.0735	3.85	0.9208	0.01717	1.214	32.7201
3.45	1.0716	2.08	0.9621	0.03588	1.428	76.8546
5.17	1.0727	3.01	0.9408	0.02339	1.284	47.1802
1.72	1.0704	1.03	0.9833	0.07335	1.876	167.8792
0.69	1.0695	0.34	0.9946	0.18548	3.236	442.8384
0.10	1.0689	0.00	1	1.2686	16.319	3084.6256

附录26 Duck Lake 气藏基础数据概况

Fetkovich 在其论文 SPE 22921-MS 中列举了 Duck Lake 气藏考虑水溶气情形的动态储量计算实例。该气藏原始地层压力为 40.0MPa，气藏温度为 115.7℃，孔隙度为 25%，原始含水饱和度为 0.18，天然气相对密度为 0.65，岩石压缩系数为 $4.93 \times 10^{-4} \mathrm{MPa}^{-1}$。该气田生产数据如附表 26-1 所示。

附表 26-1 Duck Lake 气藏生产数据（Fetkovich，1991）

G_p, $10^8 \mathrm{m}^3$	p/Z, MPa	G_p, $10^8 \mathrm{m}^3$	p/Z, MPa	G_p, $10^8 \mathrm{m}^3$	p/Z, MPa
0.25	36.41	61.38	26.58	116.19	17.31
4.04	35.76	66.18	26.5	127.05	15.36
9.09	35.11	68.7	26.09	137.91	12.84
13.39	34.54	71.73	25.52	143.72	11.3
18.44	33.81	77.79	24.54	149.78	10.08
24.25	33	82.59	23.57	153.57	9.35
32.33	31.78	85.12	22.92	158.37	7.96
45.21	29.75	92.44	21.62	162.16	6.83
48.5	29.18	95.73	21.54	164.93	6.18
52.54	28.36	105.33	19.75		
58.35	27.63	111.89	18.37		

该例没有提供流体物性参数变化规律，选用第三章中经验公式进行计算，计算结果如附表 26-2 所示，Z 根据 Standing 方法计算，B_w 根据式(3-70)计算，R_{sw} 根据式(3-75)计算，B_{tw} 根据式(5-119)计算。

附表 26-2 Duck Lake 气藏流体物性变化规律

p, MPa	B_w	R_{sw}, $\mathrm{m}^3/\mathrm{m}^3$	B_g, $\mathrm{m}^3/\mathrm{m}^3$	B_{tw}	F	E_g	E_w	E_f	$E_t(M=6.5)$
40.00	1.0463	3.82	0.00355	1.0463	0.0039	0.00000	0.0000	0.0000	0.000
37.51	1.0468	3.78	0.00369	1.0470	0.0047	0.00014	0.0007	0.0012	2.006×10^{-4}
36.53	1.0470	3.75	0.00376	1.0473	0.0189	0.00021	0.0010	0.0017	2.918×10^{-4}
35.57	1.0472	3.73	0.00383	1.0476	0.0384	0.00028	0.0013	0.0022	3.855×10^{-4}
34.75	1.0474	3.70	0.00389	1.0479	0.0557	0.00034	0.0016	0.0026	4.695×10^{-4}
33.72	1.0476	3.66	0.00398	1.0483	0.0768	0.00043	0.0019	0.0031	5.806×10^{-4}
32.61	1.0479	3.62	0.00407	1.0487	0.1022	0.00052	0.0024	0.0036	7.084×10^{-4}
31.01	1.0482	3.55	0.00423	1.0494	0.1400	0.00068	0.0030	0.0044	9.095×10^{-4}
28.48	1.0487	3.41	0.00452	1.0506	0.2074	0.00097	0.0043	0.0057	1.273×10^{-3}
27.80	1.0489	3.37	0.00461	1.0510	0.2264	0.00106	0.0046	0.0060	1.383×10^{-3}
26.85	1.0491	3.31	0.00474	1.0515	0.2519	0.00119	0.0052	0.0065	1.545×10^{-3}
26.02	1.0493	3.26	0.00486	1.0520	0.2867	0.00131	0.0057	0.0069	1.698×10^{-3}
24.86	1.0495	3.18	0.00506	1.0528	0.3132	0.00151	0.0065	0.0075	1.932×10^{-3}
24.77	1.0496	3.17	0.00507	1.0529	0.3385	0.00152	0.0065	0.0075	1.951×10^{-3}

续表

p, MPa	B_w	R_{sw}, m³/m³	B_g, m³/m³	B_{tw}	F	E_g	E_w	E_f	$E_t(M=6.5)$
24.33	1.0497	3.14	0.00515	1.0532	0.3567	0.00160	0.0068	0.0077	2.045×10⁻³
23.73	1.0498	3.09	0.00527	1.0536	0.3805	0.00172	0.0073	0.0080	2.183×10⁻³
22.71	1.0500	3.01	0.00548	1.0544	0.4286	0.00193	0.0081	0.0085	2.431×10⁻³
21.73	1.0502	2.93	0.00570	1.0553	0.4735	0.00215	0.0090	0.0090	2.698×10⁻³
21.08	1.0504	2.87	0.00586	1.0559	0.5016	0.00231	0.0096	0.0093	2.887×10⁻³
19.82	1.0507	2.76	0.00622	1.0572	0.5770	0.00267	0.0109	0.0099	3.296×10⁻³
19.75	1.0507	2.75	0.00624	1.0573	0.5997	0.00269	0.0110	0.0100	3.323×10⁻³
18.07	1.0510	2.59	0.00681	1.0594	0.7189	0.00326	0.0131	0.0108	3.973×10⁻³
16.81	1.0513	2.47	0.00732	1.0612	0.8207	0.00377	0.0149	0.0114	4.556×10⁻³
15.87	1.0515	2.37	0.00776	1.0628	0.9040	0.00421	0.0165	0.0119	5.063×10⁻³
14.15	1.0519	2.17	0.00875	1.0663	1.1134	0.00520	0.0200	0.0127	6.173×10⁻³
11.95	1.0524	1.91	0.01047	1.0724	1.4449	0.00692	0.0261	0.0138	8.094×10⁻³
10.60	1.0528	1.74	0.01190	1.0775	1.7112	0.00835	0.0311	0.0145	9.686×10⁻³
9.53	1.0530	1.60	0.01334	1.0826	1.9988	0.00979	0.0362	0.0150	1.128×10⁻²
8.89	1.0532	1.52	0.01438	1.0863	2.2096	0.01083	0.0400	0.0153	1.244×10⁻²
7.65	1.0534	1.35	0.01688	1.0952	2.6735	0.01333	0.0489	0.0160	1.520×10⁻²
6.61	1.0537	1.20	0.01969	1.1053	3.1935	0.01614	0.0590	0.0165	1.831×10⁻²
6.01	1.0538	1.11	0.02176	1.1128	3.5899	0.01821	0.0665	0.0168	2.060×10⁻²

附录27　多(二)元回归分析原理

在处理测量数据时，经常要研究变量与变量之间的关系。变量之间的关系一般分为两种。一种是完全确定关系，即函数关系；一种是相关关系，即变量之间虽然存在着密切联系，但又不能由一个或多个变量的值求出另一个变量的值。多元回归是指一个因变量、多个自变量的回归模型。这种包括两个或两个以上自变量的回归称为多元回归。应用此法，可以加深对定性分析结论的认识，并得出各种要素间的数量依存关系，从而进一步揭示出各要素间内在的规律。

假设 x_1, x_2, …, x_p 是 p 个可以精确测量或可控制的变量。如果变量 y 与 x_1, x_2, …, x_p 之间的内在联系是线性的，那么进行 n 次试验，则可得 n 组数据：$(y_i, x_{i1}, x_{i2}, …, x_{ip})$，$i=1, 2, …, n$，它们之间的关系可以表示为

$$y_1 = b_0 + b_1 x_{11} + b_2 x_{12} + \cdots + b_p x_{1p} + \varepsilon_1$$

$$y_2 = b_0 + b_1 x_{21} + b_2 x_{22} + \cdots + b_p x_{2p} + \varepsilon_2$$

$$\cdots$$

$$y_n = b_0 + b_1 x_{n1} + b_2 x_{n2} + \cdots + b_p x_{np} + \varepsilon_n$$

其中，b_0, b_1, b_2, …, b_p 是 $p+1$ 个待估计参数，ε_i 表示第 i 次实验中的随机因素对 y_i 的影响。上式便是 p 元线性回归的数学模型(付凤玲，2003)。可用最小二乘法求解，在 Excel 软件中可自动回归，回归方法不再赘述。

附录28　符号意义及法定单位

A——面积，m^2；

B——体积系数，m^3/m^3；

B_g、B_o、B_w——气、油、水的体积系数，m^3/m^3；

B_{gi}、B_{oi}——原始压力条件下的气、油体积系数，m^3/m^3；

C——静水柱压力梯度，$0.980665MPa/100m$。

C_e——有效压缩系数，$C_e = \left(\dfrac{C_w S_{wi} + C_f}{1 - S_{wi}}\right)$，$MPa^{-1}$；

C_g——气体压缩系数，MPa^{-1}；

C_f——岩石压缩系数，MPa^{-1}；

C_{pr}——等温拟对比压缩系数；

C_s——岩石骨架的压缩系数，$-1MPa$；

C_w——水压缩系数，MPa^{-1}；

C_t——总压缩系数，MPa^{-1}；

C_{ti}——原始状态下的总压缩系数，MPa^{-1}；

dz——垂向距离变化，m；

dL——沿井筒轨迹方向的距离变化，m；

dp——压力变化，MPa；

D——气藏中深，m；

D——油管内径(考虑油管内流动的情况)，m；

D_c——套管内径，m；

D_t——油管外径，m；

f——摩阻系数；

g——重力加速度，m/s^2。

G——天然气地质储量，$10^8 m^3$；

G_a——虚拟原始地质储量，$10^8 m^3$；

h——地层厚度，m；

H——产层中部垂深，m；

K——地层渗透率，$10^{-3} \mu m^2$；

m——气体质量，kg；

M——气体相对分子质量；

M——水体倍数；

$m(p_1)$——区块1的拟压力，$MPa^2/(mPa \cdot s)$；

$m(p_2)$——区块2的拟压力，$MPa^2/(mPa \cdot s)$；

n——气体物质的量，kmol；

p——目前平均地层压力，MPa；

$\bar{p}$——平均压力，MPa；

p_D——无量纲压力；

p_i——气藏中部深度原始压力，MPa；

p_{pc}——气体的拟临界压力，MPa；

p'_{pc}——修正的拟临界压力，MPa；

p_r——气体的对比压力；

p_{pr}——气体的拟对比压力；

p_{sc}——气体在标准状态下的压力，$p_{sc}=0.101325$ MPa；

p_t——油压，MPa；

p_w——井底压力，MPa；

p_{wf}——井底流动压力，MPa；

p_{ws}——井底关井压力，MPa；

Δp——压力差，MPa；

q_{sc}——气井标准条件下产量，$10^4 \text{m}^3/\text{d}$；

q_{12}——区块间的补给量，m^3/d；

q_w——日产水量，m^3/d；

R——通用气体常数，8.3143×10^{-3} (MPa·m³)/(kmol·K)；

S_g、S_o、S_w——含气、含油、含水饱和度；

S_{gi}、S_{oi}、S_{wi}——原始含气、含油、含水饱和度；

S_{grw}——水驱残余气饱和度；

t——时间，h；

t_{ca}——气井物质平衡拟时间，$t_{ca} = \dfrac{(\mu C_t)_i}{q} \int_0^t \dfrac{q}{\mu C_t} dt$，d；

t_{caDd}——Blasingame 气井无因次时间，$t_{caDd} = \dfrac{m_a}{b_{a,pss}} t_{ca}$；

t_D——无因次时间，$t_D = \dfrac{3.6 \times 10^{-3} Kt}{\mu \phi C_t r_w^2}$；

T——温度，K；

T_c——临界温度，K；

T_f——气层温度，K；

T_r——对比温度；

T_{pr}——拟对比温度；

T_{pc}——拟临界温度，K；

T'_{pc}——修正的拟临界温度，K；

T_{sc}——气体在标准状态下的温度，K，等于 293.15K；

v——气体流速，m/s；

V——气体的体积，m^3；

$(V_p)_{wiz}$——水侵区孔隙体积，10^8m^3；

V_p——岩石孔隙体积，m^3；

V_r——地层条件下的气体体积，m^3；

V_{sc}——标准条件下的气体体积，m^3；

W_e——气藏水侵量，$10^8 m^3$；

W_i——水体体积，$10^8 m^3$；

W_p——累计产水量，$10^4 m^3$；

Z——真实气体偏差系数；

$\bar{Z}$——平均真实气体偏差系数；

Z_i——原始条件下的天然气偏差系数；

Z_{ws}——在p_{ws}压力和T_R温度下的气体偏差系数；

$\dfrac{\Delta p_p}{q}$——气井规整化压力，$\dfrac{\Delta p_p}{q}=\dfrac{p_{p_i}-p_{p_{wf}}}{q}$，$MPa/(m^3/d)$；

$\left(\dfrac{\Delta p_p}{q}\right)_i$——气井规整化压力积分，$\left(\dfrac{\Delta p_p}{q}\right)_i=\dfrac{1}{t_{ca}}\int_0^{t_{ca}}\dfrac{\Delta p_p}{q}dt$，$MPa/(m^3/d)$；

$\left(\dfrac{\Delta p_p}{q}\right)_{id}$——气井规整化压力积分导数，$\left(\dfrac{\Delta p_p}{q}\right)_{id}=t_{ca}\dfrac{d\left(\dfrac{\Delta p_p}{q}\right)_i}{dt_{ca}}$，$MPa/(m^3/d)$；

$\dfrac{q}{\Delta p_p}$——气井规整化产量，$\dfrac{q}{\Delta p_p}=\dfrac{q}{p_{p_i}-p_{p_{wf}}}$，$m^3/d/MPa$；

$\left(\dfrac{q}{\Delta p_p}\right)_i$——气井规整化产量积分，$\left(\dfrac{q}{\Delta p_p}\right)_i=\dfrac{1}{t_{ca}}\int_0^{t_{ca}}\dfrac{q}{\Delta p_p}dt$，$m^3/d/MPa$；

$\left(\dfrac{q}{\Delta p_p}\right)_{id}$——气井规整化累计产量积分导数，$\left(\dfrac{q}{\Delta p_p}\right)_{id}=-t_{ca}\dfrac{d\left(\dfrac{q}{\Delta p_p}\right)_i}{dt_{ca}}$，$m^3/d/MPa$；

希腊字母：

α——地层压力系数；

β——导数；

ϕ——孔隙度；

γ——相对密度（液体相对于水，气体相对于空气）；

γ_g——天然气相对密度；

γ_o——地面原油相对密度；

μ——黏度，$mPa \cdot s$；

μ_1——在气藏温度、大气压条件下校正后的气体黏度，$mPa \cdot s$；

$(\Delta\mu)_{N_2}$、$(\Delta\mu)_{CO_2}$、$(\Delta\mu)_{H_2S}$——分别为存在非烃类气体时的黏度校正量，$mPa \cdot s$；

$(\mu_1)_{未校正}$——未校正的气体黏度，$mPa \cdot s$；

$\bar{\mu}$——平均黏度，$mPa \cdot s$；

μ_g——地层天然气黏度，$mPa \cdot s$；

μ_w——地层水黏度，$mPa \cdot s$；

ρ_g、ρ_o、ρ_w——气密度、油密度、水密度，kg/m^3；

ρ_{gsc}、ρ_{osc}——气、油标准状况下的密度，kg/m^3；

ω——水侵相关参数，$\omega = \dfrac{W_e - W_p B_w}{GB_{gi}}$；

Γ——区块间补给系数，$10^{-3} \mu m^2 \cdot m^2/(mPa \cdot s)$；

脚注：

D——无量纲的；

e——外边界的；

f——表示地层的；

g——表示气体的；

i——表示初始的或量的序列号；

M——表示图版拟合点；

t——表示总体的；

wf——表示开井状态的。

附录29　法定单位与其他单位的换算关系

一、长度

项目	km	m	cm	mile	ft	in
1km	1	10^3	10^5	0.6214	3280.84	39370.08
1m	10^{-3}	1	10^2	6.214×10^{-4}	3.28084	39.37008
1cm	10^{-5}	10^{-2}	1	6.214×10^{-6}	0.0328084	0.393701
1mile	1.60934	1609.34	1.60934×10^5	1	5280	63360
1ft	3.48×10^{-4}	0.3048	30.48	1.839×10^{-4}	1	12
1in	2.54×10^{-5}	0.0254	2.54	1.5783×10^{-5}	0.08333	1

二、面积

项目	m^2	cm^2	ft^2	in^2
$1m^2$	1	10^4	10.7639	1550
$1cm^2$	10^{-4}	1	1.07639×10^{-3}	0.155
$1ft^2$	0.092903	929.03	1	144
$1in^2$	6.4516×10^{-4}	6.4516	6.9444×10^{-3}	1

三、体积

项目	m^3	cm^3	ft^3	bbl	L
$1m^3$	1	10^6	35.3147	6.28978	10^3
$1cm^3$	10^{-6}	1	3.53147×10^{-5}	6.28978×10^{-6}	10^{-3}
$1ft^3$	0.0283168	2.83168×10^4	1	0.17811	28.3168
1bbl	0.158988	1.58988×10^5	5.6146	1	158.99
1L	10^{-3}	10^3	3.53147×10^{-2}	6.28978×10^{-3}	1

四、压力

项目	MPa	kPa	atm	bar	kgf/cm²	psi
1MPa	1	10^3	9.86923	10	10.1972	145.038
1kPa	10^{-3}	1	$9.86923×10^{-3}$	10^{-2}	0.0101972	0.145038
1atm	0.101325	101.325	1	1.01325	1.03323	14.6959
1bar	10^{-1}	10^2	0.986923	1	1.01972	14.5038
1kgf/cm²	0.0980665	98.0665	0.967841	0.980665	1	14.2233
1psi	0.00689476	6.89476	0.068406	0.0689476	0.070307	1

五、温度

项目	℃	K	°F	°R
1℃	t	$t+273.15$	$1.8t+32$	$1.8t+491.67$
1K	$T-273.15$	T	$1.8T-459.67$	$1.8T$
1°F	$5(f-32)/9$	$5(f+459.67)/9$	f	$f+459.67$
1°R	$5r/9-273.15$	$5r/9$	$r-459.67$	r

六、油产量

项目	m³/d	cm³/s	bbl/d
1m³/d	1	$10^4/864$	6.28978
1cm³/s	0.0864	1	0.543437
1bbl/d	0.158988	1.84014	1

七、气产量

项目	10^4m³/d	cm³/s	Mscf/d	MMscf/d
1$10^4$m³/d	1	$10^8/864$	353.147	0.353147
1cm³/s	$864×10^{-8}$	1	$3.05119×10^{-3}$	$3.05119×10^{-6}$
1$10^3$ft³/d	$2.83168×10^{-3}$	327.741	1	10^{-3}
1$10^6$ft³/d	2.83168	327741	10^3	1

八、压缩系数

项目	1/MPa	1/atm	1/(kgf/cm²)	1/psi
1/MPa	1	0.101325	0.0980665	0.00689476
1/atm	9.86923	1	0.967841	0.068406
1/(kgf/cm²)	10.1972	1.03323	1	0.070307
1/psi	145.038	14.6959	14.2233	1

九、渗透率

$1\mu m^2 = 10^{-12} m^2 = 10^{-8} cm^2 = 1.01325D = 1.01325 \times 10^3 mD$

$1mD = 10^{-3}D = 0.98692 \times 10^{-3} \mu m^2 = 9.8692 \times 10^{-16} m^2$

十、动力黏度

$1mPa \cdot s = 10^{-3} Pa \cdot s = 10^3 \mu Pa \cdot s = 1cP$

十一、地面原油相对密度(γ_o)和°API

$$°API = \frac{141.5}{\gamma_o} - 131.5$$

$\gamma_o = 141.5/(131.5 + °API)$

十二、气油比

$1m^3/m^3 = 5.615 scf/STB$

$1scf/STB = 0.1781 m^3/m^3$

参 考 文 献

Adefidipe O A, Xu, Y H. 2014. Estimating effective fracture volume from early-time production data: A material balance approach[C]. SPE 171673-MS.

Agarwal R G, Al-Hussainy R, Ramey Jr H J. 1965. The importance of water influx in gas reservoirs[J]. Journal of Petroleum Technology, 17(11): 1336-1342.

Agarwal R G, Al-Hussainy R, Ramey Jr H J. 1970. An investigation of wellbore storage and skin effect in unsteady liquid flow: I. analytical treatment. Society of Petroleum Engineers Journal, 10(3): 279-290.

Aguilera R. 2008. Effect of fracture compressibility on gas-in-place calculations of stress-sensitive naturally fractured reservoirs [J]. SPE Reservoir Evaluation & Engineering, 11(2): 307-310.

Akande J, Spivey J P. 2012. Considerations for pore volume stress effects in over-pressured shale gas under controlled drawdown well management strategy [C]. SPE162666-MS.

Alcantara R, Ham J M, Paredes, J E. 2017. Applications of material balance for determining the dynamic performance of fractures in a dual-porosity system in HPHT reservoirs[C]. SPE 187694-MS.

AliDanesh. 1998. PVT and phase behavior of petroleum reservoir fluids[M]. Elsevier.

Ambastha A K. 1991. A type curve matching procedure for material balance analysis of production data from geopressured gas reservoirs [J]. Journal of Canadian Petroleum Technology, 30(5): 61-65.

Ambastha A K. 1993. Evaluation of material balance analysis methods for volumetric abnormally pressured gas reservoirs [J]. Journal of Canadian Petroleum Technology, 32(8): 19-23.

Andersen Mark A. 1988. Predicting reservoir condition PV compressibility from hydrostatics stress laboratory data [J]. SPE Reservoir Engineering, 3(3): 1078-1082.

Anderson D M, Stotts G W, Mattar L, *et al.* 2010. Production data analysis challenges, pitfalls, diagnostics [J]. SPE Reservoir Evaluation & Engineering, 13(3): 538-552.

Anil K Ambastha, van Kruysdijk. 1993. Effects of input data errors on material balance analysis for volumetric, gas and gas-condensate reservoirs[C]. PETSOC-93-04.

Anisur Rahman N M, Louis Mattar, David Mark Anderson. 2006. New, rigorous material balance equation for gas flow in a compressible formation with residual fluid saturation[C]. SPE100563-MS.

Azis Hidayat, Dwi Hudya Febrianto, Elisa Wijayanti, *et al.* 2019. Flowing material balance analysis and production optimization in HPHT sour gas field[C]. SPE 196360-MS.

Baker R O, Regier C, Sinclair R. 2003. PVT error analysis for material balance calculations [C]. PETSOC-2003-203.

Bass D M. 1972. Analysis of abnormally pressured gas reservoirs with partial water influx[C]. SPE 3850-MS.

Becerra-Arteaga. 1993. Analysis of abnormally pressured gasreservoirs[D]. Texas A&M University.

Begland T F, Whitehead. 1989. Depletion performance of volumetric high pressured gas reservoirs [J]. SPE Reservoir Engineering, 4(3): 279-282. (SPE 15523-MS, 1986)

Bernard W J. 1985. Gulf coast geopressured gas reservoirs: drive mechanism and performance prediction[C]. SPE 14362-MS.

Bernard W J. 1987. Reserves estimation and performance prediction for geopressured gas reservoirs[J]. Journal of Petroleum Science and Engineering, 1(1): 15-21.

Blasingame T A, McCray T L, Lee W J. 1991. Decline curve analysis for variable pressure drop/variable flow rate systems[C]. SPE21513-MS.

Blount C W, Price L C. 1982. Solubility of methane in water under natural conditions: A laboratory study[R]. Final report. United States.

Bourgoyne Jr A T. 1990. Shale water as a pressure support mechanism in gas reservoirs having abnormal formation pressure[J]. Journal of Petroleum Science & Engineering, 3(4): 305-319. (SPE 3851-MS, 1972)

Brigham W E. 1977. Water influx and its effect on oil recovery: Part 1, Aquifer flow[R]. Technical Report, SUPRI TR 103, Contract No. DE-FG22-93BC14994, US DOE/Stanford University, Stanford, California, USA. https://pangea.stanford.edu/ERE/research/supria/publications/.../tr103.pdf.

Brill J P, Beggs H D. 1991. Two phase flow in pipes[M]. The University of Tulsa, Tulsa, OK.

Brinkman F P. 1981. Increased gas recovery from a moderate water drive reservoir[J]. Journal of Petroleum Technology, 33(12): 2475-2480.

Brown G. 1948. Natural gasoline and the volatile hydrocarbons[M]. NGAA, Tulsa, OK.

Brownscomb E R, Collins F. 1949. Estimation of reserve and water drive from pressure and production history [J]. Journal of Petroleum Technology, 1(4): 92-99.

Bruns J R, Fetkovich M J, Meitzen V C. 1965. The Effect of water influx on p/z cumulative gas production curves [J]. Journal Petroleum Technology, 17(3): 287-291.

Carlos A Garcia, Jose R Villa. 2007. Pressure and PVT uncertainty in material balance calculations[C]. SPE 107907-MS.

Carr N, Kobayashi R, Burrows D. 1954. Viscosity of hydrocarbon gases underpressure[J]. Journal of Petroleum Technology, 6(10): 47-55.

Carter R D, Tracy G W. 1960. An improved method for calculations water influx[J]. Transactions of the AIME, 219 (1): 415-417.

Cason L D. 1989. Waterflooding increases gas recovery[J]. Journal of Petroleum Technology, 41(10): 1102-1106.

Chesney T P, Lewis R C, Trice M L. 1982. Secondary gas recovery from a moderately strong water drive reservoir: A case history[J]. Journal of Petroleum Technology, 34(9): 2149-2157.

Chierici G L, Pizzi G, Ciucci G M. 1967. Water drive gas reservoirs: uncertainty in reserves evaluation from past history[J]. Journal Petroleum Technology, 19(2): 237-244.

Clark N. 1969. Elements of petroleum reservoirs[M]. SPE, Dallas, TX.

Cole F. 1969. Reservoir engineering manual[M]. Gulf Publishing Company, Houston.

Craft B C, Hawkins MF, Ronald E. 1991. Applied petroleum reservoir engineering[M]. Prentice Hall PTR.

Cronquist C. 1984. Trutle Bayou 1936-1983: case history of a major gas field in South Louisiana[J]. Journal of Petroleum Technology, 36(11): 1941-1951.

Dake L P. 1978. Fundamentals of reservoir engineering[M]. Elsevier.

Dempsey J R. 1965. Computer routine treats gas viscosity as a variable[J]. Oil and Gas Journal, 61, 141-146.

Djebbar Tiab, Erle C Donaldson. 2015. Petrophysics[M]. Elsevier.

Dodson C R, Standing M B. 1944. Pressure-Volume-Temperature and solubility relations for natural-gas-water mixtures[C]. API 44-173.

Dranchuk P M, Abu-Kassem J H. 1975. Calculation of Z-factors for natural gases using equations of state [J]. Journal of Canadian Petroleum Technology, 14(3): 34-36.

Dranchuk P M, Purvis R A, Robinson D B. 1973. Computer calculations of natural gas compressibility factors using the Standing and Katz correlation[J]. Inst. of Petroleum Technical Series, No. IP 74-008.

Duggan J O. 1972. The Anderson "L" -An abnormally pressured gas reservoir in South Texas[J]. Journal of Petroleum Technology, 24(2): 132-138.

Dumore J M. 1973. Material balance for a bottom-water-drive gas reservoir[J]. Society of Petroleum Engineers Journal, 13(6): 328-334.

Dyong T Vo, Jack R Jones, Rodolfo G Camacho-V, et al. 1990. A unified treatment of materials balance computations[C]. SPE 21567-MS.

Earlougher Jr R C. 1977. Advances in well test analysis[M]. Monograph. Society of Petroleum Engineers of AIME, vol. 5. Millet the Printer, Dallas, TX.

El-Ahmady M H, Wattenbarger R A, Pham T T. 2002. Overestimation of original gas in place in water-drive gas reservoirs due to a misleading linear p/z plot[J]. Journal of Canadian Petroleum Technology, 11(1): 38-43.

Elsharkawy A M. 1995. Analytical and numerical solutions for estimating the gas in place for abnormal pressure reservoirs[C]. SPE 29934-MS.

Elsharkawy A M. 1996. A material balance predict the driving solution to estimate the initial gas in-place and mechanism for abnormally high-pressured gas reservoirs [J]. Journal of Petroleum Science and Engineering, 16(1): 33-44.

Elsharkawy A M. 1996. MB solution for high pressure gas reservoirs[C]. SPE 35589-MS.

Emmanuel Mogbolu, Onyedikachi Okereke, Cyril Okporiri, et al. 2015. Using material balance (MBAL) multi tank model to evaluate future well performance in reservoirs with distinct geological units[C]. SPE 178484-MS.

Fahd Siddiqui, Ghulam M Waqas, Noman Khan M. 2010. Application of general material balance on gas condensate reservoirs GIIP estimation[C]. SPE 142847-MS.

Fatt I. 1958. Pore volume compressibilities of sandstone reservoir rocks[J]. Journal of Petroleum Technology, 10(3): 64-66.

Felix Gonzalez Romero. 2003. A quadratic cumulative production model for the material balance of an abnormally pressured gasreservoir[D]. Master dissertation, Texas A&M University, College Station, Texas.

Fertl W H, Leach W G. 1988. Economics of hydrocarbon reserves in overpressured reservoirs below 18000ft in South Louisiana[C]. SPE 18146-MS.

Fertl W H, Timko D J. 1971. Parameters for identification of overpressure formations[C]. SPE 3223-Unsolicited.

Fertl W H. 1971. A look at abnormally pressured formations in the USSR[C]. SPE 3616-MS.

Fetkovich M J, Reese D E, Whitson C H. 1998. Application of a general material balance for high-pressure gas reservoirs (includes associated paper 51360) [J]. SPE Journal, 3(1): 3-13.

Fetkovich M J, Reese D E, Whitson C H. 1991. Application of a general material balance for high pressure gas reservoir[C]. SPE 22921-MS.

Fetkovich M J, Fetkovich E J, Fetkovich M D. 1996. Useful concepts for decline curve forecasting, reserve estimation, and analysis[J]. SPE Reservoir Engineering, 11(1): 13-22.

Fetkovich M J, Vienot M E, Bradley M D, et al. 1987. Decline curve analysis using type curves case histories [J]. SPE Formation Evaluation, 2(4): 637-656.

Fetkovich M J. 1980. Decline curve analysis using type curves [J]. Journal of Petroleum Technology, 32(6): 1065-1077.

Fetkovich M J. 1971. A simplified approach to water influx calculations-finite aquifer systems. Journal of Petroleum Technology, 23(7): 814-828.

Gan R G, Blasingame T A. 2001. A semianalytical p/Z technique for the analysis of reservoir performance from abnormally pressured gas reservoirs[C]. SPE 71514-MS.

Gan R G. 2001. A new p/z technique for the analysis of abnormally pressured gas reservoirs [D]. Master dissertation, Texas A&M University, College Station, Texas.

Gao Chengtai, Sun Hedong. 2017. Well test analysis for multilayered reservoirs with formation crossflow [M]. Elsevier.

Geertsma J. 1957. The effect of fluid pressure decline on volumetric changes of porous rocks[J]. Transactions of AIME, 210(1): 331-340.

Gill J A. 1972. Shale mineralogy and overpressure: some case histories of pressure detection worldwide utilizing consistent shale mineralogy parameters[C]. SPE 3890-MS.

Gonzalez F E, Ilk D, Blasingame T A. 2008. A quadratic cumulative production model for the material balance of an abnormally pressured gas reservoir[C]. SPE 114044-MS.

Guehria F M. 1996. A new approach to p/z analysis in abnormally pressured reservoirs[C]. SPE 36703-MS.

Hagoort J, Hoogstra R. 1999. Numerical solution of the material balance equations of compartmented gas reservoirs [J]. SPE Reservoir Evaluation & Engineering, 2 (4): 385-392.

Hall H N. 1953. Compressibility of reservoir rocks[J]. Journal of Petroleum Technology, 5(1): 17-19.

Hall K R, Yarborough L. 1973. A new equation-of-state for Z-factor calculations[J]. Oil and Gas Journal, 71(25): 82-91.

Ham J M, Moreno A, Villasana JC, et al. 2015. Determination of effective matrix and fracture compressibilities from production data and material balance[C]. SPE 175662-MS.

Hammerlindl D J. 1971. Predicting gas reserves in abnormally pressure reservoirs[C]. SPE 3479-MS.

Harari Z, Wang S, Salih S. 1993. Pore compressibility study of arabian carbonate reservoir rocks[C]. SPE 27625-Unsolicited.

Harville D W, Hawkins M F. 1969. Rock compressibility and failure as reservoirs mechanisms in geopressured gas reservoirs[J]. Journal of Petroleum Technology, 21(12): 1528-1530.

Havlena D, Odeh A S. 1963. The material balance as an equation of a straight line[J]. Journal of Petroleum Technology, 15(8): 896-900.

Havlena D, Odeh A S. 1964. The material balance as an equation of a straight line, part II—field cases[J]. Journal of Petroleum Technology, 16(7): 815-882.

Heidari Sureshjani M, Behmanesh H, Clarkson C R. 2013. Multi well gas reservoirs production data analysis [C]. SPE 167159-MS.

Hewlett-Packard. 1982. Petroleum fluids pac manual[M]. Pennwell Corp.

Horne, R N. 1990. Modern well test analysis——A computer aided approach[M]. Petroway, Inc.

Hower T L, Collins R E. 1989. Detecting compartmentalization in gas reservoirs through production performance [C]. SPE19790-MS.

Hubble O A. 1971. In situ calculation of average effective shale compressibility[D]. MS Thesis, University of Houston, Houston, TX.

Humphreys N V. 1991. The material balance equation for a gas condensate reservoir with significant water vaporization[C]. SPE 21514-MS.

Hurst W. 1943. Water influx into a reservoir and its application to the equation of volumetric balance [J]. Transactions of the AIME, 151(1): 57-72.

Idorenyin E, Okouma V, Mattar L. 2011. Analysis of production data using the beta-derivative [C]. SPE 149361-MS.

Ikoku C. 1984. Natural gas reservoir engineering[M]. John Wiley & Sons, Inc., New York.

Ilk D, Hosseinpour-Zonoozi N, Amini S, Blasingame TA. 2007. Application of the β-integral derivative function to production analysis[C]. SPE 107967-MS.

Ingolfreide, Curtis Whitson. 1992. Peng-Robinson predictions for hydrocarbons, CO_2, N_2, and H_2S with pure water and NaCl brine September[J]. Fluid Phase Equilibria, 77, 217-240.

Ireland M M, Robinson J B. 1987. Reserve predictions from production testing in geopressured gas reservoirs [C]. SPE 16958-MS.

Ismadi D, Kabir C S, Hasan A R. 2012. The use of combined static- and dynamic material-balance methods with real-time surveillance data in volumetric gas reservoirs[J]. SPE Reservoir Evaluation & Engineering, 15 (3): 351-360.

Ismadi D, Suthichhoti P, Kabir, C S. 2010. Understanding well performance with surveillance data[J]. Journal of

Petroleum Science and Engineering, 74 (1): 99-106.

Izgec B, Cribbs M E, Pace S V, et al. 2009. Placement of permanent downhole pressure sensors in reservoir surveillance[J]. SPE Production & Operations, 24 (1): 87-95.

Izgec O, Kabir C S. 2010. Quantifying nonuniform aquifer strength at individual wells[J]. SPE Reservoir Evaluation & Engineering, 13 (2): 296-305.

John M, McLaughlin, Brad Arnold Gouge. 2006. Uses and misuses of pressure data for reserve estimation[C]. SPE 103221-MS.

Kabir C S, Elgmati M, Reza Z. 2012. Estimating drainage-area pressure with flow-after-flow testing[J]. SPE Reservoir Evaluation & Engineering, 15 (5) : 571-583.

Kabir C S, Parekh B, Mustafa M A. 2016. Material-balance analysis of gas and gas-condensate reservoirs with diverse drive mechanisms[J]. Journal of Natural Gas Science and Engineering, 32: 158-173.

Kanu A U, Obi O M. 2014. Advancement in material balance analysis[C]. SPE172415-MS.

Katz D L. 1959. Handbook of natural gas engineering[M]. McGraw-Hill Publishing Co. , New York City.

Kegang Ling, Xingru Wu, He Zhang, et al. 2013. More accurate method to estimate the original gas in place and recoverable gas in overpressure gas reservoir[C]. SPE103258-MS.

Kegang Ling, Xingru Wu, He Zhang, et al. 2014. Improved gas resource calculation using modified material balance for overpressure gas reservoirs [J]. Journal of Natural Gas Science and Engineering, 17 (March): 71-81.

Khaled Ahmed Abd-el Fattah. 1995. Analysis shows magnitude of Z-factor error[J]. Oil & Gas Journal, 93(48): 65-69.

Klins M A, Bouchard A J, Cable C L. 1988. A polynomial approach to the van Everdingen-Hurst dimensionless variables for water encroachment[J]. SPE Reservoir Engineering, 3 (1): 320-326.

Lee A L, Gonzalez M H, Eakin B E. 1966. The viscosity of natural gases[J]. Journal of Petroleum Technology, 18(8): 997-1000.

Lee W J, Wattenbarger R. 1996. Gas reservoir engineering[M]. SPE Textbook Series, vol. 5. SPE.

Lord M E, Collins R E, Kocberber Sait. 1992. Compartmented simulation system for gas reservoir evaluation with application to fluvial deposits in the Frio Formation, South Texas[C]. SPE 24308-MS.

Luo R L, Yu J C, Wan Y J, et al. 2019. Evaluation of dynamic reserves in ultra-deep naturally fractured tight sandstone gas reservoirs[C]. IPTC 19115-MS.

Lutes J L, Chiang C P, Rossen R H, et al. 1977. Accelerated blowdown of a strong water-drive gas reservoir [J]. Journal of Petroleum Technology, 29(12), 1533-1538.

Marhaendrajana T, Blasingame TA. 2001. Decline curve analysis using type curves - evaluation of well performance behavior in a multiwell reservoir system[C]. SPE 71517-MS.

Mark A, Andersen. 1997. Tips, tricks and traps of material balance calculations[J]. Journal of Canadian Petroleum Technology, 36(11): 34-48.

Mattar L, Brar S, Aziz K. 1975. Compressibility of natural gases[J]. Journal of Canadian Petroleum Technology, 14(4): 77-80.

McCain W D. 1989. The properties of petroleum fluids[M]. PennWell Publishing Company, Tulsa.

McCain W D. 1991. Reservoir-fluid property correlations-state of the art (includes associated papers 23583 and 23594)[J]. SPE Reservoir Engineering, 6 (2): 266 - 272.

McCain W D, Spivey J P, Lenn C P. 2011. Petroleum reservoir fluid property correlations[M]. PennWell Corporation.

McEwen C R. 1962. Material balance calculations with water influx in the presence of uncertainty in pressures [J]. Society of Petroleum Engineers Journal, 2 (2): 120-128.

Medeiros F, Kurtoglu B, Ozkan E, et al. 2010. Analysis of production data from hydraulically fractured horizontal wells in shale reservoirs[J]. SPE Reservoir Evaluation & Engineering, 13 (3), 559-568.

Meehan D N. 1980. A correlation for water compressibility[J]. Petroleum Engineer, November, 125-126.

Merle H A, Kentie C J P, van Opstal, et al. 1976. The Bachaquero study-a composite analysis of the behavior of a compaction drive/solution gas drive reservoir[J]. Journal of Petroleum Technology, 28 (9): 1107-1115.

Moghadam S, Jeje O, Mattar L. 2009. Advanced gas material balance in simplified format[J]. Journal of Canadian Petroleum Technology, 50 (1): 90-98.

Mohamed Elahmady, Robert A Wattenbarger. 2007. A straight line p/z plot is possible in waterdrive gas reservoirs [C]. SPE103258-MS.

Molokwu V C, Onyekonwu M O. 2016. A nonlinear flowing material balance for analysis of gas well production data [C]. SPE 184258-MS.

Newman G H. 1973. Pore-volume compressibility of consolidated, friable, and unconsolidated reservoir rocks under hydrostatic loading[J]. Journal of Petroleum Technology, 25(2): 129-134.

Numbere D, Brigham W E, Standing M B. 1977. Correlations for physical properties of petroleum reservoir brines [R]. Petroleum Research Institute, Stanford University, November.

Obielum I O, Giegbefumwen P U, Ogbeide P O. 2015. A p/z plot for estimating original gas in place in a geo-pressured gas reservoir by the use of a modified material balance equation[C]. SPE178354-MS.

Ogolo N A, Isebor J O, Onyekonwu, M O. 2014. Feasibility study of improved gas recovery by water influx control in water drive gas reservoirs[C]. SPE 172364-MS.

Olatunji Jeboda, Dawari Charles, Happiness Ufomadu. 2015. Material balance modeling and performance prediction of a multi-tank reservoir[C]. SPE 178344-MS.

Oscar M O, Fernando S V, Jorge A. 2004. Advances in the production mechanism diagnosis of gas reservoirs through material balance studies[C]. SPE 91509-MS.

Palacio J C, Blasingame, T A. 1993. Decline curve analysis using type curves analysis of gas well production data [C]. SPE25909-MS.

Parke A Dickey, Calcutta R Shriram, William R Paine. 1968. Abnormal pressures in deep wells of Southwestern Louisiana[J]. Science, 160(5): 609-615.

Paul H Jones. 1969. Hydrodynamics of geopressure in the northern Gulf of Mexico Basin[J]. Journal of Petroleum Technology, 21(7): 803-810.

Payne D A. 1996. Material balance calculations in tight gas reservoirs: the pitfalls of p/Z plots and a more accurate technique[J]. SPE Reservoir Engineering, 11 (4): 260-267.

Pedro Marcelo Adrian, Marcia Ruth Cabrera. 2018. Application of Blasingame type curves to a multi-well gas-condensate reservoir, field case study[C]. SPE 191214-MS.

Phil Diamond, Jonathan Ovens. 2011. Practical aspects of gas material balance: theory and application[C]. SPE 142963-MS.

Pirson S J. 1977. Oil reservoir engineering[M]. Robert E. Krieger Publishing Company, Huntington, New York.

Pletcher J L. 2002. Improvements to reservoir material-balance methods[J]. SPE Reservoir Evaluation & Engineering, 5 (1): 49-59.

Poston S W, Chen H Y, Akhtar M J. 1994. Differentiating formation compressibility and water-influx effects in overpressured gas reservoirs[J]. SPE Reservoir Engineering, 9 (3): 183-187.

Poston S W, Chen H Y. 1989. Case history studies: abnormal pressured gas reservoirs[C]. SPE 18857-MS.

Poston S W, Chen H Y. 1987. The simultaneous determination of formation compressibility and gas in place in abnormally pressured reservoirs[C]. SPE 16227-MS.

Poston S W, Robert R Berg. 1997. Overpressured gas reservoirs[M]. Society of Petroleum Engineers.

Prasad RK, Rogers LA. 1987. Superpressured gas reservoirs: Case studies and a generalized tank model[C]. SPE 16861-MS.

Price L C, Blount C W, Gowan D M, et al. 1981. Methane solubility in brines with application to the geopressured resource[C]. 5th geopressured-geothermal energy conference, Baton Rouge, LA, USA, 13 Oct.

Publio Alejandro Sandoval Merchan, Zuly Himelda Calderon Carrillo, Anibal Ordonez. 2009. The new, generalized material balance equation for naturally fractured reservoirs[C]. SPE-122395-MS.

Quitzau R, Bassiouni Z. 1981. The possible impact of the geopressure resource on conventional oil and gas exploration[C]. SPE 10281-MS.

Ramagost B P, Farshad F F. 1981. P/Z abnormally pressured gas reservoirs[C]. SPE 10125-MS.

Ramey H J. 1970. Graphical interpretations for gas material balances[J]. Journal of Petroleum Technology, 22(7): 837-838.

Randolph P L, Hayden C G, Anhaiser J L. 1991. Maximizing gas recovery from strong water drive reservoirs [C]. SPE 21486-MS.

Rivas-Gomez S. 1983. Waterflooding will benefit some gas reservoir[J]. World Oil, April, 71-82.

Roach R H. 1981. Analyzing geopressured reservoirs - A material balance technique[C]. SPE 9968-Unsolicated.

Rossen R H. 1975. A regression approach to estimate gas inplace for gas fields[J]. Journal of Petroleum Technology, 27(10): 1283-1289.

Sakoda N, Onoue K, Kuroki T, et al. 2016. Transient temperature and pressure behavior of high-pressure 100 MPa hydrogen during discharge through orifices[J]. Int J Hydrogen Energy, 41(38): 17169-17174.

Schilthuis R. 1936. Active oil and reservoir energy[J]. Transactions of the AIME, 118(1): 33-52.

Shagroni M A. 1977. Effect of formation compressibility and edge water on gas field performance[D]. Master thesis, Colorado School of Mines.

Shahamat M S S, Mattar L, Aguilera R. 2015. Analysis of decline curves on the basis of beta-derivative [J]. SPE Reservoir Evaluation & Engineering, 18 (2): 214-227.

Shie-Way Wang. 1998. A general linear material balance method for normally and abnormally pressured petroleum reservoirs[C]. SPE 48954-MS.

Shie-Way Wang. 2001. Simultaneous determination of reservoir pressure and initial fluid-in-place from production data and flowing bottom hole pressure—application[C]. SPE70045-MS.

Shie-Way Wang. 2001. Simultaneous determination of reservoir pressure and initial fluid-in-place from production data and flowing bottom hole pressure—theory[C]. SPE 70061-MS.

SPE/WPC/AAPG/SPEE/SEG. 2011. Guidelines for application of the petroleum resources management system [S]. https://pangea.stanford.edu/ERE/research/supria/publications/···/tr103.pdf.

Standing M B, Katz D L. 1942. Density of natural gases[J]. Transactions of the AIME, 146(1): 140-149.

Standing M B. 1977. Volumetric and phase behavior of oilfield hydrocarbon systems[M]. Richardson, Texas: Society of Petroleum Engineers of AIME.

Stelly II O V, Fred Farshad. 1981. Predicting gas in place in abnormal reservoirs[J]. Petroeleum Engineers International, June, 104-110.

Stewart W F, Burkhard S F, Voo D. 1959. Prediction of pseudo-critical parameters for mixtures[C]. Paper Presented at the AIChE Meeting, Kansas City, MO.

Tarek Ahmed. 2019. Reservoir engineering handbook(Fifth Edition)[M]. Elsevier.

Timko D J, Fertl W H. 1971. Relationship between hydrocarbon accumulation and geopressure and its economic significance [J]. Journal of Petroleum Technology, 23(8): 923-933.

Trube A S. 1957. Compressibility of natural gases[J]. Journal of Petroleum Technology, 9(1): 69-71.

van Everdingen A F, Hurst W. 1949. The application of the Laplace transformation to flow problems in reservoirs

［J］. Journal of Petroleum Technology，1(12)：305-324.

Vega L，Wattenbarger R A. 2000. New approach for simultaneous determination of the aquifer performance with no prior knowledge of aquifer properties and geometry［C］. SPE 59781-MS.

Vijender Gopal. 1977. Gas Z-factor equations developed for computer［J］. Oil and Gas Journal，75(32)：58-60.

Von Gonten W D，Choudhary B K. 1969. The effect of pressure and temperature on pore volume compressibility ［C］. SPE 2526-MS.

Wallace W E. 1969. Water production from abnormally pressured gas reservoirs in South Louisiana［J］. Journal of Petroleum Technology，21(8)：969-982.

Walsh M P，Joseph Ansah，Rajagopoal Raghavan. 1994. The new，generalized material balance as an equation of a straight line：part 1 - applications to undersaturated，volumetric reservoirs［C］. SPE 27684-MS.

Walsh M P，Joseph Ansah，Rajagopoal Raghavan. 1994. The new，generalized material balance as an equation of a straight line：part 2 - applications to saturated and non-volumetric reservoirs ［C］. SPE 27728-MS.

Walsh M P. 1995. A generalized approach to reservoir material balance calculations［J］. Journal of Canadian Petroleum Technology，34(1)：55-63.

Walsh M P. 1998. Discussion of application of material balance for high pressure gas reservoirs［J］. SPE Journal，3 (1)：402-404.

Walter H F，George V C，Herman H R. 1976. Abnormal formation pressures：implications to exploration，drilling，and production of oil and gas resources (Chapter 7 Reservoir Engineering Concepts in Abnormal Formation Pressure Environments)［M］. Elsevier.

Wang B，Teasdale T S. 1987. Gaswat - Pc：A microcomputer program for gas material balance with water influx ［C］. SPE 16484-MS.

Wang Hongfeng，Li Xiaoping，Sun Hedong，et al. 2021. Reserve estimation from early time production data in geopressured gas reservoir：gas production of cumulative unit pressure drop method［J］. Geofluids，2021，Article ID 9926983.

Wang S W，Stevenson V M，Ohaeri C U，et al. 1999. Analysis of overpressured reservoirs with a new material balance method［C］. SPE 56690-MS.

Wei-Chun Chu，Kazemi H，Buettner RE，et al. 1996. Gas reservoir performance in abnormally high pressure carbonates［C］. SPE 35591-MS.

William Hurst. 1969. On the subject of abnormally pressured gasreservoirs［J］. Journal of Petroleum Technology，21 (12)：1509-1510.

Yale D P，Nabor G W，Russell J A，et al. 1993. Application of variable formation compressibility for improved reservoir analysis［C］. SPE 26647-MS.

Yassir N A，Bell J S. 1996. Abnormally high fluid pressures and associated porosities and stress regimes in sedimentary basins［J］. SPE Formation Evaluation，11 (1)：5-10.

Yildiz T. 2008. A hybrid approach to improve reserves estimates in waterdrive gas reservoirs［J］. SPE Reservoir Evaluation & Engineering，11 (4)：696-706.

Zavaleta S，Adrian P M，Michel Michel. 2018. Estimation of OGIP in a water-drive gas reservoir coupling dynamic material balance and fetkovich aquifer model［C］. SPE 191224-MS.

Zimmerman R W，Somerton W H，King M S. 1986. Compressibility of porous rocks［J］. Journal of Geophysical Research Atmospheres，91，12765-12777.

本书编写组. 1995. 国外六类气藏开发模式及工艺技术［M］. 北京：石油工业出版社.

卞小强，杜志敏，陈静. 2010. 二项式物质平衡方程预测异常高压气藏储量［J］. 西南石油大学学报(自然科学版)，32(3)：75-79+191.

陈民锋，王兆琪，孙贺东，等. 2017. 考虑应力敏感影响的改进Blasingame产量递减分析方法［J］. 石油科学通报，2(1)：53-63.

陈小刚，王宏图，刘洪，等.2009.气藏动态储量预测方法综述[J].特种油气藏，16(2)：9-13+103.

陈元千，胡建国.1993.确定异常高压气藏地质储量和有效压缩系数的新方法[J].天然气工业，13(1)：53-58+8.

陈元千，李璗.2004.现代油藏工程[M].北京：石油工业出版社.

陈元千.1983.异常高压气藏物质平衡方程式的推导及应用[J].石油学报，4(1)：45-53.

陈元千.2009.对中国《石油天然气资源/储量分类》标准的评论与建议[J].断块油气田，16(5)：48-52.

陈元千.2020.现代油藏工程(第二版)[M].北京：石油工业出版社.

邓远忠，王家宏，郭尚平，等.2002.异常高压气藏开发特征的解析研究[J].石油学报，23(2)：53-57+3.

丁显峰，刘志斌，潘大志.2010.异常高压气藏地质储量和累积有效压缩系数计算新方法[J].石油学报，31(4)：626-628+632.

冯曦，贺伟，许清勇.2002.非均质气藏开发早期动态储量计算问题分析[J].天然气工业，22(S1)：87-90+5-4.

付凤玲，周树峰，潘光堂，等.2003.玉米耐旱系数的多元回归分析[J].作物学报，29(3)：468-472.

高承泰，张敏渝，杨玲.1997.定容气藏非均衡开采方式的研究[J].石油学报，18(1)：72-78.

高承泰，卢涛，高炜欣，等.2006.分区物质平衡法在边水气藏动态预测与优化布井中的应用[J].石油勘探与开发，33(1)：103-106.

高承泰.1993.具有补给区的物质平衡法及其对定容气藏的应用[J].石油勘探与开发，20(5)：53-61.

高旺来.2007.迪那2高压气藏岩石压缩系数应力敏感评价[J].石油地质与工程，21(1)：75-76.

高旺来，何顺利.2008.迪那2气藏地层压力变化对储层渗透率的影响[J].西南石油大学学报(自然科学版)，30(4)：86-88.

郭平，欧志鹏.2013.考虑水溶气的凝析气藏物质平衡方程[J].天然气工业，33(1)：70-74.

郝玉鸿，卞晓燕.1999.关于气田动态储量[J].试采技术，20(2)：8-11.

侯振，黄炳光，王怒涛，等.2010.异常高压气藏储量计算新方法[J].重庆科技学院学报(自然科学版)，12(3)：62-63+82.

胡建国.2011.计算天然气偏差因子的新方法[J].石油学报，32(5)：862-865.

江同文，孙贺东，邓兴梁.2018.缝洞型碳酸盐岩气藏动态描述技术[M].北京：石油工业出版社.

江同文，王振彪，宋文宁.2016.异常高压气田开发[M].北京：石油工业出版社.

江同文，孙雄伟.2020.中国深层天然气开发现状及技术发展趋势[J].石油钻采工艺，42(5)：610-621.

江同文，肖香姣，郑希潭，等.2006.深层超高压气藏气体偏差系数确定方法研究[J].天然气地球科学，17(6)：743-746.

李传亮，朱苏阳.2020.再谈岩石的压缩系数——回应毛小龙博士[J].断块油气田，27(4)：469-473.

李传亮.2007.异常高压气藏开发上的错误认识[J].西南石油大学学报(自然科学版)，29(2)：166-169+196.

李传亮.2017.油藏工程原理[M].北京：石油工业出版社.

李大昌，林平一.1985.异常高压气藏的动态模型、压降特征及储量计算方法[J].石油勘探与开发，12(2)：56-64.

李定军.2012.异常高压气藏天然气偏差系数的确定[J].石油实验地质，34(6)：656-658+663.

李海平，任东，郭平，等.2016.气藏工程手册[M].北京：石油工业出版社.

李剑，佘源琦，高阳，等.2019.中国陆上深层-超深层天然气勘探领域及潜力[J].中国石油勘探，24(4)：403-417.

李骞，郭平，黄全华.气井动态储量方法研究[J].重庆科技学院学报(自然科学版)，2008，10(6)：34-36.

李士伦, 孙雷, 汤勇, 等 . 2002. 物质平衡法在异常高压气藏储量估算中的应用[J]. 新疆石油地质, 23 (3): 219-223+179.

李熙喆, 郭振华, 胡勇, 等 . 2020. 中国超深层大气田高质量开发的挑战、对策与建议[J]. 天然气工业, 40(2): 75-82.

李熙喆, 刘晓华, 苏云河, 等 . 2018. 中国大型气田井均动态储量与初始无阻流量定量关系的建立与应用[J]. 石油勘探与开发, 45(6): 1020-1025.

李相方, 任美鹏, 胥珍珍, 等 . 2010. 高精度全压力全温度范围天然气偏差系数解析计算模型[J]. 石油钻采工艺, 32(6): 57-62.

李相方, 庄湘琦, 刚涛, 等 . 2001. 天然气偏差系数模型综合评价与选用[J]. 石油钻采工艺, 23(2): 42-46+84-85.

李相方, 刚涛, 庄湘琦, 等 . 2001. 高压天然气偏差系数的高精度解析模型[J]. 石油大学学报(自然科学版), 25(6): 45-46+51-6.

李阳, 薛兆杰, 程喆, 等 . 2020. 中国深层油气勘探开发进展与发展方向[J]. 中国石油勘探, 25(1): 45-57.

李永平 . 1984. 油层岩石压缩系数的应用及确定方法[J]. 石油勘探与开发, 11(6): 49-55.

刘合年, 杨桦, 原瑞娥, 等译 . 2019. 石油资源管理系统应用指南 https: //www. spe. org/media/filer_public/f7/b3/f7b32ac7-3b58-4ff9-a573b7781b34bbd7/ guidelines_ for_ application_ of_ the_ petroleum_ resources_ management_ system_ chinese_ translation. pdf

卢艳, 彭小东, 高达, 等 . 2019. 水溶气对海上有水气藏开发指标的影响[J]. 天然气勘探与开发, 42(3): 109-115.

申颖浩, 何顺利, 王少军, 等 . 2010. 低渗透气藏动态储量计算新方法[J]. 科学技术与工程, 10(28): 6994-6997.

斯伦贝谢中国公司 . 2013. 克深207井的岩心实验室岩石力学特征分析报告[R]. 中国石油塔里木油田 .

孙贺东, 曹雯, 李君, 等 . 2020. 提升超深层超高压气藏储量评价可靠性的新方法——物质平衡实用化分析方法[J]. 天然气工业, 40(7): 49-56.

孙贺东, 曹雯, 孟广仁, 等 . 2021. 关于高压气藏非线性回归法动态储量评价的讨论[C]. 2021年度全国天然气学术年会(气藏工程组).

孙贺东, 王宏宇, 朱松柏, 等 . 2019. 基于幂函数形式物质平衡方法的高压、超高压气藏储量评价[J]. 天然气工业, 39(3): 56-64.

孙贺东, 欧阳伟平, 万义钊, 等译 . 2021. 油气藏工程手册(第五版)[M]. 北京: 石油工业出版社 .

孙贺东 . 2011. 具有补给的气藏物质平衡方程及动态预测[J]. 石油学报, 32(4): 683-686.

孙贺东 . 2012. 复杂气藏现代试井分析与产能评价[M]. 北京: 石油工业出版社 .

孙贺东 . 2013. 油气井现代产量递减分析方法及应用[M]. 北京: 石油工业出版社 .

王永祥, 段晓文, 徐小林, 等 . 2016. SEC准则油气证实储量判别标准与评估方法[J]. 石油学报, 37(9): 1137-1144.

王永祥, 张君峰, 谢锦龙, 等译 . 2017.《石油资源管理系统应用指南》导读[M]. 北京: 石油工业出版社 .

王永祥 . 2012. SEC/SPE油气资源储量分类体系及分类原则[A]//美国SEC准则油气储量评估论文集[C]. 北京: 石油工业出版社, 13-25.

魏俊之, 郑荣臣 . 2002. 异常高压气藏储集层的岩石压缩系数和边底水规模对开采特征的影响[J]. 石油勘探与开发, 29(5): 56-58.

吴克柳, 李相方, 卢巍, 等 . 2014. 具有补给气的异常高压有水凝析气藏物质平衡方程建立及应用[J]. 地球科学(中国地质大学学报), 39(2): 210-220.

谢兴礼, 朱玉新, 李保柱, 等 . 2005. 克拉2气田储层岩石的应力敏感性及其对生产动态的影响[J]. 大庆石油地质与开发, 24(1): 46-48.

夏静，谢兴礼，冀光，等.2007.异常高压有水气藏物质平衡方程推导及应用[J].石油学报，28(3)：96-99.

肖香姣，闫柯乐，王海应，等.2012.一种预测超高压气藏压缩因子的新方法[J].天然气工业，32(10)：42-46+112.

颜雪，孙雷，周剑锋，等.2015.计算超高压气藏天然气偏差因子新方法[J].油气藏评价与开发，5(1)：26-29.

阳建平，肖香姣，张峰，等.2007.几种天然气偏差因子计算方法的适用性评价[J].天然气地球科学，18(1)：154-157.

阳建平，刘志斌，闫更平，等.2017.超高压天然气偏差系数计算方法[C].油气田勘探与开发国际会议（IFEDC 2017)论文集.

杨继盛，刘建议.1994.采气实用计算[M].北京：石油工业出版社.

杨玲，高承泰，高炜欣.1999.非均衡开采在陕甘宁盆地中部气田的应用[J].西安石油学院学报(自然科学版)，14(2)：13-15.

杨通佑，范尚炯，陈元千，等.1998.石油及天然气储量计算方法[M].北京：石油工业出版社.

叶卫平.2019.Origin9.1科技绘图及数据分析[M].北京：机械工业出版社.

于京都，郑民，李建忠，等.2018.我国深层天然气资源潜力、勘探前景与有利方向[J].天然气地球科学，29(10)：1398-1408.

张晶，夏静，罗凯，等.2019.异常高压气藏产能评价方法与应用[M].北京：石油工业出版社.

张光亚，马锋，梁英波，等.2015.全球深层油气勘探领域及理论技术进展[J].石油学报，36(9)：1156-1166.

张国东，李敏，柏冬岭.2005.高压超高压天然气偏差系数实用计算模型——LXF高压高精度天然气偏差系数解析模型的修正[J].天然气工业，25(8)：79-80+93-12.

张丽囡，初迎利，李笑萍，等.1996.异常压力气藏储量和综合压缩系数的确定[J].石油学报，17(4)：91-97.

张丽囡，初迎利，翟云芳.2000.异常高压气藏储量计算的物质平衡方法研究[A]//第十四届全国水动力学研讨会文集[C].

张伦友.1996.关于可动储量的概念及确定经济可采储量的方法[J].天然气勘探与开发，19(4)：75-76.

张迎春，赵春明，童凯军，等.2010.拟抛物线方程在异常高压气藏地质储量计算中的应用[J].中国海上油气，22(2)：99-103.

郑琴，刘志斌.2011.含累积产量三次方项的异常高压气藏物质平衡新模型及计算[J].北京大学学报(自然科学版)，47(1)：115-119.

郑荣臣，魏俊之.2002.异常高压气藏岩石压缩系数对开采特征的影响[J].大庆石油地质与开发，21(4)：39-40+51.

DZ/T 0217—2005　石油天然气储量估算规范[S].

DZ/T 0217—2020　石油天然气储量估算规范[S].

DZ/T 0254—2020　页岩气资源量和储量估算规范[S].

GB/T 19492—2004　石油天然气资源/储量分类[S].

GB/T 19492—2020　油气矿产资源储量分类[S].

GB/T 26979—2011　天然气藏分类[S].

GB/T 28911—2012　石油天然气钻井工程术语[S].

SY/T 5815—2016　岩石孔隙体积压缩系数测定方法[S].

SY/T 6098—2010　天然气可采储量计算方法[S].

SY/T 6580—2004　石油天然气勘探开发常用量和单位[S].

周国晓，秦胜飞，侯曜华，等.2016.四川盆地安岳气田龙王庙组气藏天然气有水溶气贡献的迹象[J].天然气地球科学，27(12)：2193-2199.

朱义东，黄炳光，章彤，等 . 2005. 异常高压气藏地质储量计算新方法[J]. 大庆石油地质与开发，24(1)：10-12+105.

朱玉新，谢兴礼，罗凯，等 . 2001. 克拉 2 异常高压气田开采特征影响因素分析[J]. 石油勘探与开发，28(5)：60-63.

庄惠农，韩永新，孙贺东，等 . 2020. 气藏动态描述和试井(第三版)[M]. 北京：石油工业出版社 .